本书由以下项目资助：

“十三五”国家重点研发计划项目“雄安新区多水源联合调配与地下水保护”课题二“白洋淀上游河流补水量质综合保障”(2018YFC0406502)

国家自然科学基金面上项目“基于水位预测及其不确定性分析的白洋淀生态补水优化研究”(52179002)

基于水量水质耦合模拟的白洋淀多源生态补水综合调控研究

孙文超　陈海洋　郑文波　陶　园等　著

科 学 出 版 社

北　京

内 容 简 介

本书以提升白洋淀流域多源生态补水优化配置调度与水污染防治协同效益为科学目标，综合运用水利工程、环境科学与工程、生态学与地理学等多学科基本理论与技术方法，开展了白洋淀流域气象水文要素与水生态环境质量时空演变规律分析、水环境质量驱动机制与水污染溯源分析，并识别了流域水环境风险。在此基础上，分别自主研发了基于水量平衡的白洋淀水位预测模型和上游补水河道水量-水质耦合模拟模型，进而构建了白洋淀多源生态补水水量与水质综合调控方法，开发了决策支持技术示范应用平台。

本书可为河湖系统生态补水研究提供借鉴，也可为从事流域水资源管理、水污染防治与水生态保护相关科学领域的研究生、科研与管理工作者提供参考。

审图号：GS 京(2025)0314 号

图书在版编目(CIP)数据

基于水量水质耦合模拟的白洋淀多源生态补水综合调控研究 / 孙文超等著. -- 北京 : 科学出版社, 2025. 2. -- ISBN 978-7-03-081335-0

Ⅰ. X824

中国国家版本馆 CIP 数据核字第 20252L4Z69 号

责任编辑：王　倩 / 责任校对：樊雅琼

责任印制：徐晓晨 / 封面设计：无极书装

科学出版社出版

北京东黄城根北街 16 号

邮政编码：100717

http://www.sciencep.com

北京建宏印刷有限公司印刷

科学出版社发行　各地新华书店经销

*

2025 年 2 月第　一　版　开本：787×1092　1/16

2025 年 2 月第一次印刷　印张：14 3/4

字数：350 000

定价：188.00 元

（如有印装质量问题，我社负责调换）

前　　言

作为华北地区最大的淡水湖泊和湿地生态系统，白洋淀在雄安新区起步区“北城、中苑、南淀”的总体空间格局中占有重要地位，在保持生物多样性、调节区域气候、涵养水源与调蓄洪水等方面发挥重要作用，是华北地区构建连山通海、南北交融的区域生态安全格局的关键建设节点。2017年之前，受气候变化和人类活动影响，上游河流水资源衰减，9条主要入淀河流中，仅有府河和孝义河常年有水汇入，其余上游河流均为季节性河流，入淀水量降低，导致白洋淀蓄水量不断减少，淀区水位逐年下降。在当时天然自产径流水量较低、人类生产生活排水成为主要入淀水源情况下，白洋淀及上游河流的水文节律、水动力过程及污染物迁移转化条件较20世纪五六十年代已发生较大变化，流域水生态环境状况堪忧。雄安新区成立后，白洋淀生态环境治理成为新区建设的核心任务之一。为了改善白洋淀生态环境质量并修复受损生态系统，《白洋淀生态环境治理和保护规划（2018—2035年）》明确将淀区面积360km^{2}左右、正常水位保持在6.5～7.0m定为规划的核心目标。科学实施生态补水，扩大淀区水面面积，保持适宜生态水位，改善水动力条件，是实现白洋淀生态系统恢复的重要基础性工作。

自雄安新区成立以来，形成了黄河水通过引黄入冀补淀工程向白洋淀南部补水，上游水库水、南水北调水和再生水通过上游河流分别向白洋淀北部及西部进行补水的“四水共补”多源补水空间格局。随着雄安新区建设的大规模快速推进，水资源需求量将持续增加。与此同时，在气候变化与高强度人类活动影响下，水循环要素变化及水资源供给的不确定性在增加。在以上要素叠加影响下，未来该区域社会经济发展与生态环境需水之间对于水资源的竞争将加剧，对白洋淀生态补水精细化调度管理提出了新的要求。同时，上游河流补水路线经过保定市城区、乡镇聚集地与农业生产区，人口密度高、产业发展高度集中导致水污染物产生强度大、污染来源复杂，对补水水质保障产生较大压力。水文水动力条件对于水污染物的稀释和迁移转化具有重要影响，同时水质状况决定了水资源的可能用途。统筹考虑生态补水的配置调度与流域水污染治理措施，形成统筹协调的一体化水量水质管控模式，是保障生态补水实现改善白洋淀水生态环境质量与修复受损生态系统目标的必由之路。

在“十三五”国家重点研发计划项目“雄安新区多水源联合调配与地下水保护”课题二“白洋淀上游河流补水量质综合保障”（2018YFC0406502），以及国家自然科学基金面上项目“基于水位预测及其不确定性分析的白洋淀生态补水优化研究”（52179002）支持下，作者聚焦白洋淀多源补水优化配置调度与水质保障的科学问题，以“机理分析—概化模拟—评估调控—示范应用”为主线，开展了一系列研究。应用窄带蜂窝物联网技术，将野外传感器监测、远程传输与云平台系统结合，构建重点河段水量水质自动观测网络；基于实地与遥感观测数据，分析了流域气象要素、白洋淀淀区水位与水文连通性的演变规律；综合运用野外试验、调查和取样，水量水质自动监测及室内分析的方法，研究了白洋淀入淀河流主要污染物分布特征及其迁移转化机制；采用污染负荷模型、正定矩阵因子分解法等河流水体污染源解析技术，对入淀河流污染源识别与解析；分别构建了突发性污染与非突发性污染风险评价方法，评估白洋淀上游河流水环境综合风险；构建集成水动力模型与水质模型的补水河道水量–水质耦合模拟模型，对以水资源生态调度与水污染防控为核心的补水量质综合保障方案进行评估和优选。建立集成监测、模拟、评估等功能的决策支持云平台，对研究成果进行示范应用。研究突破了传统水资源管理、水污染控制单要素管理模式，提出了上游河流在自然径流缺乏、再生水为主的径流条件下对白洋淀生态补水的水量水质多元保障方案，有助于提高白洋淀上游流域水资源管理与水污染治理决策的科学性，进而提升白洋淀生态需水的保障程度，对维持白洋淀物种多样性，恢复淀区原有生态系统结构与功能，将雄安新区建设成宜居之城具有一定现实意义。

本书共 11 章：第 1 章介绍了白洋淀淀区及其上游河流概况，系统梳理了相关领域国内外研究进展，由孙文超、金永亮、韩权、佟润泽撰写；第 2 章分析了白洋淀流域降水、气温演变规律与白洋淀水位和水文连通性变化特征，由孙文超、佟润泽、李子琪撰写；第 3 章揭示了白洋淀及其上游河流水质时空演变规律及驱动要素，分析了生态补水期各补水河流水质沿程变化规律，由孙文超、韩权、周灵撰写；第 4 章在构建水量水质自动监测网络基础上，分析了典型入淀河流府河至白洋淀沿线的地表水—底泥—地下水污染物迁移转化规律及其驱动机制，由郑文波、檀康达、吕嘉丽、朱梅佳撰写；第 5 章对流域典型污染物负荷及污染来源进行了解析，评估了入淀河流沉积物重金属生态风险，构建抗性基因溯源指纹谱，揭示了入淀河流与受纳湖泊的源汇关系，由陈海洋、李悦昭撰写；第 6 章揭示了上游河流水环境风险形成机制，评估了突发性和非突发性水环境风险，由陶园、任晓强撰写；第 7 章构建了具有自主知识产权、基于水量平衡的旬尺度白洋淀水位预测模型，用于评估多源生态补水配置调度对白洋淀水位的影响，由孙文超、佟润泽、周灵撰写；第 8 章构建了具有自主知识产权、体现白洋淀流域特征的生态补水河流水动力水质耦合模拟模型，由金永亮、孙文超撰写；第 9 章集成上述两个自主研发模型，构建了多源补水的生态环境与经济效益综合评估方法，评估了多源补水方案情景下白洋淀生态水位目标达成度并提出了不同水文气象条件下最低补水量配置方案，之后开展上游河流补水调度与污染减排综合方案评估与优选，由孙文超、金永亮、佟润泽、周灵撰写；第 10 章构建了集成上游河流物联网监测、数学模型与评估调控优化算法的白洋淀上游河流生态补水综合保障决策支持技术示范应用平台，由孙文超、孙世友、金永亮、周灵撰写；第 11 章为主要研究结论与成果推广应用前景，由孙文超、陈海洋、郑文波和陶园撰写。全书由孙文超和常彤炎统稿。

在课题研究和本书写作过程中，得到了河北省生态环境厅、河北省水利厅、中国雄安集团、中国水利水电科学研究院、生态环境部环境规划院、河北省生态环境科学研究院、河北省生态环境工程评估中心等单位领导专家的指导与帮助，在此表示衷心感谢！

近年来，随着生态保护和修复力度不断加大，白洋淀水生态环境持续改善。受研究时间、数据和水平所限，本书难免有疏漏之处，敬请各位读者批评指正！

作者

2024 年 12 月

目　录

第1章 绪 论

1.1 白洋淀淀区基本情况

白洋淀位于河北省中部，西距保定市区30km，北距北京162km，东距天津155km，地处京津冀腹地。其地理坐标范围为115°38′~116°07′E，38°43′~39°02′N。白洋淀淀区总面积约366km²，东西长39.5km，南北宽28.5km，四周以堤坝为界，东至千里堤，西至西门堤，南至淀南新堤，北至新安堤，见图1-1。白洋淀位于太行山东麓永定河冲积扇与瀑河冲积扇相夹持的低洼地区，为冲积平原洼地。白洋淀上承九河，下注渤海，地势低洼，是我国最具代表性的典型湿地之一。白洋淀位于保定市东南部，素有“九河下梢”之称，保定市境内白沟引河、萍河、瀑河、漕河、府河、唐河、孝义河、潴龙河直接入淀。2017年之前，仅有府河、孝义河常年有水汇入白洋淀，且为中水或雨水；其余河流为季节性河流，无生态补水的情况下河流处于干涸断流的状态。白洋淀河淀相连，沟壕纵横，田园交错，形成了独特的自然景观，有3700多条沟壕，河道把大小不一的143个淀泊连成一体。

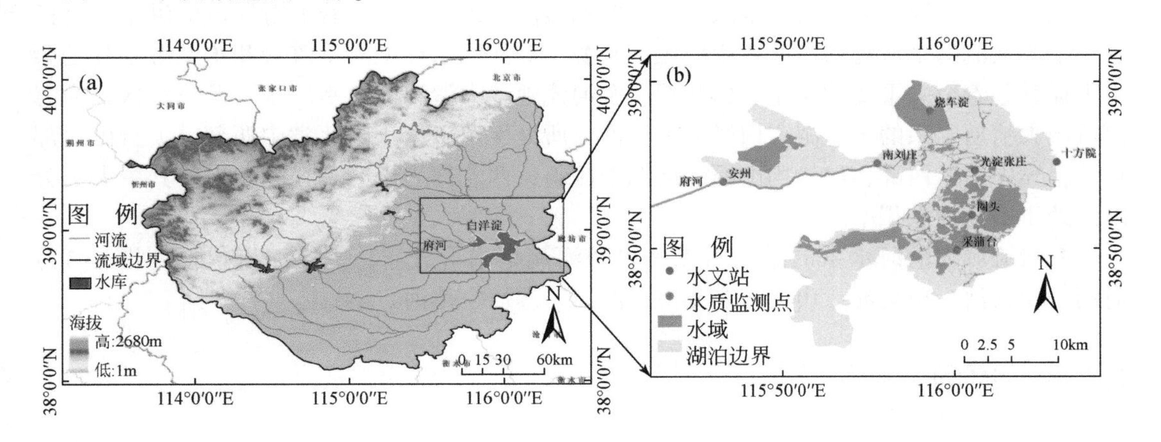

图1-1 白洋淀流域及淀区水系图

白洋淀地区属于温带大陆性季风气候，年均温度为7~12℃，最低温度往往出现在1月，最热的月份是7月。平均年降水量为550mm，年均蒸发量1637mm。地区降水量年内变化较大，其中，89.7%的降水量集中在每年的5~10月，见图1-2。

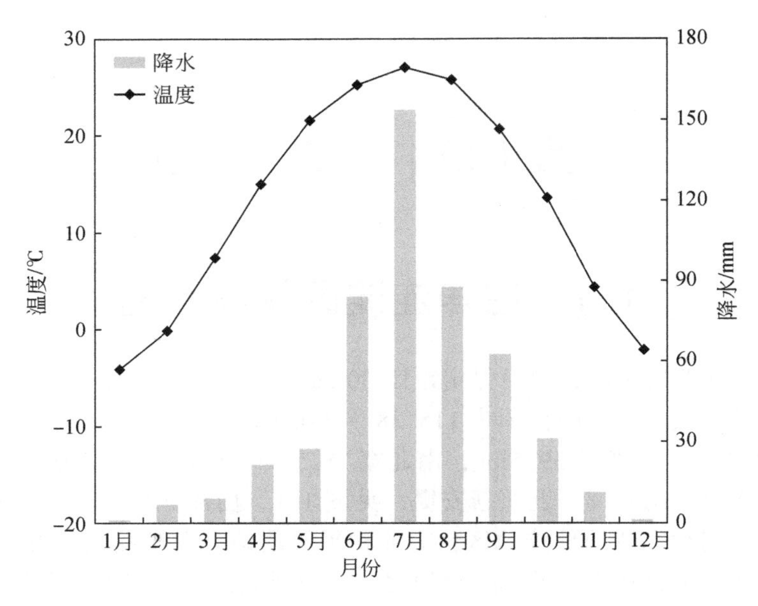

图 1-2　2006～2016 年白洋淀地区多年月均降水量和气温

1.2　白洋淀上游河流基本情况

白洋淀是海河流域大清河水系中游重要的缓洪滞洪区，承担着上游河流的洪水调蓄任务。上游河流的来水是白洋淀蓄水的主要来源，对淀区水环境质量改善和水生态系统健康水平提升起着至关重要的作用。白洋淀上游河流地处大清河淀西平原水资源三级区，为海河流域大清河水系的中上游。白洋淀上游河流所处保定市位于河北省中西部，太行山北部东麓，冀中平原西部；地势均由西北向东南倾斜，西北部为山区和丘陵地带，其余大部分地区处于山前冲洪积平原。

海河流域大清河水系的最大特点是多条河流呈扇形分布，主要河流包括（图 1-3）：府河、孝义河、拒马河、唐河、潴龙河、漕河、瀑河、萍河。

1.2.1　府河

府河发源于保定市城区西部的一亩泉村附近，经安州镇、南刘庄，于建昌村入藻苲淀。上游支流有一亩泉河、百草沟、侯河、清水河、金线河，其中一亩泉河为主要支流。流域面积 781km^2，全长 62km。府河是排沥河道，上游无基流汇入，常年处于干涸状态，仅雨季存蓄少许雨水。支流侯河、百草沟、清水河下游、金线河均出现断流。保定市三座城镇污水处理厂建成后，府河主要接纳保定市城区雨水及三座城镇污水处理厂的出水（胡国成等，2011；汤景梅等，2014；孙洪欣等，2015）。

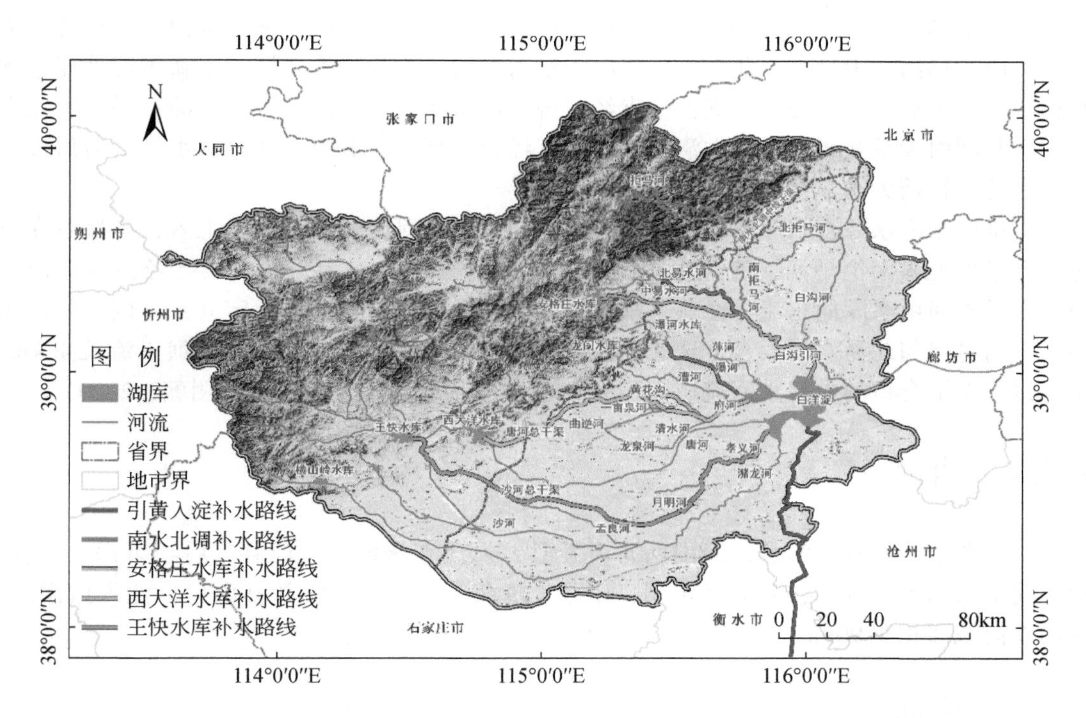

图 1-3　白洋淀上游主要水系与补水线路图

西大洋水库水源自水库下泄至唐河总干渠，流至保定市城区西北大水系分水闸分流，生态补水部分通过保定市城区北黄花沟汇入府河，部分通过保定市城区南一亩泉河汇入府河。

1.2.2　孝义河

孝义河发源于定州市，原是唐河的一条支流。孝义河是潴龙河以北、唐河以南的一条主要排沥河道。王快水库水源自水库下泄至沙河总干渠，而后自蠡县沙河总干渠出口进入月明河，经月明河最终汇入孝义河入淀。月明河为孝义河支流，源于安国市，经博野县入蠡县境南，又东流北转经胡村、东河、辛兴村西入孝义河。月明河流经县境内长 16.9km，为排沥河和季节河（梁国伟等，2014）。

孝义河于车里营村南、潘营村东会月明河，又北经黄家庄、万安，从万安向东由人工改道，沿四门堤东流，经高阳县南路台、史家佐至高阳城南，而后向北至雍城村西北入马棚淀（李登峰，2020；李光浩和陈巧红，2020；宋凯宇等，2020）。

1.2.3　拒马河

拒马河为大清河支流，发源于河北省涞源县西北太行山麓，在北京市房山区十渡镇套港村入北京市界，流经十渡风景区、张坊镇、南尚乐乡。在张坊镇张坊村分为南北两支。

北支为北拒马河，流经南尚乐乡，至东茨村以下称白沟河，在白沟镇与南拒马河汇合入大清河。南拒马河纳中易水、北易水后在白沟镇与白沟河汇合后称大清河。新盖房处建有水利枢纽，将大清河北支分为三支：一支经白沟河进水闸引部分洪水入白洋淀；另一支经大清河灌溉闸引少量灌溉用水入大清河；再一支经分洪闸及洪堰引大部分洪水经新盖房分洪道入东淀，目前为季节性河流。

安格庄水库水源自水库下泄至中易水河，而后在北河店处北易水河汇入，紧接着在下游一千米处汇入南拒马河，流经南拒马河在新盖房处流入白沟引河，最终经白沟引河入淀。中易水河由水库向东流，经燕下都故址南，在周任村出易县进入定兴县境内，复向东南至东引村南与北易水河汇合，至北河铁路桥以西汇入南拒马河。中易水河干流长46km。水库以下至汇合口的中易水河流域面积为489km^2（唐圣斌等，2007；李明朝，2020）。

1.2.4 唐河

唐河源于山西省浑源县，经山西省灵丘县，河北省涞源县、唐县，后经唐梅、白合、通天河汇入西大洋水库，后途经定州、望都、清苑等县市，于安新县山口镇注入白洋淀。唐河总流域面积4990km^2，全长333km。唐河已多年断流。

1.2.5 漕河

漕河发源于保定市易县境内的五回岭，属海河流域大清河水系，自西北向东南流经易县、满城区低山丘陵区至满城区市头村。原为徐河的支流，在漕河镇，源于西北曹河泽水入徐水，始称漕河。后改流汇入府河，入藻苲淀。目前处于断流状态。

1.2.6 潴龙河

潴龙河上游主要支流水系由沙河、磁河及孟良河汇合而成，流经阜平县、安国市、灵寿县、曲阳县、博野县、蠡县，下游出高阳县后注入白洋淀，因受上游水库控制河水流量变幅很大。潴龙河是大清河南支最大的行洪河道，为季节性河流、多沙性河道。流域面积8600km^2，北郭村至白洋淀河道长80.5km。该河河口宽为250～500m，河底纵坡为1/833～1/6850，总流域面积8425km^2，其中山区占5055km^2。河上建有分洪道，主河道两岸有堤防，其右堤为千里堤，目前处于断流状态。

1.3 白洋淀生态补水情况

在气候变化和人类活动影响下，白洋淀上游河流自产径流衰减严重，水资源供需矛盾日益严重。保定市境内8条河流中仅府河、孝义河常年有水（为污水处理厂处理后中水）入白洋淀，拒马河为季节性河流，潴龙河、唐河、漕河、瀑河、萍河长期干涸。

上游水系的来水是白洋淀水量的主要来源，入淀水量减少导致白洋淀自20世纪80年代以来出现多次干淀。为维持白洋淀生态系统健康，自1981年以来，水利部门已经多次向白洋淀进行生态补水。早期上游的大型水库，即安格庄水库、西大洋水库、王快水库为主要的补水水源。另外随着引黄入冀补淀工程投入运行，引黄水也成为补水的重要来源之一。近年来南水北调中线工程通过北易水退水闸经北易水河—南拒马河—白沟引河以及瀑河退水闸—瀑河进行了多次补水。目前形成了再生水常态补水、引黄水冬季补水、水库水春秋补水、引江水相机补水的多元补水格局。主要补水路线如图1-3所示。

1.4　国内外相关领域研究进展

白洋淀补水最直接的目的是满足湿地生态系统的生态用水需求，但是考虑到白洋淀及其上游河流的实际情况，如何应对水污染问题是在生态补水决策过程中不可忽略的问题。先治污后补水应是提升白洋淀生态补水社会经济与生态环境效益的必由之路，国内外相关领域研究进展如下。

1.4.1　白洋淀上游河流水质演变规律

白洋淀上游河流水环境问题很早就受到学者们关注，一直是该流域环境问题的研究重点。历来的研究围绕水环境质量演变规律分析开展了河流水环境质量评价、污染物来源解析与负荷估算等工作。

水环境质量评价能够指导水污染防治工作的开展，是分析水质变化规律的重要手段（佟霁坤等，2020）。张强（2020）基于污染指数法和内梅罗综合指数评价法评价了流域中25个断面18项因子，结果表明2017年各河流总氮、总磷含量较高，河流总体污染程度从重到轻依次为府河、大清河、孝义河、白沟引河。陈杰（2019）通过单因子指数评价法、综合污染指数法和内梅罗污染指数法对2018年的白洋淀流域府河水质评价得出，9个因子中主要污染因子为总氮、化学需氧量和氨态氮。贾龙凤（2015）基于水质标识指数评价府河2014年水质的级别为劣V类，主要污染指标为化学需氧量、氨氮、总氮，且污染有加剧的趋势。朱珍妮（2017）运用水体理化指标、附着藻类多样性指数和附着藻类光合活性3种评价方法对2016年府河水质进行综合评价，结果表明府河总体已呈中营养化，有较明显的富营养化趋势；府河水质从优到劣依次为秋季、夏季、春季，府河水污染自上游向下游逐渐减轻。戎曼丝（2015）通过综合营养状态指数法评价得出，2014年府河春季、秋季属于中度富营养，夏季多处于重度富营养状态。

污染物来源解析与负荷估算是水环境质量研究中不可缺少的一步，为分析河流沿程污染成因提供基础。Brauns等（2016）通过粮食种植试验与地球化学模型结合分析，得出过量农业生产的肥料投入以及工业、生活污水排放增加是加重白洋淀流域污染的主要原因。梁慧雅等（2017）通过水化学及水中同位素分析，得出白洋淀上游河流氮素主要来源为生活污水或者工业废水，同时河流的水污染物是白洋淀淀区水污染物的主要来源。张铁坚（2019）利用APCS-MLR模型解析出河流丰水期污染来源主要为城市和农村面源、底泥内源、污水排放；平水期主要为污水排放和城市面源；枯水期主要为污水排放和底泥内源。黄诗涵等（2019）通过实地采样结合沿岸景观分析，得出府河主要污染原因是城市面源，尤其是未经处理的生活污水排放对水质影响极大。对于不同类型的污染来源，孙添伟等（2012）通过现场调查得出生活垃圾在总氮、总磷年入河负荷中占比达70%。

1.4.2 生态补水对河流水质影响机制

早在20世纪90年代，国外学者就开始研究生态补水对河流水质的影响。1991年，田纳西（Tennessee）河管理局为改善下游河道的水质状况，使河道具有良好的流场特性，通过补水增加水库的下泄流量，保护了下游生态环境（董哲仁，2006）。Edwards等（1997）评估了英格兰亨伯（Humber）河补水效果，生态补水提升了河流与河口的水质。Karamouz等（2010）通过人工神经网络模拟了跨流域调水对卡伦（Karoon）河流域水质的提升作用，并分析了补水水量优化策略。Gunawardena等（2017）通过耦合流域模型与河流模型估算了斯里兰卡凯拉尼（Kelani）河下游区域的污染物转移系数，为确定补水水量与工业污染控制政策提供基础。

近年来我国也有许多学者开展了相关领域研究。梁媛等（2014）采用模糊综合评判法分析得出太湖引水后黄浦江水质类别有所提升。陈建标等（2014）利用原型调水试验数据建立了南通市河网水量水质模型，评估得出引江调水对河网氨态氮和化学需氧量污染有改善效果。贾海峰等（2013）对吴淞江角直镇河网的22个断面进行了8次同步水文监测，分析得出水动力条件与水质状况存在较大的相关性，补水使得溶解氧浓度上升，水质改善。刘国庆等（2019）对无锡运东片水系开展了连续6天的水动力水质同步原型观测，分析得出水质提升对补水的响应程度依次为总氮、氨态氮、总磷、溶解氧。Song等（2021）通过对浮游植物群落采样分析，得出补水水源中的浮游植物能够显著影响接受水体，甚至加重水华发生的风险。

近年来，随着数值模拟方法的普及，研究生态补水更多地从原位观测转向建立数学模型。陈振涛等（2015）构建河网水质模型，分析得出随着补水水量的增大，河网水质改善幅度逐渐变小，补水水源水质的提升对河网水质提高有明显效果。Zhou等（2020）建立水量水质耦合模型来分析无锡市水系的补水路线与补水流量，通过情景评估得出能够最大程度优化水质的补水量。王雪等（2015）基于一维非稳态水环境数学模型分析了秃尾河不同水量下控制断面水质状况，得出了流域排放总量控制方案。逄敏等（2018）分析生态补水和控源截污对秦淮河水质的影响，得出不同污染负荷削减情景下南京主城区段达到Ⅳ类水质标准的生态补水水量。

1.4.3 河流水环境数值模拟研究进展

河流水环境数值模拟为水污染治理提供了重要决策支持信息。数值模拟方法的引入，将提升对于河流水环境变化分析的精细化水平，从而为管理提供科学依据和技术支撑（Liang et al.，2016）。数值模拟能够使决策者得到仿真结果，从可供选择的方案中选出更好、更科学的措施（Ji，2017）。河流水环境数值模拟建模的基础是掌握河流水环境系统结构与系统功能的机理，用定量数学关系揭示水环境系统内各种过程的相互作用规律（徐祖信和廖振良，2003）。1925年Streeter和Phelps建立了第一个水环境数学模型——SP模型，至今90多年间，模型模拟的水质因子从单项发展到多项，模型模拟从稳态发展到非稳态，模型模拟的空间变化从零维完全混合模型发展到三维。数值模拟计算的发展始于20世纪60年代，起初仅有河口海岸水动力模拟，70年代河流水动力水质数值模拟模型开始出现（贾鹏等，2015）。

从河流水环境数值模拟的研究发展情况来看，外国已研发较为成熟的模型。美国地质调查局、美国环保局等机构从1970年相继开发了QUAL2E、QUAL2K、WASP、CE-QUAL-W2、CE-QUAL-ICM和EFDC等综合的水环境数学模型（Terry et al.，2018；Avant et al.，2019），广泛地应用于分析一维稳态或者非稳态状况的河流水质，计算方法多使用有限差分方法求解数值解。丹麦水动力研究所开发的MIKE系列模型是另一类著名的一维河流水环境数学模型，求解数值解方法为有限体积法（Thompson et al.，2004）。这些功能全面且使用方便的模型降低了河流水环境数值模拟的技术门槛，使得模型方法得到广泛传播与使用。

与国外相比，我国的河流水动力水质数值模拟研究起步相对较晚，经历了从借鉴国外先进技术到自主研发的发展历程。钱海平等（2013）选取平湖市平原感潮河网为研究对象，基于MIKE模型估算出使得断面水质达标的污染负荷削减量。丁一等（2016）基于EFDC模型构建了同里古镇水系的水动力模型，模拟了古镇区水系的水动力特性，验证的纳什效率系数精度为0.81，评估了不同调水优化情景下水动力水质改善水平。孙磊和毛献忠（2012）建立东江东莞段水环境数学模型，对比两种东莞运河排涝情况对于水质产生的影响。Zhu等（2016）运用OpenMI compliant模型与EFDC模型耦合，构建城市区域水文水环境模型，研究美国芝加哥市排污的迁移转化过程。徐祖信和尹海龙（2003）以有限元数值模拟与GIS技术相结合的方法，开发了具有中文可视化界面的黄浦江水动力水质数值模拟软件，用于定量分析黄浦江的水质变化规律，评价入河负荷对水质的影响。大连理工大学开发了数值模拟方法的HydroInfo软件，数值计算方法采用无结构化网格高分辨率离散格式，可进行一维至多维耦合的水动力、水环境模拟（张南，2018）。珠江水利科学研究院开发了具有一维、二维和一二维联解模式的数值模拟软件HydroMPM，数值计算方法采用有限体积法，可模拟非稳态的水动力及水环境过程（宋利祥等，2019）。

1.4.4　白洋淀生态补水调度研究

白洋淀生态环境补水对于改善湿地生态环境质量具有重要作用。针对上游水库、引黄水以及南水北调水等不同水源，已经有不少学者开展了生态补水优化调度研究，提升了白洋淀生态补水的科学性与时效性。

有学者将白洋淀及上游河流的生态需水应用于西大洋水库调度规则的改进中，杨盈等（2012）提出了兼顾生态需水要求的不同水平年的西大洋水库调度方案；Chen等（2012）构建了基于生态调度和经济调度目标下的西大洋水库多目标调度模型并通过动态规划得到了丰、平、枯3种情景下的优化结果；Yin等（2010）提出了一种将西大洋水库调度曲线与生态需水相结合的水库运行方法以满足河流生态系统的要求，并将改进的调度方法应用于西大洋水库多目标优化调度中；Yang和Yang（2013）对3种不同用水目标下的西大洋运行方案进行优化分析，以满足水库下游生态系统的生态需水及正常的农业、工业和生活用水需求；Yin和Yang（2013）建立了西大洋水库运行模型并优化了水库供水空间划分，在满足社会经济用水需求的同时为湿地进行生态补水。耿建康等（2019）计算了不同供水方案下王快水库的兴利调节成果并进一步分析王快水库的生态补水潜力；董娜（2009）根据王快水库和西大洋水库联合补水多年调节计算结果得到不同保证率下水库的可利用水量并论证了各补水路径的可行性，进一步优化补水方案；李上达和宋建港（2008）分析了1981～2002历年补水记录的输水水量平衡结果，通过分析比较各补水路径及补水时机的损失系数确定安格庄水库为最佳输水路线并给出了补水时机的建议。

除了对本流域水库调度方案的研究，不少学者也探究了跨流域调水对白洋淀进行生态补水的可行性。张丽丽等（2012）得到了不同生态调度方案下丹江口水库多年平均逐旬入淀水量及白洋淀年内平均水位，作为年度生态调度计划的依据；戴永翔和刘继红（2018）定性讨论了不同工程线路下引岳济淀的生态补水效益，认为引岳济淀相比于水库引水和引黄入冀补淀优势不大，建议作为备用水源；冯亚辉和李书友（2013）根据白洋淀最小生态需水量推算补水量，讨论了南水北调中线总干渠各补水线路，从流量、工程投资、输水损失等方面定性判断利用蒲阳河退水闸向白洋淀输水为最佳方案。

对于多水源联合调度，Yang（2011b）将生态网络分析方法引入白洋淀湿地生态功能评价，建立了湿地定量系统网络模型，并根据分析成果提出上游各水库及河流的生态流量分配建议；周健等（2016）依据白洋淀水生态等级指标，根据概率计算组合情景所需的补水量，定性分析了各补水水源的可行性以及历史几次补水的水生态效果；王朝华等（2011）定性评价了1981～2008历年补水对白洋淀生态环境恢复的影响；吴新玲（2012）定性讨论了各补水来源及补水时机的补水效益。

为保障白洋淀水生态安全，有学者围绕白洋淀的生态补水优化方法开展了系统性研究。刘建芝和魏建强（2007）提出了白洋淀补水量计算及补水方案优化的基本思路，近年来，随着生态补水趋于常态化，很多学者定量分析了不同补水目标、不同水文条件的组合情景下白洋淀补水时机和补水量。在年尺度上，杨志娟（2017）根据不同保证率的水位选择典型年，将不同保证率年份组合成9种两年组合情况和27种三年组合情况，论证了16种需要补水的水平年组合的补水时机和补水量；杨泽凡等（2018）基于淀区和入淀河流的生态需水计算成果，结合水库补水、引黄入冀补淀及南水北调等补水方式，提出了丰、平、枯水年的补水量；Cui等（2010）基于小波分析对白洋淀的水文周期进行分类，结合丰水期及枯水期白洋淀年内生态需水位评价了近年来补水措施的效果，并将研究成果应用于水资源配置中，提出了不同起始水位下丰水期和枯水期的补水建议。在月尺度上，张赶年等（2013）针对特别枯水年按最小生态水位和适宜生态水位两种补水方案计算相关水量指标，得到各补水方案下各月的补水量以及月均水位，并进行补水生态效益评价；刘越等（2010）分析了10月补淀、1月补淀和3月补淀3种补水方案在3个生态特征水位下的月尺度水位变化过程，并给出不同情景下相应的建议；张英骏（2013）、刘国强（2013）采用水量平衡法对白洋淀枯水期水位变化进行动态逐月分析演算，得到每月 1 日的最低补水水位并讨论了适宜的补水时机和补水量。

1.5 主要研究内容

围绕白洋淀多源生态补水优化调度与水污染防治协同效益提升的科学问题，本研究构建了集成立体监测—机理解析—系统模拟—优化决策的研究思路，主要研究内容如下。

(1) 白洋淀流域水文水动力要素演变规律及趋势分析。开展白洋淀淀区及其上游流域降水、气温等气象要素一般与极端指标变化分析；基于长时间序列白洋淀水位数据，分析白洋淀水位年内与年际变化规律；基于 Landsat 系列卫星遥感影像，分析白洋淀淀区水文连通性演变规律。

(2) 白洋淀上游河流水污染迁移转化规律及驱动机制。分析典型污染物沿河道迁移转化规律，解析其在地表水-底泥-地下水系统中迁移转化的主要控制因素；开展入淀河流典型污染物源解析，识别影响入淀河流中典型污染物分布的污染源，估算不同类型污染源的贡献比例，对入淀河流污染成因进行准确诊断。

(3) 白洋淀上游河流水环境风险评估。将野外监测、远程传输与云平台系统相结合，构建重点河段地表-地下水水量水质自动观测网络；在对上游补水多水源水质评价的基础上，综合考虑自然地理条件、经济社会发展状况、河流水量水质现状、水污染治理能力等要素，对上游河流水环境风险进行综合评估。

(4) 基于水量平衡关系的白洋淀旬尺度水位预测模型研发。通过对降水、下渗、蒸散发、天然径流、再生水与生态补水等白洋淀水量平衡要素的合理概化，研发旬尺度白洋淀水位预测模型，以多源生态补水方案为外部主要驱动要素，分析不同水文气象情景下白洋淀水位年内变化情况，为优化生态补水配置方案提供技术支撑。

(5) 白洋淀补水通道水量水质耦合模拟模型研发。对补水通道及其连接关系进行精准概化，在其基础上构建模拟单元，模拟上游来水及排污口污水在补水通道内的演进过程，同时耦合河水下渗补给地下水过程。在河道流量模拟的基础上，模拟在点源污染、面源污染与底泥内源污染释放共同作用下，特征污染物浓度在河道内沿程变化。在模型中集成水资源调配、水污染防治等管理措施对河流水质的综合影响。

(6) 白洋淀多源补水量质综合调控方案制定。在分析总结国内外研究进展基础上建立补水量质综合保障管控方案库。研发以水量水质综合模拟模型为基础的管控方案综合效益评价方法，构建上游水库、南水北调中线与引黄水作为补水水源，上游河流、引黄入冀补淀工程作为通道的补水调度情景，评价各水污染防控方案实施后的综合效益，通过优选形成白洋淀多源补水量水质综合保障方案。

(7) 白洋淀多源补水量质综合调控决策支持平台研发。开发集成地表-地下水动态监测、生态调度与水污染防控综合方案库、补水河道水量水质耦合模拟模型、白洋淀水位预测模型、管控方案实施效益评估等模块的上游河流补水量质综合保障决策支持平台，集成上述研究成果并在白洋淀流域开展业务化示范应用。

第2章　白洋淀及其上游流域气象水文要素时间演变规律分析

在气候变化与人类活动双重影响下，白洋淀所在大清河流域的水资源在过去几十年呈现总体衰减趋势。厘清主要气象水文要素演变趋势是合理制定多源生态补水调度方案的基础。基于站点实测数据，本章对白洋淀上游以及淀区代表性气象站的降水与气温60年（1959～2018年）的演变规律以及白洋淀水位近70年（1950～2018年）的变化进行分析；基于遥感提取的白洋淀淀区水面面积变化，对其水文连通性变化情况进行分析。

2.1　白洋淀及其上游流域降水演变规律分析

以雄县站和安国站作为白洋淀淀区以及上游流域的代表性站点，分析其降水和气温过去近60年的演变规律。

2.1.1　一般降水指标定义

选取年降水量、春季降水量、夏季降水量、秋季降水量、冬季降水量作为一般降水指标，定义如表2-1所示。

表2-1　一般降水指标定义

指标	定义	单位
年降水量	全年降水量的总和	mm
春季降水量	3～5月降水量的总和	
夏季降水量	6～8月降水量的总和	
秋季降水量	9～11月降水量的总和	
冬季降水量	12月～次年2月降水量的总和	

2.1.2　一般降水指标变化趋势

图2-1为雄县站一般降水指标在1959～2018年的线性变化趋势。表2-2为雄县站一般降水指标的变化趋势与显著性检验结果。雄县站年降水量呈下降趋势，春季与秋季降水量呈上升趋势，夏季与冬季降水量呈下降趋势，变化趋势分别为-1.39mm/a、0.21mm/a、0.40mm/a、-1.96mm/a、-0.03mm/a。雄县站的降水年内分配不均，主要集中在夏季，

夏季降水量降幅最大，说明雄县站的降水量减少主要是夏季降水减少引起的。全部指标均未通过显著性检验标准，变化趋势不显著。

表 2-2　雄县站一般降水指标变化趋势显著性检验结果

指标	均值/mm	趋势/(mm/a)	是否显著
年降水量	508.38	-1.39	否
春季降水量	52.75	0.21	否
夏季降水量	364.72	-1.96	否
秋季降水量	81.28	0.40	否
冬季降水量	9.63	-0.03	否

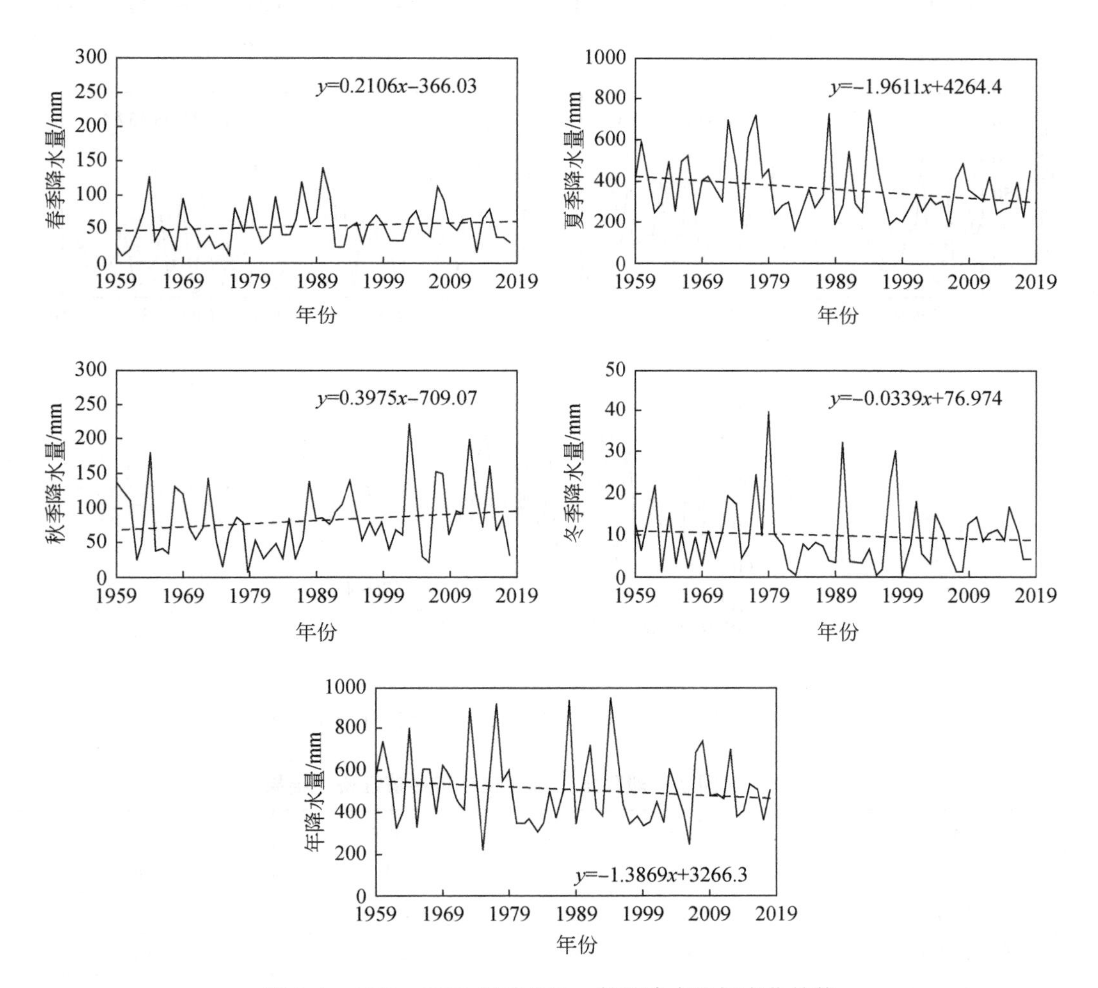

图 2-1　1959～2018 年雄县站一般性降水指标变化趋势

图 2-2 为安国站一般降水指标在 1959～2018 年期间的线性变化趋势。表 2-3 为安国站一般降水指标的变化趋势与显著性检验结果。安国站一般降水指标变化趋势与雄县站相

似。安国站全年降水呈下降趋势，其中春季与秋季降水量呈上升趋势，夏季与冬季降水量呈下降趋势，变化趋势分别为 -2.13mm/a、0.18mm/a、0.34mm/a、-2.53mm/a、-0.12mm/a。其中夏季降水量通过了显著性检验标准，呈现明显的下降趋势。夏季降水的减少是白洋淀上游流域水资源衰减严重的原因之一。

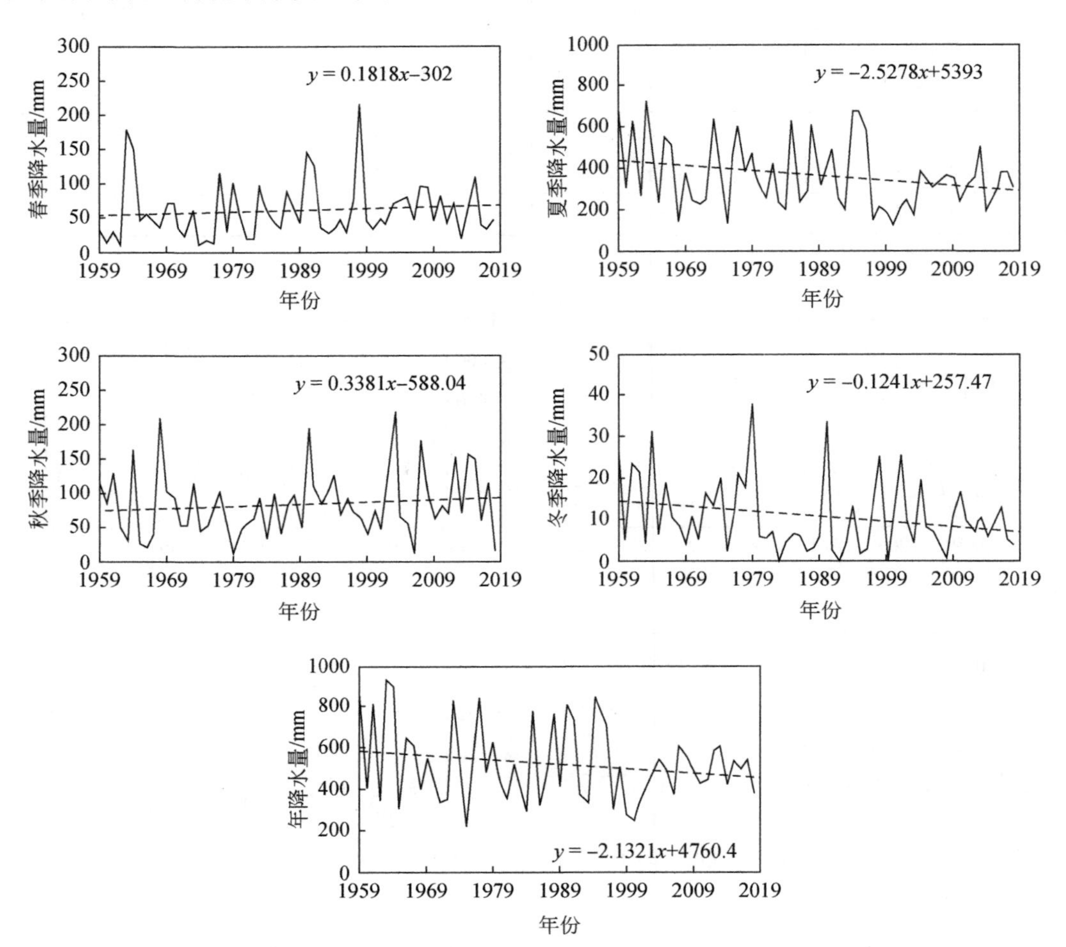

图 2-2　1959 ~ 2018 年安国站一般性降水指标变化趋势

表 2-3　安国站一般降水指标变化趋势显著性检验结果

指标	均值/mm	趋势/(mm/a)	是否显著
年降水量	520.77	-2.13	否
春季降水量	59.47	0.18	否
夏季降水量	366.39	-2.53	是
秋季降水量	84.27	0.34	否
冬季降水量	10.64	-0.12	否

2.1.3 极端降水指标定义

采用气候变化检测与极端事件指数专家组（ETCCDI）推荐的 8 个极端降水指标，从降水强度、降水频率和持续时间 3 个方面分析 1959 ~ 2018 年白洋淀地区雄县站及白洋淀上游流域安国站点的极端降水演变规律。其中降水强度指标 5 个，分别是强降水总量（R95P）、极端强降水总量（R99P）、最大一日降水量（RX1DAY）、最大五日降水量（RX5DAY）、日降水强度（SDII）；降水频率指标 2 个，分别是大雨日数（R10mm）、极端大雨日数（R50mm）；持续时间指标 1 个，为持续湿润指数（CWD）。指标定义如表 2-4 所示。

表 2-4　极端降水指标定义

指标	分类	定义	单位
大雨日数（R10mm）	降水频率	年内日降水量大于 10mm 的总天数	d
极端大雨日数（R50mm）		年内日降水量大于 50mm 的总天数	
强降水总量（R95P）	降水强度	日降水量大于 95% 分位值的年累积降水量	mm
极端强降水总量（R99P）		日降水量大于 99% 分位值的年累积降水量	
最大一日降水量（RX1DAY）		年最大日降水量	
最大五日降水量（RX5DAY）		年最大连续 5 日降水量	
日降水强度（SDII）		降水量大于 1mm 的总量与日数之比	mm/d
持续湿润指数（CWD）	持续时间	日降水量大于 1mm 的最大持续日数	d

2.1.4 极端降水指标变化趋势

图 2-3 为雄县站极端降水指标在 1959 ~ 2018 年的线性变化趋势。表 2-5 为雄县站极端降水指标的变化趋势与显著性检验结果。

表 2-5　雄县站极端降水指标变化显著性检验结果

指标	均值	趋势	是否显著
大雨日数（R10mm）	14d	-0.01d/a	否
极端大雨日数（R50mm）	1.61d	-0.01d/a	否
强降水总量（R95P）	146.01mm	-1.40mm/a	否
极端强降水总量（R99P）	46.25mm	-0.92mm/a	是
最大一日降水量（RX1DAY）	80.06mm	-0.33mm/a	否
最大五日降水量（RX5DAY）	117.83mm	-0.48mm/a	否
日降水强度（SDII）	11.82mm/d	-0.01mm/d/a	否
持续湿润指数（CWD）	3.76d	-0.01d/a	否

雄县站全年极端降水呈下降趋势，除了极端强降水总量（R99P）通过了显著性检验标准，呈现明显的下降趋势，其他指标下降趋势均不显著。总体来看，降水频率指标和持续时间指标下降幅度较小。降水强度指标的下降幅度较大，其中强降水总量（R95P）和极端强降水总量（R99P）的变化趋势约为-1.4mm/a 和-0.92mm/a，最大一日降水量（RX1DAY）和最大五日降水量（RX5DAY）的变化趋势约为-0.33mm/a 和-0.48mm/a。

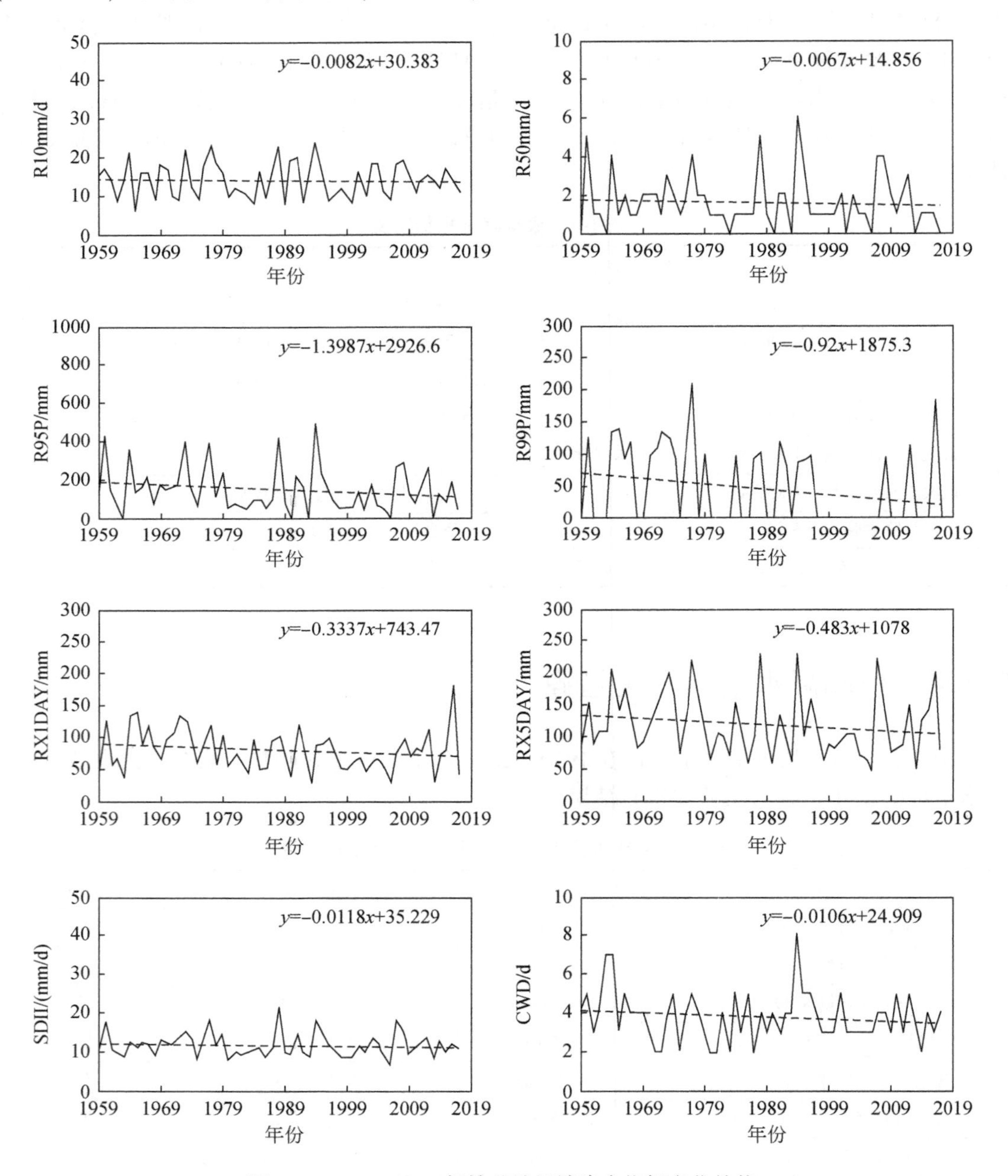

图 2-3 1959 ~ 2018 年雄县站极端降水指标变化趋势

图 2-4 为安国站极端降水指标在 1959 ~ 2018 年的线性变化趋势。表 2-6 为安国站极端降水指标的变化趋势与显著性检验结果。安国站全年极端降水事件变化趋势与雄县站相似。除了强降水总量（R95P）和最大五日降水量（RX5DAY）通过了显著性检验标准，呈现明显的下降趋势，其他指标下降趋势均不显著。总体来看，降水频率指标和持续时间指标下降幅度较小。降水强度指标的下降幅度较大，其中强降水总量（R95P）和极端强降水总量（R99P）的变化趋势分别约为 - 2. 32mm/a、- 0. 84mm/a，最大一日降水量（RX1DAY）和最大五日降水量（RX5DAY）的变化趋势约为-0. 31mm/a、-1. 08mm/a。

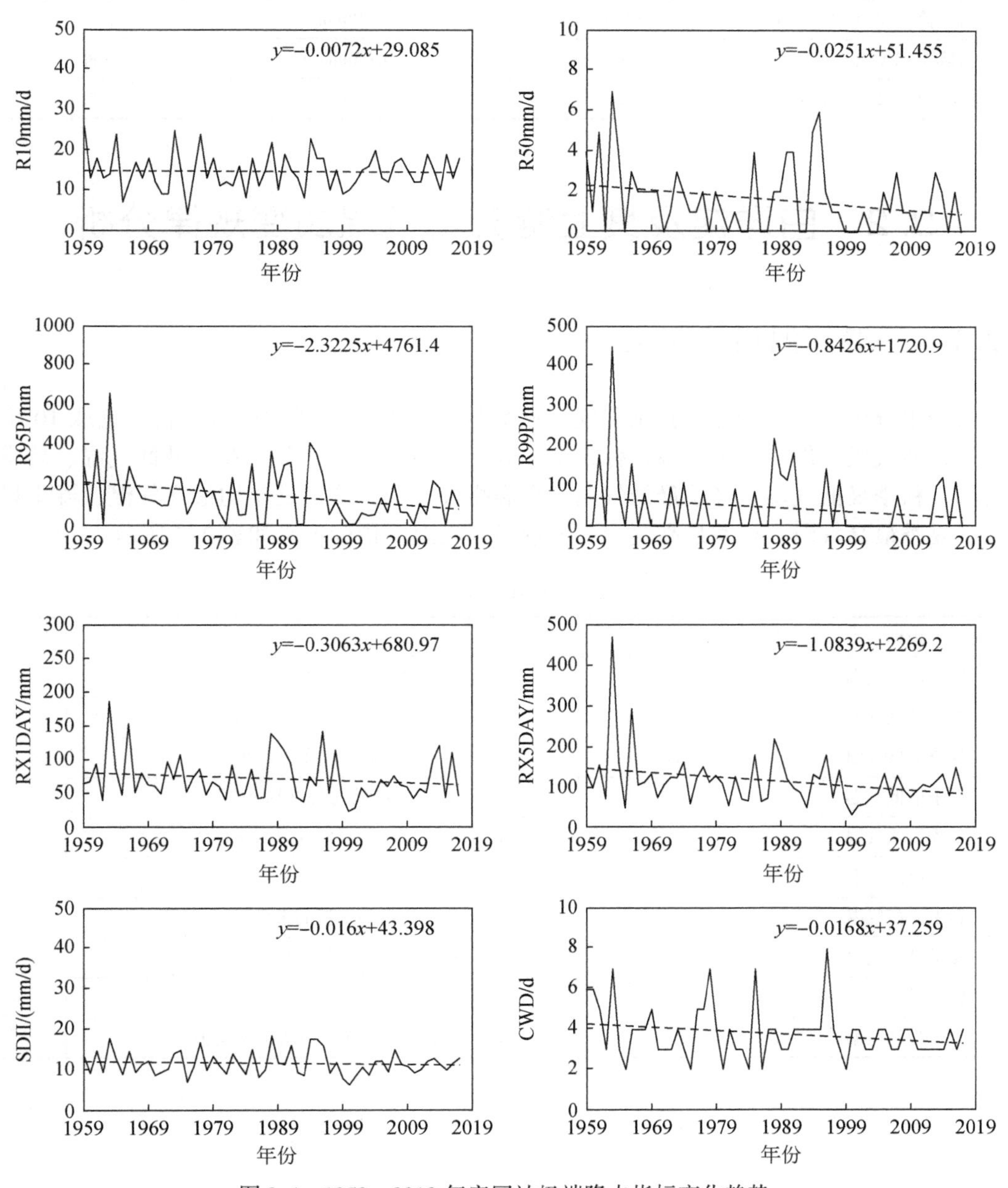

图 2-4　1959 ~ 2018 年安国站极端降水指标变化趋势

表 2-6　安国站极端降水指标变化趋势显著性检验结果

指标	均值	趋势	是否显著
大雨日数（R10mm）	14.68d	-0.01d/a	否
极端大雨日数（R50mm）	1.61d	-0.02d/a	否
强降水总量（R95P）	144.27mm	-2.32mm/a	是
极端强降水总量（R99P）	45.89mm	-0.84mm/a	否
最大一日降水量（RX1DAY）	71.96mm	-0.31mm/a	否
最大五日降水量（RX5DAY）	114.52mm	-1.08mm/a	是
日降水强度（SDII）	11.55mm/d	-0.02mm/d/a	否
持续湿润指数（CWD）	3.80d	-0.02d/a	否

2.2　白洋淀及其上游流域气温演变规律分析

2.2.1　一般气温指标定义

与降水分析类似，选择雄县站和安国站数据对气温演变规律进行分析。选取 10 个指标描述普通气候事件，其中低温指标 5 个，分别是年均最低气温、春季最低气温、夏季最低气温、秋季最低气温、冬季最低气温；高温指标 5 个，分别是年均最高气温、春季最高气温、夏季最高气温、秋季最高气温、冬季最高气温。指标定义如表 2-7 所示。

表 2-7　一般气温指标定义

<table>
<tr><th>指标</th><th>分类</th><th>定义</th><th>单位</th></tr>
<tr><td>年均最低气温</td><td rowspan="5">低温指标</td><td>全年最低气温的平均值</td><td rowspan="10">℃</td></tr>
<tr><td>春季最低气温</td><td>3～5 月最低气温的平均值</td></tr>
<tr><td>夏季最低气温</td><td>6～8 月最低气温的平均值</td></tr>
<tr><td>秋季最低气温</td><td>9～11 月最低气温的平均值</td></tr>
<tr><td>冬季最低气温</td><td>12 月～次年 2 月最低气温的平均值</td></tr>
<tr><td>年均最高气温</td><td rowspan="5">高温指标</td><td>全年最高气温的平均值</td></tr>
<tr><td>春季最高气温</td><td>3～5 月最高气温的平均值</td></tr>
<tr><td>夏季最高气温</td><td>6～8 月最高气温的平均值</td></tr>
<tr><td>秋季最高气温</td><td>9～11 月最高气温的平均值</td></tr>
<tr><td>冬季最高气温</td><td>12 月～次年 2 月最高气温的平均值</td></tr>
</table>

2.2.2 一般气温指标变化趋势

图 2-5 为雄县站一般低温指标在 1959 ~ 2018 年的线性变化趋势。5 个一般低温指标 60 年间均呈现上升趋势，且全部一般低温指标通过了显著性检验标准，呈现明显的上升趋势。年均、春、夏、秋、冬季最低气温增加趋势分别约为 0.05℃/a、0.06℃/a、0.04℃/a、0.03℃/a、0.06℃/a，春季和冬季的升温幅度较夏季和秋季更大。

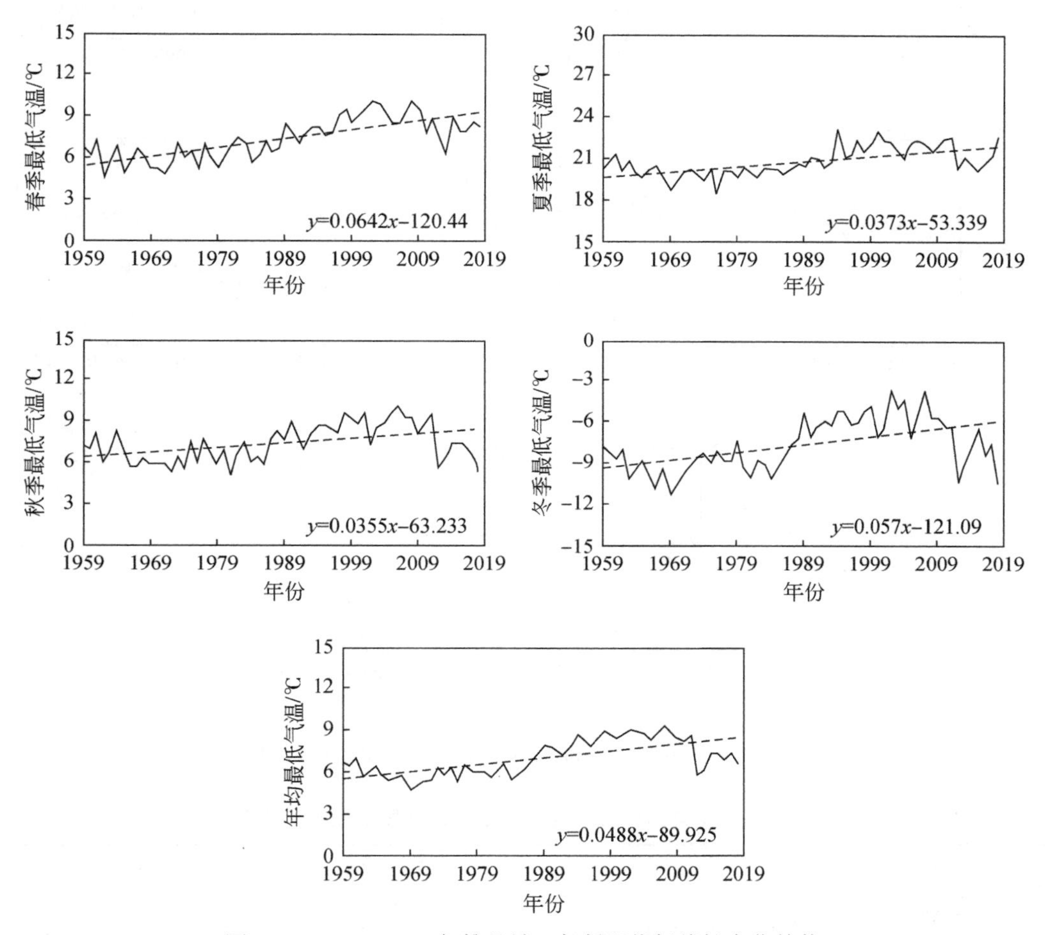

图 2-5 1959 ~ 2018 年雄县站一般低温指标线性变化趋势

图 2-6 为雄县站一般高温指标在 1959 ~ 2018 年的线性变化趋势。5 个一般高温指标 60 年间均呈现上升趋势，除夏季最高气温和秋季最高气温上升趋势不显著，其他一般高温指标通过了显著性检验标准，呈现明显的上升趋势。年均、春、夏、秋、冬季最高气温上升趋势分别约为 0.02℃/a、0.03℃/a、0.01℃/a、0.01℃/a、0.02℃/a，春季和冬季的升温幅度较夏季和秋季更大。

总体上雄县站 1959 ~ 2018 这 60 年来气温总体呈明显的上升趋势。表 2-8 为雄县站一般气温指标的变化趋势显著性检验结果。从四季来看，春季和冬季的上升趋势比夏季和秋季更明显；从低温指标和高温指标来看，低温指标的上升趋势比高温指标更明显。

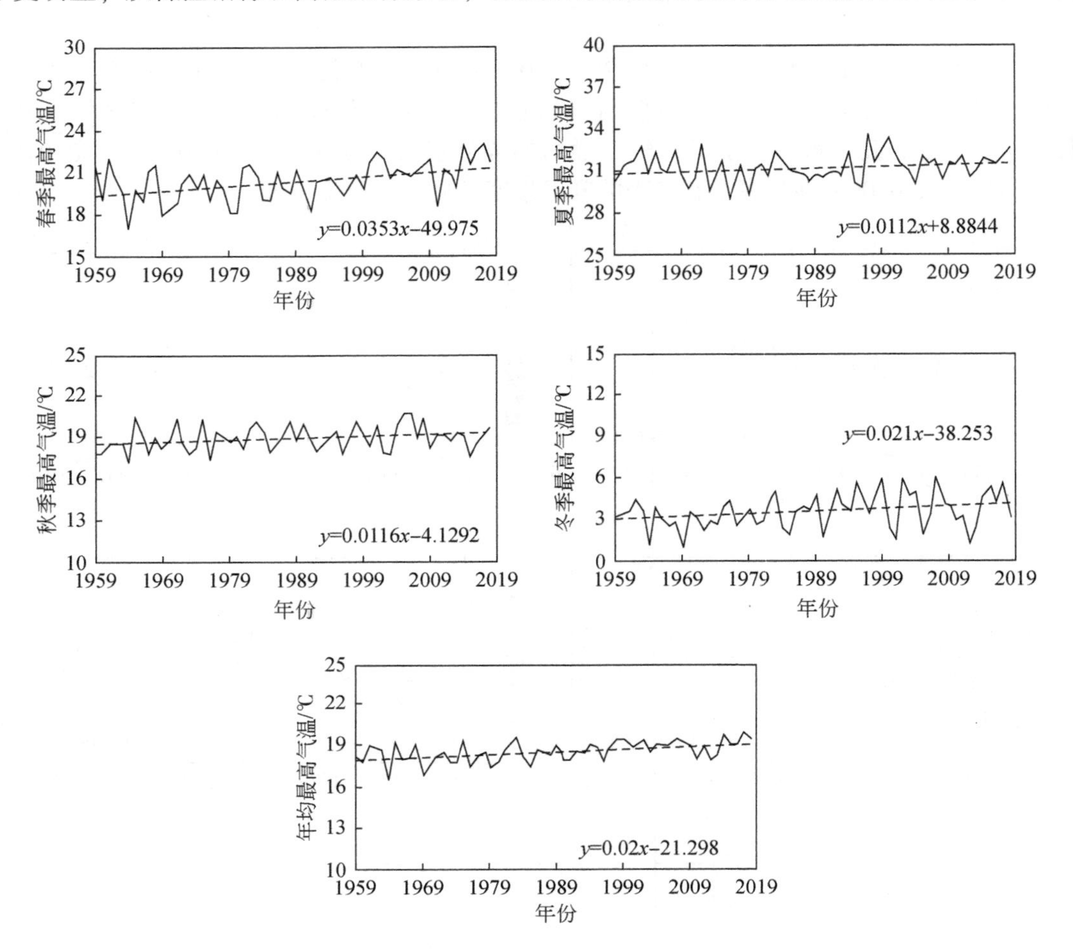

图 2-6　1959 ~ 2018 年雄县站一般高温指标线性变化趋势

表 2-8　雄县站一般气温指标变化趋势显著性检验结果

指标	均值/℃	趋势/（℃/a）	是否显著
年均最低气温	7. 02	0. 05	是
年均最高气温	18. 53	0. 02	是
春季最低气温	7. 30	0. 06	是
春季最高气温	20. 28	0. 03	是
夏季最低气温	20. 77	0. 04	是
夏季最高气温	31. 14	0. 01	否
秋季最低气温	7. 39	0. 03	是
秋季最高气温	18. 88	0. 01	否

续表

指标	均值/℃	趋势/（℃/a）	是否显著
冬季最低气温	-7.68	0.06	是
冬季最高气温	3.50	0.02	是

图 2-7 为安国站一般低温指标在 1959 ~ 2018 年的线性变化趋势。5 个一般低温指标 60 年间均呈现上升趋势，且全部一般低温指标通过了显著性检验标准，呈现明显的上升趋势。年均、春、夏、秋、冬季最低气温上升趋势分别约为 0.03℃/a、0.04℃/a、0.02℃/a、0.02℃/a、0.04℃/a，春季和冬季的升温幅度较夏季和秋季更大。

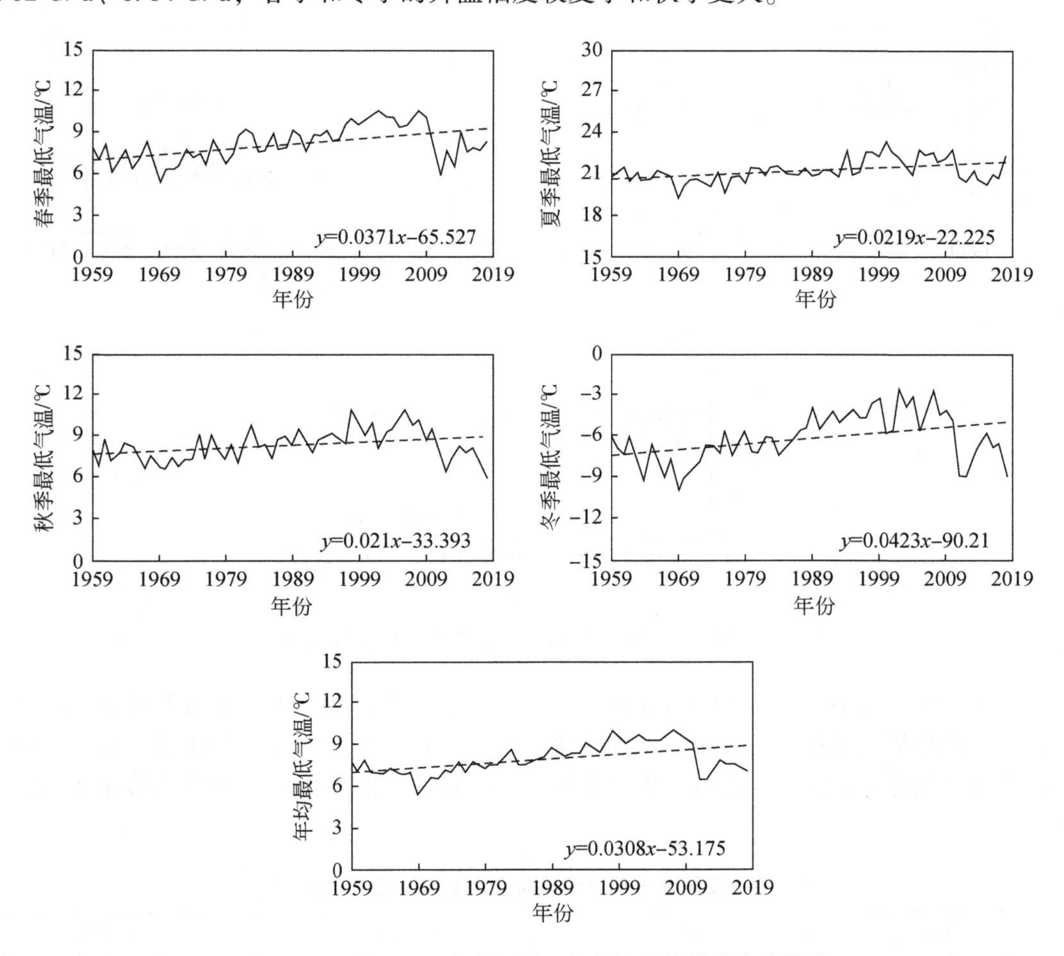

图 2-7　1959 ~ 2018 年安国站一般低温指标线性变化趋势

图 2-8 为安国站一般高温指标在 1959 ~ 2018 年的线性变化趋势。年均最高气温、春季最高气温和冬季最高气温在 60 年间均呈现上升趋势，且年均最高气温和春季最高气温通过了显著性检验标准，呈现明显的上升趋势。年均、春、夏、秋、冬季最高气温上升趋势分别为 0.01℃/a、0.02℃/a、0.0003℃/a、0.0003℃/a、0.02℃/a，夏季和秋季最高气温

无升高趋势。

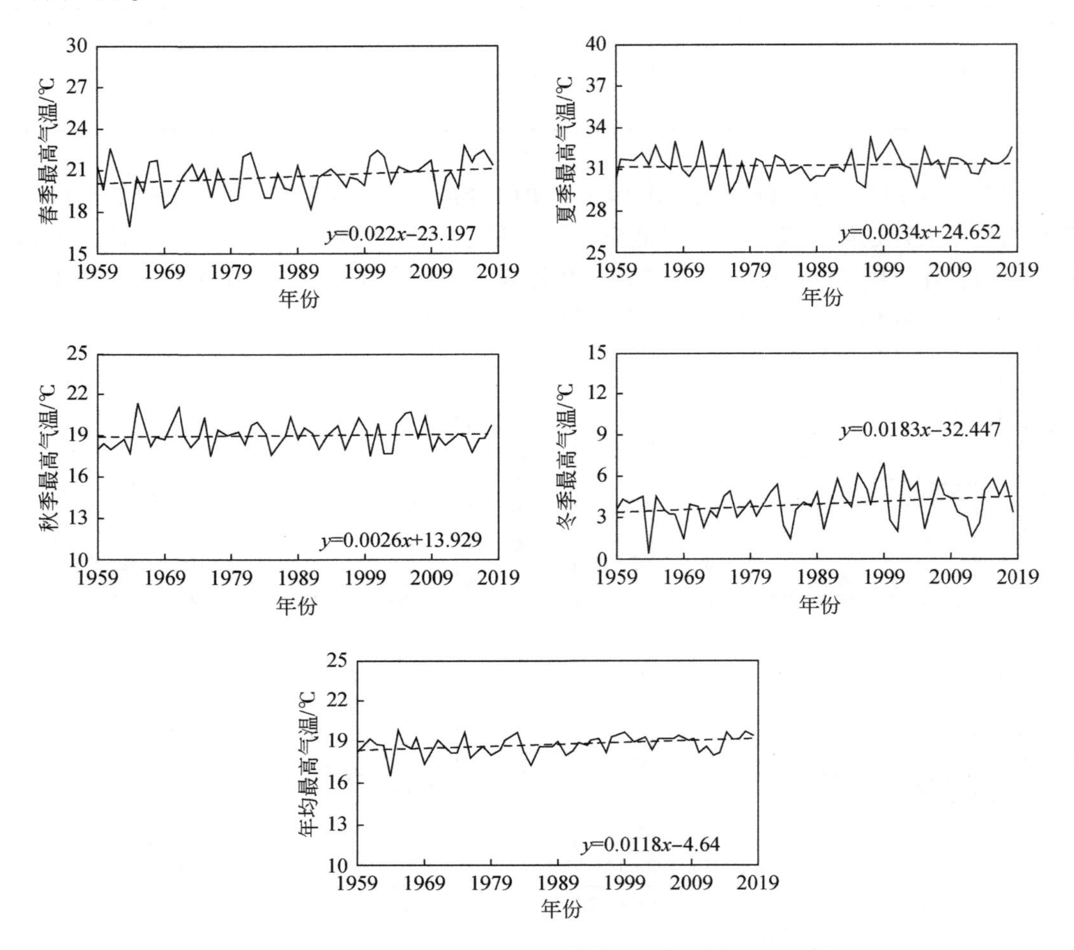

图 2-8　1959 ~ 2018 年安国站一般高温指标线性变化趋势

总体上安国站 1959 ~ 2018 这 60 年来气温总体呈上升趋势。表 2-9 为安国站一般气温指标的变化趋势显著性检验结果。从四季来看，春季和冬季的上升趋势比夏季和秋季更明显；从低温指标和高温指标来看，低温指标变化更显著，低温指标的上升趋势比高温指标更明显。

表 2-9　安国站一般气温指标变化趋势显著性检验结果

指标	均值/℃	趋势/(℃/a)	是否显著
年均最低气温	7.98	0.03	是
年均最高气温	18.81	0.01	是
春季最低气温	8.20	0.03	是
春季最高气温	20.55	0.02	是
夏季最低气温	21.26	0.02	是

续表

指标	均值/℃	趋势/(℃/a)	是否显著
夏季最高气温	31.31	0.00	否
秋季最低气温	8.33	0.02	是
秋季最高气温	19.08	0.00	否
冬季最低气温	-6.15	0.04	是
冬季最高气温	4.02	0.02	否

2.2.3 极端气温指标定义

采用气候变化检测与极端事件指数专家组（ETCCDI）推荐的 6 个极端气温指标，从高温与低温两个方面分析 1959 ~ 2018 年白洋淀地区雄县站及白洋淀上游流域安国站点的气温演变规律。其中极端低温指标 3 个，分别是霜冻日数（FD0）、冰冻日数（ID0）、冷夜日数（TN10P）；极端高温指标 3 个，分别是热夜日数（TR20）、夏日日数（SU25）、暖昼日数（TX90P）。指标定义如表 2-10 所示。

表 2-10　极端气温指标定义

指标	分类	定义	单位
霜冻日数（FD0）	极端低温	年内日最低温小于 0℃的天数	d
冰冻日数（ID0）		年内日最高温小于 0℃的天数	
冷夜日数（TN10P）		年内日最低温小于 10% 分位值的天数	
热夜日数（TR20）	极端高温	年内日最低温大于 20℃的天数	
夏日日数（SU25）		年内日最高温大于 25℃的天数	
暖昼日数（TX90P）		年内日高温大于 90% 分位值的天数	

2.2.4 极端气温指标变化趋势

图 2-9 为雄县站极端低温指标在 1959 ~ 2018 年的线性变化趋势。可见霜冻日数（FD0）、冰冻日数（ID0）、冷夜日数（TN10P）全部呈降低趋势，降低趋势分别为 -0.38d/a、-0.14d/a 和 -0.26d/a，且 3 个极端低温指标全部通过了显著性检验标准，呈现明显的降低趋势，其中霜冻日数（FD0）下降得最为剧烈。

图 2-10 为雄县站极端高温指标在 1959 ~ 2018 年的线性变化趋势。可见热夜日数（TR20）、夏日日数（SU25）、暖昼日数（TX90P）全部呈上升趋势，上升趋势分别约为 0.51d/a、0.21d/a 和 0.1d/a，且 3 个极端高温指标全部通过了显著性检验标准，呈现明显的上升趋势，其中热夜日数（TR20）上升得最为明显。

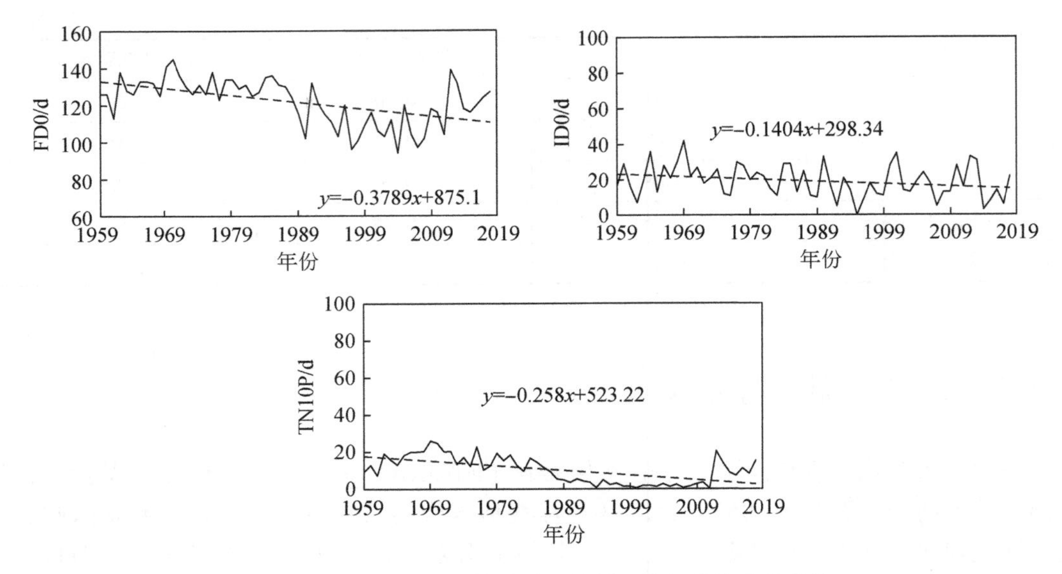

图 2-9　1959 ~ 2018 年雄县站极端低温指标线性变化趋势

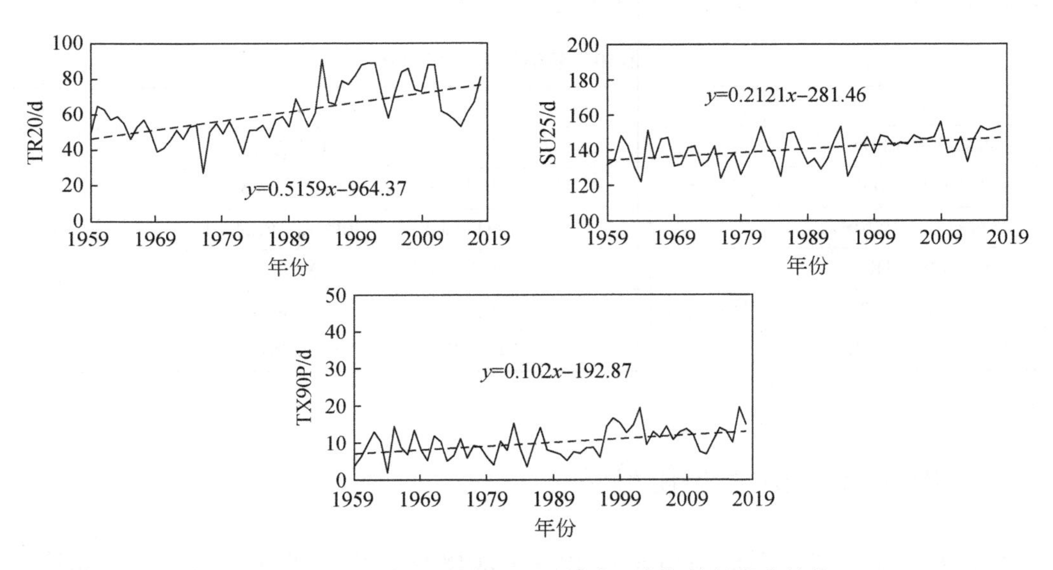

图 2-10　1959 ~ 2018 年雄县站极端高温指标线性变化趋势

总体上雄县站的极端气温指标变化显著，极端高温事件显著增加，极端低温事件显著减少。表 2-11 为雄县站极端气温指标的变化趋势显著性检验结果。雄县站 1959 ~ 2018 这 60 年来气候呈变暖趋势。低温指标较高温指标变化同样显著，变化最剧烈的是霜冻日数（FD0）和热夜日数（TR20）。

表 2-11　雄县站极端气温指标变化趋势显著性检验结果

指标	均值/d	趋势/(d/a)	是否显著
霜冻日数（FD0）	121.75	-0.38	是
冰冻日数（ID0）	19.10	-0.14	是
冷夜日数（TN10P）	10.11	-0.26	是
热夜日数（TR20）	61.43	0.51	是
夏日日数（SU25）	140.38	0.21	是
暖昼日数（TX90P）	10.05	0.10	是

图 2-11 为安国站极端低温指标在 1959 ~ 2018 年的线性变化趋势。可见霜冻日数（FD0）、冰冻日数（ID0）、冷夜日数（TN10P）全部呈降低趋势，降低趋势分别约为 -0.29d/a、-0.13d/a 和 -0.12d/a，且霜冻日数（FD0）和冷夜日数（TN10P）通过了显著性检验标准，呈现明显的降低趋势。

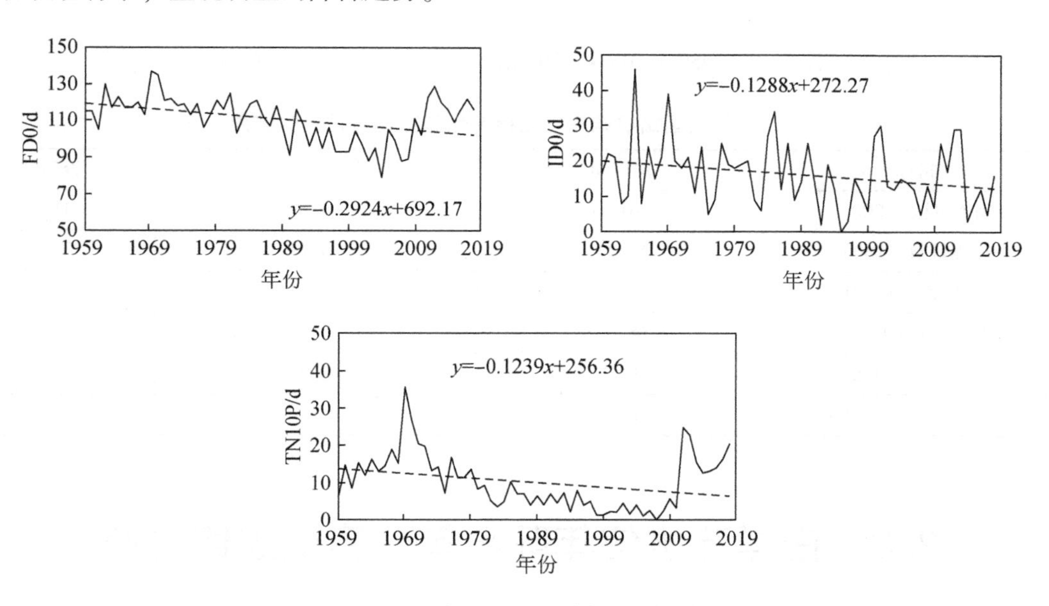

图 2-11　1959 ~ 2018 年安国站极端低温指标线性变化趋势

图 2-12 为安国站极端高温指标在 1959 ~ 2018 年期间的线性变化趋势。可见热夜日数（TR20）、夏日日数（SU25）、暖昼日数（TX90P）呈上升趋势，上升趋势分别约为 0.30d/a、0.11d/a 和 0.02d/a，且热夜日数（TR20）通过了显著性检验标准。

总体上安国站极端气温指标变化趋势与雄县站相似，但不如雄县站显著。表 2-12 为安国站极端气温指标的变化趋势显著性检验结果。60 年来安国站极端高温事件有所增加，极端低温事件有所减少，气候呈变暖趋势。

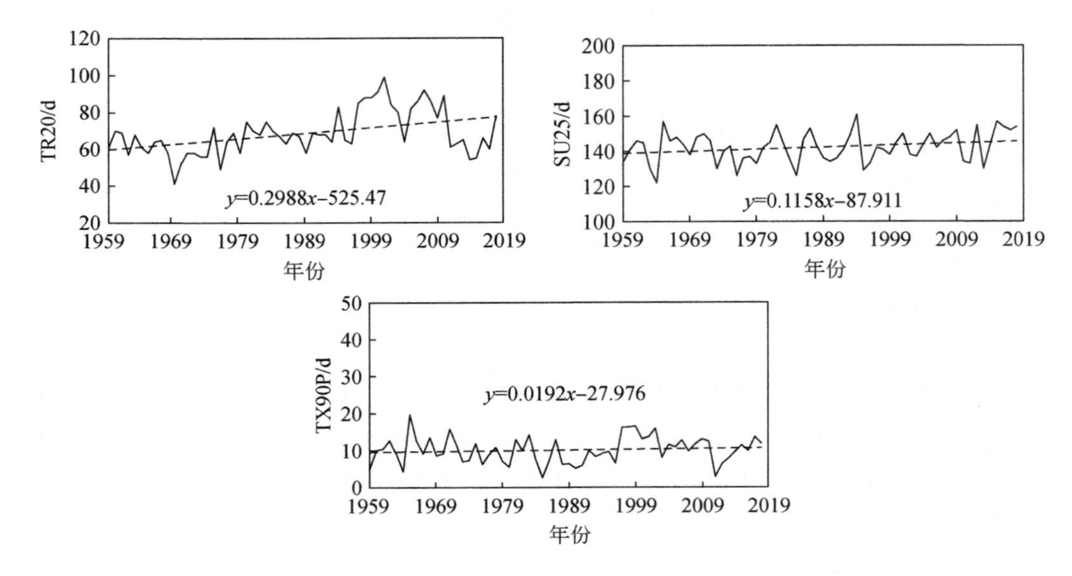

图 2-12　1959～2018 年安国站极端高温指标线性变化趋势

表 2-12　安国站极端气温指标变化趋势显著性检验结果

指标	均值/d	趋势/(d/a)	是否显著
霜冻日数（FD0）	110.65	−0.29	是
冰冻日数（ID0）	16.23	−0.13	否
冷夜日数（TN10P）	10.08	−0.12	是
热夜日数（TR20）	68.65	0.30	是
夏日日数（SU25）	142.27	0.11	否
暖昼日数（TX90P）	10.12	0.02	否

2.3　白洋淀水位年际与年内演变规律分析

2.3.1　白洋淀水位年际变化

基于 1950～2018 年十方院站点的水位数据对 69 年来白洋淀年际水位演变规律进行分析，由图 2-13 和图 2-14 可见，整体上 20 世纪 50 年代至 80 年代白洋淀水位从近 9m（大沽高程，下同）一直下降，直至 80 年代出现了极端连续干淀现象。80 年代至 90 年代水位回升至 8m 以后，在 90 年代至 2000 年后又显著下降至 7m 左右，此后在 2010 年后显著回升，维持在 8m 左右。

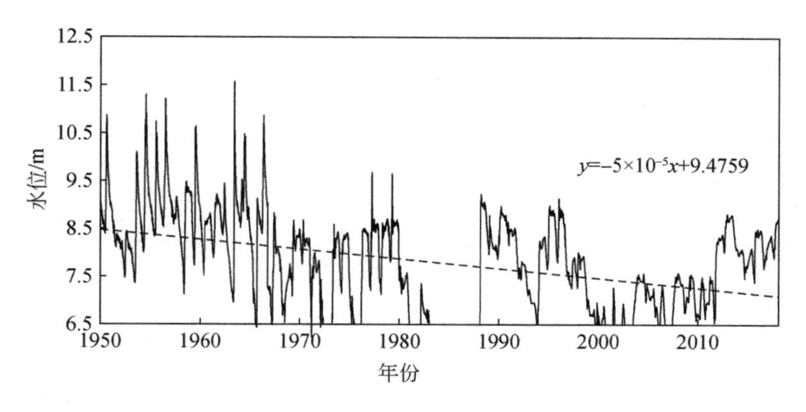

图 2-13　1950 ~ 2018 年白洋淀水位过程线

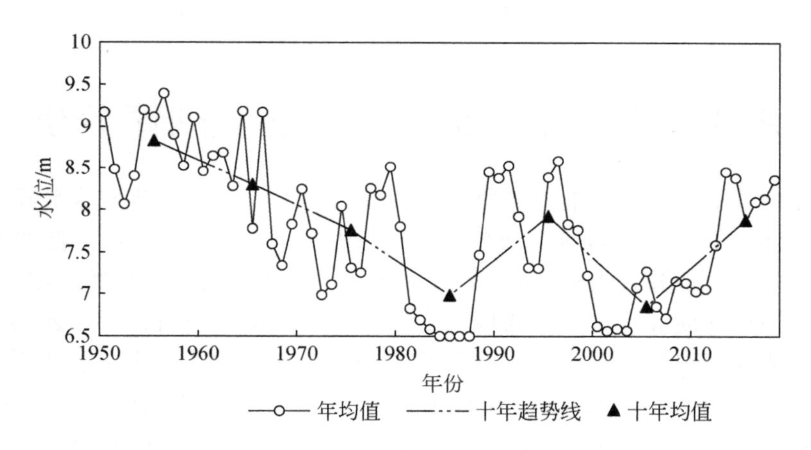

图 2-14　1950 ~ 2018 年白洋淀水位年际变化

2.3.2　白洋淀水位年内变化特征

基于 1950 ~ 2018 年十方院站点的水位数据对 1950 ~ 2018 年每 10 年的白洋淀年内水位演变规律进行分析。由图 2-15 可见，20 世纪 80 年代前，白洋淀有明显的水位变化节律，基本上为 1 ~ 6 月下降，6 ~ 9 月上升，9 ~ 12 月下降。在经历了 80 年代初连续的极端干淀后，白洋淀全年水位变幅较小。根据每十年的各月水位的均值分析，可见 1950 ~ 2010 年水位不仅下降了近 2m，而且年内水位变幅从 1.5m 左右降至 0.2m 左右。尽管受生态补水影响，2010 ~ 2018 年水位涨至 7.5 ~ 8m，但在补水影响下，春季补水期水位反而高于汛期水位。

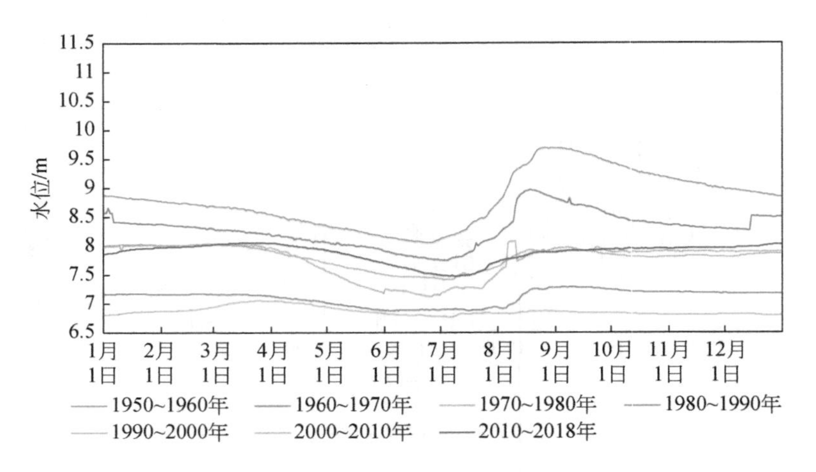

图 2-15　1950～2018 年白洋淀水位年内变化

2.4　白洋淀水文连通性演变规律分析

良好的水文连通性有助于维持湿地生态系统的结构以及发挥其涵养水源、净化水质、调蓄洪水等功能。基于 Landsat 8 遥感影像提取 2013～2019 年 36 期白洋淀的明水面范围，借助景观生态学的原理和方法构建白洋淀湿地水文连通性评价综合指数，用以分析不同季节和水位条件下白洋淀湿地水文连通性的变化规律。本研究采用 2013～2019 年 Landsat 8 遥感影像的地表反射率数据，该数据已经进行过大气校正和几何校正。影像的条带号为 123、行带号为 33，分辨率为 30m。由于白洋淀冬季结冰，本研究重点分析春、夏、秋三个季节的影像。经过云量、轨道、冰雪量等的筛选，有 36 期影像符合要求。明水面反演与水文连通性评价方法介绍如下。

2.4.1　白洋淀湿地明水面反演

相比其他地物，水体在近红外波段的反射率较低。通过遥感影像中不同地物在近红外波段和可见光波段的光谱特征曲线差异可以有效地识别水体。常用的简单有效的方法为建立由两个或多个光谱波段的反射率组合得到的水体指数来识别水体。本研究比较了 5 个常用的水体指数在白洋淀的提取效果。McFeeters 基于水在绿光波段的反射率较高、在近红外波段的反射率较低的特点，建立了归一化差异水体指数（NDWI）提取水体信息（McFeeters，1996）。短波红外波段对水中沉积物的敏感性低于近红外波段，被用于构建水体识别指数（MNDWI）（徐涵秋，2005）。Feyisa 等（2014）综合利用蓝、绿、近红外等多个波段的信息，提出了针对有阴影场景的水体指数 $AWEI_{sh}$ 和针对没有阴影场景的水体提取指数 $AWEI_{nsh}$。Fisher 等（2016）提出了 WI2015 指数，该指数结合 5 个波段的反射率数据，各波段反射率的系数来自对 40 多万个水面和非水面的训练样本像元的统计分析。本研究使用 Landsat 8 影像的 6 个波段的数据计算上述 5 种水体指数：

$$\mathrm{NDWI}=\frac{B_3-B_5}{B_3+B_5} \tag{2-1}$$

$$\mathrm{MNDWI}=\frac{B_3-B_6}{B_3+B_6} \tag{2-2}$$

$$\mathrm{AWEI_{nsh}}=4\times(B_3-B_6)-(0.25\times B_5+2.75\times B_7) \tag{2-3}$$

$$\mathrm{AWEI_{sh}}=B_2+2.5\times B_3-1.5\times(B_5+B_6)-0.25\times B_7 \tag{2-4}$$

$$\mathrm{WI2015}=1.7204+171\times B_3+3\times B_4-70\times B_5-45\times B_6-71\times B_7 \tag{2-5}$$

式中，B_2、B_3、B_4、B_5、B_6 和 B_7 分别是蓝色波段（波长：0.45～0.51μm）、绿色波段（波长：0.53～0.59μm）、红色波段（波长：0.64～0.67μm）、近红外波段（波长：0.85～0.88μm）、短波红外波段 1（波长：1.57～1.65μm）和短波红外波段 2（波长：2.11～2.29μm）的地表反射率。

确定区分水体像元和非水体像元的水体指数的阈值。第一步，绘制每种土地利用类型的箱线图，如果明水面和其他土地利用类型的指数范围没有重叠或者重叠范围较小，则认为该指数可以有效地识别水体。将研究区的土地利用类型分为明水面、挺水植物、居民区、水田和旱地 5 类。选择 2013～2019 年不同季节不同水位的 18 期影像作为样本影像。对于每期影像中的每种土地利用类型，通过目视解译选择 70～100 个样本像元，绘制像元指数值的箱线图。由于近红外波段反射率（NIR）在水体识别中具有较高的灵敏度，对它的灰度图像绘制了类似的箱线图。第二步，为每期影像确定分类阈值。如果指数的直方图呈现明显的双峰分布特征，则采用双峰法（Prewitt and Mendelsohn，1966）确定阈值，即将两峰之间谷底对应的值作为阈值。在其他情况下使用大津算法（Otsu，1979）确定阈值，即选择使水像元组和非水像元组之间方差最大化的值作为阈值。

为了评价分类精度，选择 7 景不同季节、不同水位、未用于提取样本像元的影像，结合谷歌地球高分影像，通过目视解译，各选择 200 个水体和非水体的验证样本点，样本点均匀分布在研究区，为样本点添加是否为水体的属性。将其与各种方法得到的分类结果对比，计算混淆矩阵（Congalton，1991）和总体精度来评估分类准确度。总体精度衡量正确分类的像素数占采样像素总数的比例。

2.4.2 白洋淀湿地水文连通性评价

本研究所考虑的水文连通性定义为水流及其携带物质在湿地中的流动性。采用多个描述景观格局的指数，基于 Landsat 8 影像提取的水域面积评价白洋淀的总体水文连通性。该指标从 4 个方面构建，即水体斑块形状、距离、聚集度和破碎度。如表 2-13 所示，共有 4 个方面的 7 个指标用于构建水文连通性评价的综合指数。

表 2-13 白洋淀湿地水文连通性评价指标体系

准则	指数	指数含义
形状	近圆形指数（C_1）	斑块内移动效率
距离	欧式最近邻距离（C_2）	斑块间平均距离
	连通可能性指数（C_3）	斑块间连接的可能性

续表

准则	指数	指数含义
聚集度	香农维纳均匀度指数（C_4）	水体斑块分布的均匀程度
	聚集度指数（C_5）	水体斑块间的邻接程度
破碎度	破碎化指数（C_6）	水体斑块的破碎程度
	平均斑块面积（C_7）	水体斑块的平均面积

近圆形指数（C_1）用来描述水体形状接近圆形的程度。斑块的形状影响物质传输效率。圆形的斑块内物质传输效率最高。该指数的计算公式为

$$C_1 = \frac{1}{n}\sum_{i=1}^{n}\left(1 - \frac{a_i}{a_i^s}\right) \tag{2-6}$$

式中，a_i是水体斑块 i 的面积；a_i^s是水体斑块 i 最小外接圆的面积；n 是斑块数量。该指数的值越接近 0 说明斑块越接近圆形。

欧式最近邻距离（C_2）衡量每个水体斑块与其最近的水体斑块之间距离的平均值（McGarigal，1995）。值越低代表斑块间距离越近。该指数的计算公式如下：

$$C_2 = \frac{1}{n}\sum_{i=1}^{n} h_i \tag{2-7}$$

式中，h_i为水体斑块 i 到其最近的斑块之间的距离。C_2 大于 0，最小值由像元大小决定。

连通可能性指数（C_3）（Saura and Pascual-Hortal，2007）量化了斑块间连通的可能性，这种可能性随距离增加而减小。该指数的计算公式为

$$C_3 = \frac{\sum_{i=1}^{n}\sum_{j=1}^{n} p_{ij}^{*} \cdot a_i \cdot a_j}{A_{\mathrm{L}}^2} \tag{2-8}$$

$$p_{ij} = \mathrm{e}^{-k \cdot d^{ij}} \tag{2-9}$$

式中，p_{ij}^{*} 是水体斑块 i 和 j 之间全部路径概率的乘积的最大值；a_i和a_j是水体斑块 i 和 j 的面积；A_{L}是景观的总面积（水体和非水体区域）；d^{ij} 为斑块 i 和 j 之间边到边的距离；k 是用户指定的距离阈值常数，根据之前的研究（Liu et al.，2019），设定为 2000m。该指数的值随连通可能性的增加而增大，范围为 0 ~ 1。

香农维纳均匀度指数（C_4）（Smith and Wilson，1996）用来描述水体斑块在景观中分布的均匀程度。均匀分布的水体斑块为整个区域内的连通提供了良好的条件（de Macedo-Soares et al.，2010）。该指数的计算公式为

$$C_4 = -\frac{\sum_{i=1}^{2} P_i \cdot \ln P_i}{\ln 2} \tag{2-10}$$

式中，P_i为第 i 类斑块的面积占整个景观的面积比例。当不同斑块类型的面积均匀分布时，C_4 等于 1。

聚集度指数（C_5）（He et al.，2000）使用水体斑块像元的邻接数衡量聚集程度。斑块聚集程度影响能量和物质流动过程（Nafi'Shehab et al.，2021）。该指数的计算公式为

$$C_5 = \frac{g_{\text{water}}}{\max \rightarrow g_{\text{water}}} \tag{2-11}$$

式中，g_{water}指水体斑块像元的相似邻接斑块数；$\max \rightarrow g_{\text{water}}$指水体斑块像元的最大相似邻接斑块数。$C_5$ 随景观聚集程度的增加而增加。

破碎化指数（C_6）（Jaeger，2000）用来衡量同类型斑块的破碎程度。该指数对景观的结构差异较为敏感。该指数的计算公式为

$$C_6 = \frac{A_{\text{L}}^2}{\sum_{i=1}^{n} a_i^2} \tag{2-12}$$

式中，a_i为斑块 i 的面积。当景观包含一个斑块时，C_6 等于 1，指数的值随着水域斑块面积的减少和细分而增加。

平均斑块面积（C_7）是描述斑块破碎程度的指数。该指数对面积小的斑块更加敏感。该指数的计算公式为

$$C_7 = \frac{A_{\text{water}}}{n} \tag{2-13}$$

式中，A_{water}为水体斑块的总面积；n 为水体斑块的总数量。

基于卫星影像提取的水面计算以上 7 个指数。使用 Fragstats 软件（McGarigal，1995）计算 C_1、C_2、$C_4 \sim C_7$，使用 Conefor 软件（Saura and Torne，2009）计算 C_3。采用层次分析法确定各指标的权重。对 7 个指标的重要性进行两两比较，形成判断矩阵，通过求解矩阵的特征根得到各指标的权重。C_3、C_4、C_5 和 C_7 与水文连通性呈正相关，而 C_1、C_2 和 C_6 与水文连通性呈负相关。所有指标的值通过以下公式标准化，使数值范围为 0 ~ 1。

对于正向评价指标：

$$Z_i = \frac{X_i - X_{\min}}{X_{\max} - X_{\min}} \tag{2-14}$$

对于负向评价指标：

$$Z_i = \frac{X_{\max} - X_i}{X_{\max} - X_{\min}} \tag{2-15}$$

式中，Z_i为第 i 个指标标准化后的数值，范围是 0 ~ 1；X_i是第 i 个指标标准化前的数值；$X_{\max}$是第 i 个指标标准化前的数值中的最大值；$X_{\min}$是第 i 个指标标准化前的数值中的最小值。

根据以上指标与权重，建立白洋淀水文连通性评价综合指数 BYDLCO，计算公式为

$$\text{BYDLCO} = 0.078 \times C_1 + 0.13 \times C_2 + 0.39 \times C_3 + 0.1005 \times C_4 + 0.1005 \times C_5 + 0.1005 \times C_6 + 0.1005 \times C_7 \tag{2-16}$$

2.4.3 水面提取精度与水文连通性分析结果

1. 水体提取方法比较

对于不同土地利用类型的样本像元，在 6 种指数（5 种水体指数和 NIR）计算结果分布如图 2-16 所示。所有指数均可较好区分开阔水体与其他 4 种地物。为了最大限度识别

水体，将 5 种水体指数的最大值以及近红外波段的最小值作为最优分割阈值，得到 NDWI、MNDWI、$AWEI_{nsh}$、$AWEI_{sh}$、WI2015、NIR 的固定阈值分别为 -0.049、0.251、0.005、0.024、3.219、0.070。

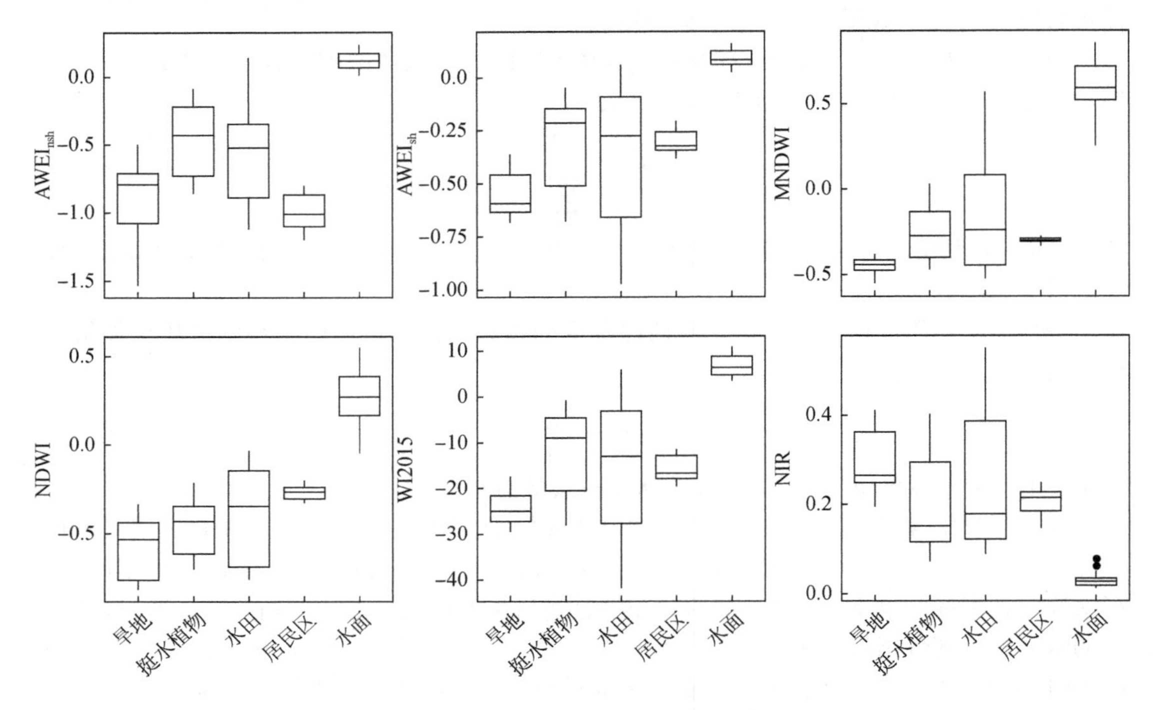

图 2-16　不同土地利用类型的遥感指数值箱形图

选择 7 景不同水文条件下的影像，比较各种水体提取方法和阈值确定方法的总体精度平均值与标准差，见表 2-14。总体精度的值为 1 表示所有验证样本都被正确分类为水体或非水体。不同影像的总体精度的标准差低说明该分类方法在不同水文条件下稳定性较高。NIR 指数具有最高的平均分类精度和最低的标准差，其次是使用绿光波段和近红外波段的 NDWI。结合大津算法和双峰算法确定分类的最优阈值。与使用箱线图确定的固定阈值相比，大津算法和双峰算法为每景影像选择阈值提高分类精度。因此，使用 NIR 提取所有遥感影像的开阔水体。对于直方图双峰分布特征明显的影像使用直方图双峰法确定阈值，对于其他影像采用大津算法确定阈值。

表 2-14　不同水体提取方法的总体精度

日期	水位/m	指数							
		NDWI	MNDWI	$AWEI_{sh}$	$AWEI_{nsh}$	WI2015	NIR	NIR	NIR
		阈值							
		>-0.049	>0.251	>0.005	>0.024	>3.219	<0.007	基于大津算法	基于双峰算法
2015/8/22	7.68	0.9650	0.9775	0.9475	0.9775	0.9475	0.9925	0.9950	0.9875

续表

日期	水位/m	指数							
		NDWI	MNDWI	$AWEI_{sh}$	$AWEI_{nsh}$	WI2015	NIR	NIR	NIR
		阈值							
		>-0.049	>0.251	>0.005	>0.024	>3.219	<0.007	基于大津算法	基于双峰算法
2017/9/28	7.90	0.9775	0.9825	0.9650	0.9825	0.9600	0.9875	0.9900	0.9900
2019/6/30	8.21	0.9750	0.9700	0.9650	0.9700	0.9625	0.9925	0.9875	0.9925
2017/3/4	8.47	0.9725	0.9675	0.9700	0.9675	0.9700	0.9750	0.9750	0.9750
2016/11/28	8.50	0.9850	0.9725	0.9825	0.9775	0.9850	0.9825	0.9800	0.9900
2013/10/3	8.82	0.9825	0.9825	0.9850	0.9850	0.9850	0.9350	0.9775	0.9850
2018/12/4	8.69	0.9875	0.6000	0.8775	0.6075	0.8325	0.9950	0.9925	0.9925
平均值		0.9779	0.9218	0.9561	0.9239	0.9489	0.9800	0.9854	0.9875
标准差		0.0078	0.1420	0.0368	0.1397	0.0531	0.0210	0.0078	0.0061

2. 开阔水面随水位和季节的变化

图 2-17（a）表明 2013 ~ 2019 年所有时期影像的水面面积和实测水位之间呈现微弱的正相关性。将数据按照年份分组，水位和面积间的正相关关系更加显著［图 2-17（b）~（h）］。除了 2018 年，所有年份的 R^2 均高于 0.6。由于云层覆盖，2018 年的卫星观测数量较少。最佳拟合线性关系的斜率随年份变化。开阔水面面积与水位的关系存在较大的年际变化。

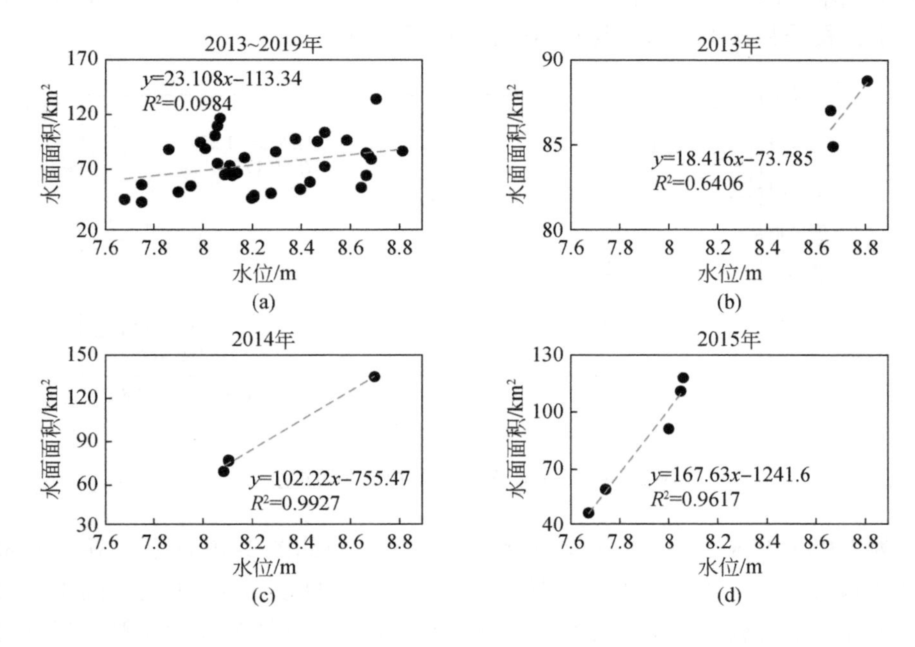

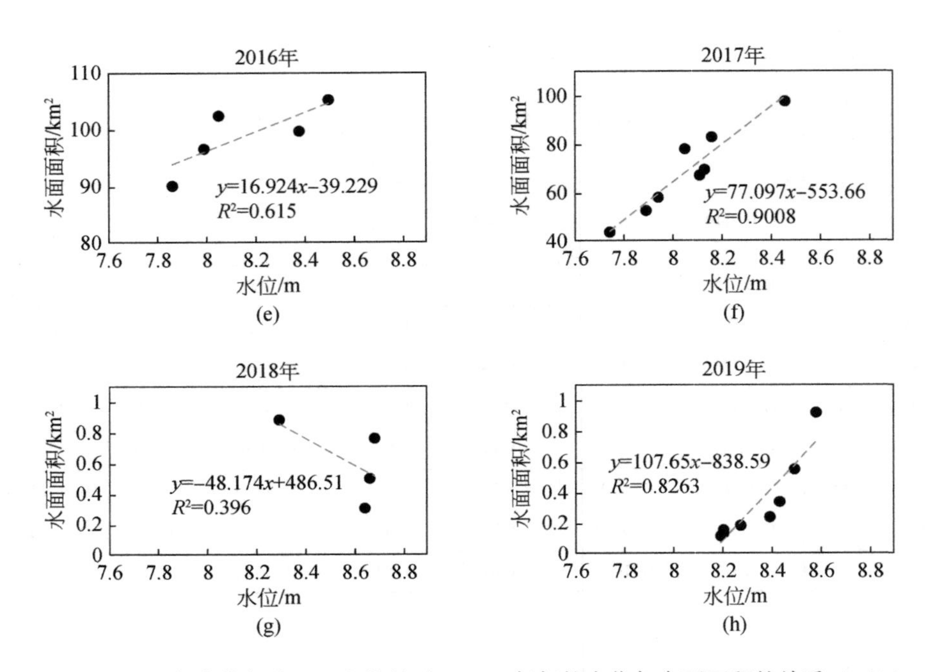

图 2-17 2013～2019 年水位与水面面积的关系（a）；每年的水位与水面面积的关系（（b）～(h)）

不同季节的水位与水面面积关系如图 2-18 所示。春季、夏季和秋季的水位与水面面积正相关性均强于使用所有季节水面面积的正相关性。三个季节的开阔水面面积随水位的变化格局和程度不同。每个季节都表现出水面面积随水位升高而增大的趋势，但变化并不呈线性，具有一定的波动性。水位位于 8～8.2m 时，水面面积达到了一个小峰值，说明白洋淀在该水位范围内的地形变化较明显。在大部分水位下，春季的开阔水面面积显著高于夏季和秋季，夏季和秋季的水位与水面面积的关系相似。

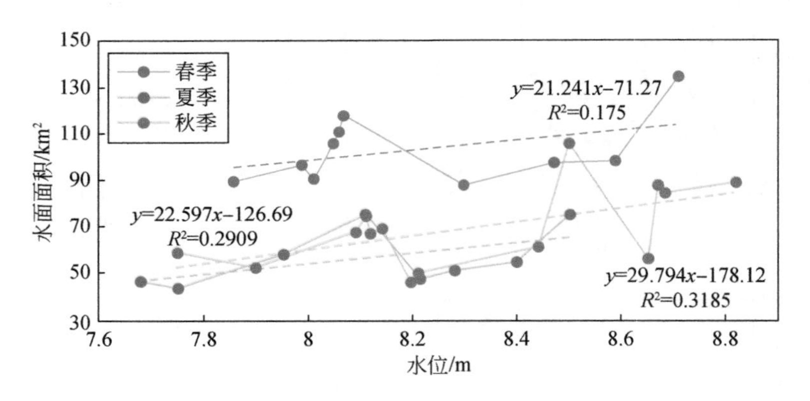

图 2-18 不同季节水面面积随水位的变化

水位为 7.95m 和 8.50m 时不同季节的水面空间分布如图 2-19 所示。春季水面面积显著高于夏季和秋季，尤其是白洋淀北部。水位相同时，夏季和秋季的水面空间分布相似。春季，芦苇等水生植被处于生长初期，生物量比较低；夏季植被逐渐成熟，芦苇地的面积达到最大，在剩余的生长季，水面面积不会随时间而变化。当水位升高时，夏季和秋季的水面面积显著升高。在春季，当水位由 7.99m 上升至 8.47m，水面面积略微升高，可能是由于后一张影像在 3 月初获取，白洋淀的湖面有一些地方仍结冰。湖冰在近红外波段具有较高的反射率，使得目前的分类方法低估了开阔水面的面积。

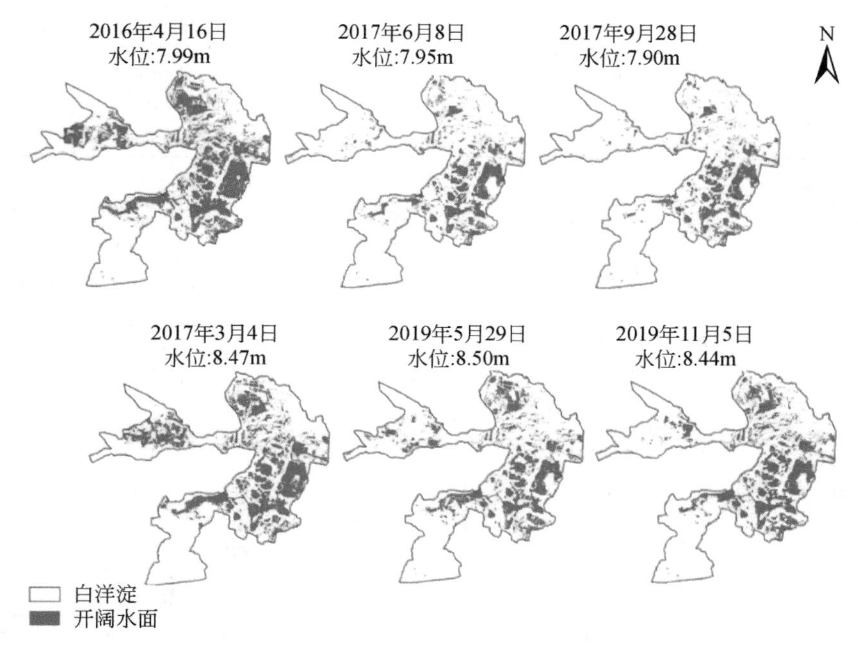

图 2-19　水位位于 7.95m 和 8.50m 附近时春、夏、秋季的水面空间分布

所有时期和每个年份的水文连通性综合指数（BYDLCO）与水位间的关系如图 2-20 所示。与水面面积类似，所有时期的水位与综合指数显示出较弱的正相关性。除 2018 年外，每个年份的 BYDLCO 和水位间的正相关性都较为显著。最佳拟合关系的斜率从 2016 年的 0.1633 到 2015 年的 1.5001 不等，说明 BYDLCO 与水位的关系具有很强的年际差异性。

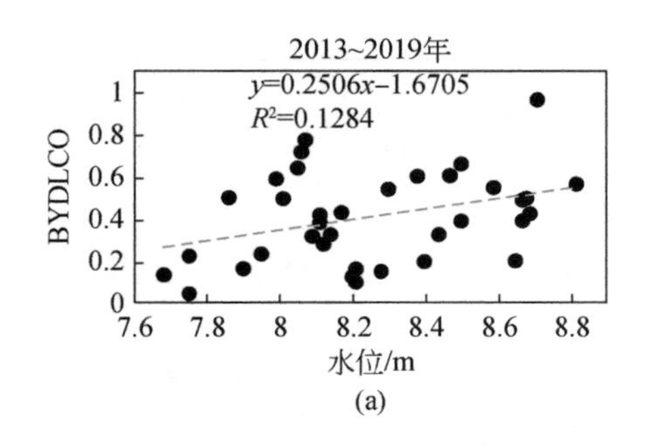

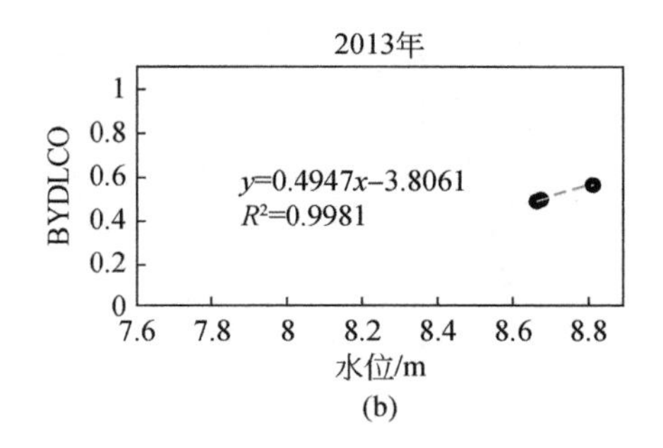

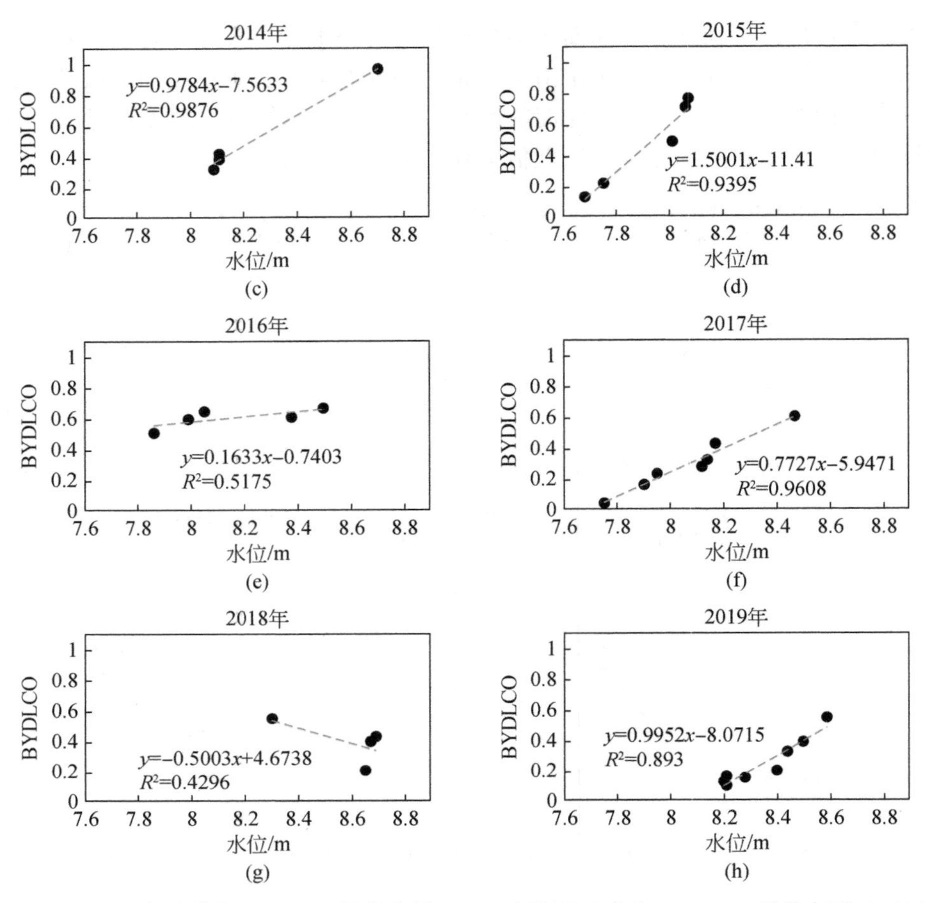

图 2-20　2013～2019 年水位与 BYDLCO 的散点图（a）；每年的水位与 BYDLCO 的散点图（（b）～(h)）

按季节分组，BYDLCO 与水位的关系如图 2-21 所示。在相同的水位下，春季的水文连通性优于其他两个季节，变化规律与水面面积相似。夏季和秋季的关系相似，秋季的 BYDLCO 略高于夏季。对于每个季节，BYDLCO 随水位升高而增大，但存在一定的波动，可能是由于水位与 BYDLCO 关系的年际变化较大。

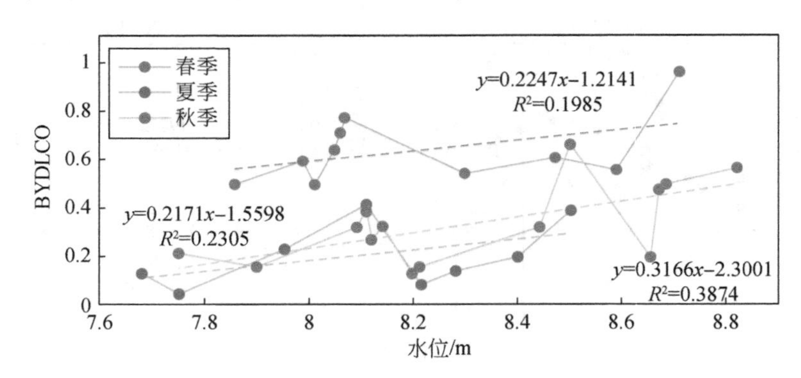

图 2-21　春、夏、秋季 BYDLCO 随水位的变化

水位与构成 BYDLCO 的 7 个指标之间的关系如图 2-22 所示。大部分情况下，各指数随水位升高而增大，并有不同程度的波动。当水位位于 8 ~ 8.2m 范围内时，大多数指数的波动幅度最大，然后随水位进一步升高而迅速上升与下降。

C_1 [图 2-22 (a)] 衡量物质在单个水域斑块中进行传递和交换的效率。C_1 与水位的关系在秋季波动幅度最大。图 2-22 (b) 和 (c) 分别展示了与水体间平均距离 (C_2) 和斑块间连接可能性 (C_3) 的指数的变化。对于大多数水位范围，这两个指数值春季高于夏季和秋季，但在春季随水位的变化关系不同。C_4 与 C_5 分别从均匀度和邻接度两个角度衡量水体斑块在景观中的分布情况，这两个指数与水位之间的季节关系非常相似 [图 2-22 (d) (e)]。C_6 和 C_7 都量化了水体斑块的破碎程度 [图 2-22 (f) (g)]。C_7 对面积较小的斑块更加敏感，这两个指数与水位的关系有很大的差异，说明水体斑块大小不均匀，面积较小的斑块不容忽视。春季 C_6 接近 1，且变化幅度较小，说明斑块的破碎化程度较低，且不随水位升高而显著变化。

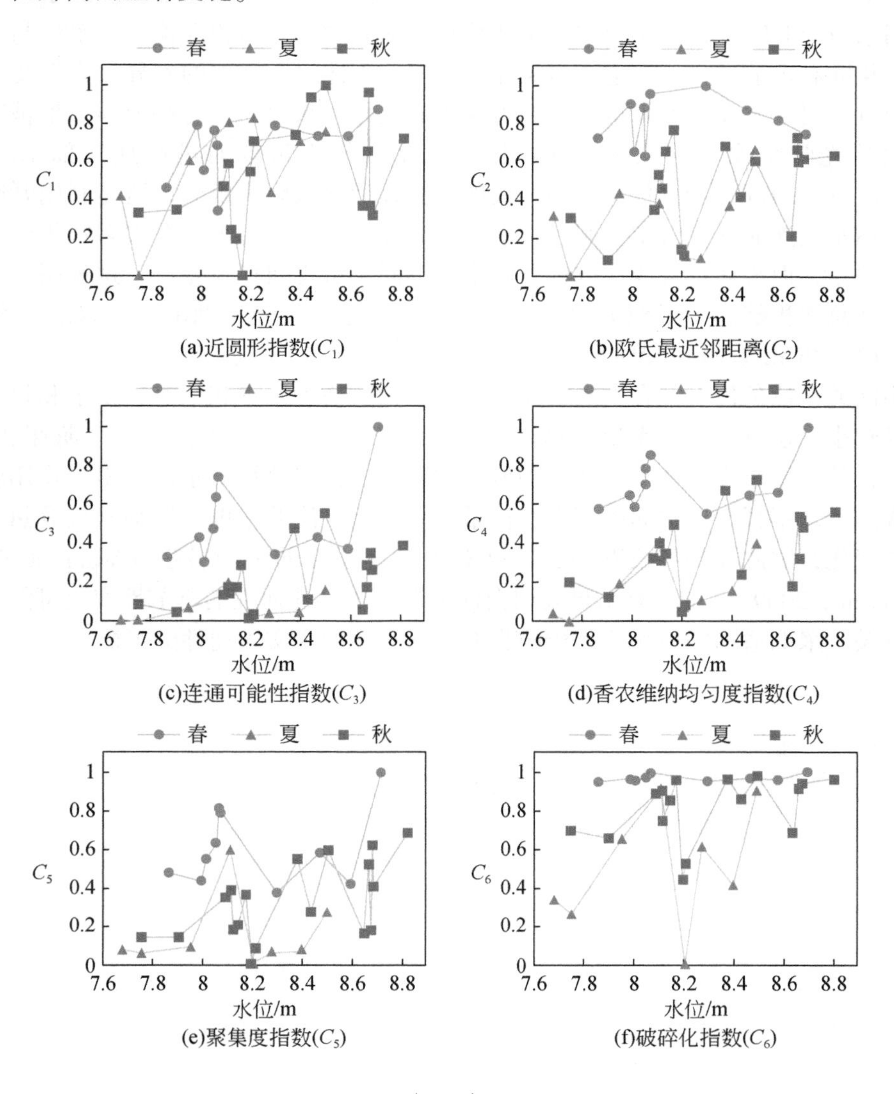

(a)近圆形指数(C_1)

(b)欧氏最近邻距离(C_2)

(c)连通可能性指数(C_3)

(d)香农维纳均匀度指数(C_4)

(e)聚集度指数(C_5)

(f)破碎化指数(C_6)

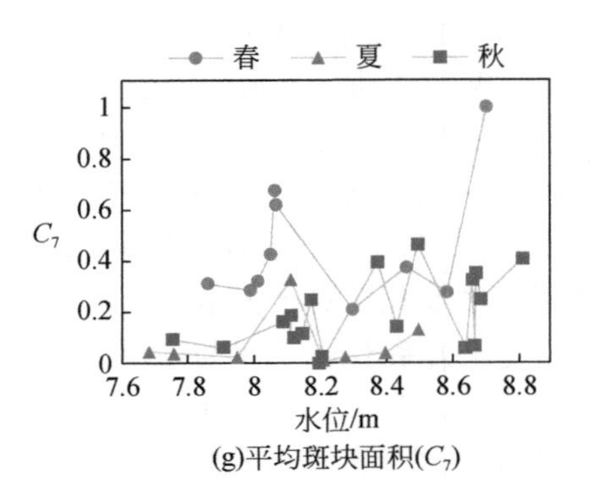

(g)平均斑块面积(C_7)

图 2-22　7 个指标随水位的变化

虽然卫星观测数量有限，但是结果清楚地表明白洋淀的水文连通程度随水位的升高而增大。当水位上升时，水体斑块间的距离缩小，孤立的水体间相互连接。水位与水文连通性关系的年际和季节变化值得进一步关注。白洋淀水体提取结果的差异一方面受地表分类误差的影响，另一方面，大量挺水植物占据水面也导致水面面积有些差异。植被冠层下的水域无法从光学影像中探测到。这种植物浓密的根系可以通过增加局部水力粗糙度（Bertoldi et al.，2011）和降低整个白洋淀的水文连通性来阻碍水流，这是利用开阔水域面积数据评估水文连通性的最重要假设。水文连通性综合指数与水位在大多数年份都有很强的正相关关系，但最佳拟合线性方程的斜率在不同年份之间存在差异，这表明挺水植物的空间分布和总面积都经历了较大的年际变化，可能是受气候与湖泊水文状况的影响（Jin et al.，2017；Zhang et al.，2018）。

在相同的水位条件下，春季水文连通性综合指数高于夏季和秋季，夏季和秋季的综合指数差异较小，这可能是挺水植被物候特征导致的。春季，水生植被处于萌芽和展叶期，茎细而短，从卫星影像中基本无法识别他们的冠层，相应植被对水流的阻碍作用较弱。夏季植被成熟后，茎秆占据水面面积大，根系浓密，对水流的拖曳力增强，且成熟后不再发生明显的变化，因此在初冬收获前，植被对水文连通性的影响最强（Wang et al.，2006；Kothyari et al.，2009）。本研究结果表明白洋淀湿地水文连通性的季节性变化可能与植被物候特征有关，采取适当的植物管理措施具有改善湿地的水文连通性的可能。

第3章　白洋淀及其上游河流水质时空演变趋势分析

厘清白洋淀淀区以及上游河流水质状况是科学制定水污染防治措施的基础。本章首先基于常规水质月度监测数据对近年来水质状况进行分析，并对特征污染物进行识别。考虑到生态补水期上游河流水动力条件与非补水期差别较大，基于研究团队在补水期沿补水线路全程采样结果，对各条河流补水期水质沿程变化规律进行了分析。

3.1　白洋淀水质时空演变趋势及其驱动要素分析

3.1.1　高维水质数据分析方法

本研究采用改进的水质指数法对淀区的水质进行长期序列的综合评价；采用聚类分析方法对水质数据的时间维度和空间维度进行聚簇划分；采用判别分析法探究淀区水质空间分布和季节变化特征；选取主成分分析法探究影响淀区水质变化的驱动因素和潜在污染来源；最后分析淀区水质对生态补水的响应机制。

本研究中使用白洋淀内5个国控水质监测站（南刘庄、采蒲台、光淀张庄、圈头和烧车淀）及府河距离白洋淀最近的国控站安州共6个站点2006~2016年数据进行分析。选取的水质参数包括：水温、pH、溶解氧、生化需氧量、化学需氧量、氨氮、总氮、总磷、氟化物、阴离子表面活性剂和粪大肠杆菌群落，见表3-1。

表3-1　本研究所选取的水质指标、缩写及单位

指标名称	英文名	缩写	单位
水温	Water Temperature	WT	℃
pH	pH	pH	/
溶解氧	Dissolved Oxygen	DO	mg/L
生化需氧量	Biochemical Oxygen Demand	BOD	mg/L
化学需氧量	Chemical Oxygen Demand	COD	mg/L
氨氮	Ammonia Nitrogen	NH_4^+-N	mg/L
总氮	Total Nitrogen	TN	mg/L
总磷	Total Phosphorus	TP	mg/L
氟化物	Fluoride	*F*	mg/L

续表

指标名称	英文名	缩写	单位
阴离子表面活性剂	Anionic Surfactant	AS	mg/L
粪大肠杆菌群落	Fecal Coliform	FC	n/l

1. 改进水质指标方法

为研究白洋淀近10年（2006～2016年）的水质状态，本研究中使用了改进的水质指数法。自1960年以后，水质指数法已被广泛用于地表水和地下水水质评价工作中。通过选取多个与水质相关的参数，按照一定的数学方法，将其转换为一个可用来描述水质整体状态的综合评价值（Horton，1965；Pesce and Wunderlin，2000；Sener et al.，2017）。本研究采用层次分析法确定各水质参数在水质指数法中的权重赋值。层次分析法最初是为资源分配研究和群体决策问题，现已被广泛应用于水环境研究中（Zou et al.，2013；Zhang et al. ,2014；Sutadian et al.，2017）。改进的水质指数法计算公式如下：

$$\mathrm{WQI} = \sum_{i=1}^{n} W_i \times C_i \tag{3-1}$$

式中，n 是水质参数的总数；W_i是第 i 个水质参数对应的权重值，权重值由层次分析法确定，所有参与计算的水质参数权重总和为1；C_i是第 i 个参数的归一化值。基于《地表水环境质量标准》（GB3838—2002）对原始水质数据进行了归一化处理（表3-2）。水质指数的范围在0～100，归一化指数数值越大代表水质状况越好。

表3-2　水质指数计算中各水质参数归一化值及权重值

水质指标	权重（W_i）	归一化因子（C_i）和类别划分					
		100，Ⅰ	80，Ⅱ	60，Ⅲ	40，Ⅳ	20，Ⅴ	0，劣Ⅴ类
pH	0.035642	6～9	-	-	-	-	<6 或>9
溶解氧/(mg/L)	0.221996	≥7.5	6～7.5	5～6	3～5	2～3	0～2
生化需氧量/(mg/L)	0.059063	0～3	-	3～4	4～6	6～10	>10
化学需氧量/(mg/L)	0.133401	0～15	-	15～20	20～30	30～40	>40
氨氮/(mg/L)	0.102851	0～0.15	0.15～0.5	0.5～1.0	1.0～1.5	1.5～2.0	>2.0
总氮/(mg/L)	0.177189	0～0.2	0.2～0.5	0.5～1.0	1.0～1.5	1.5～2.0	>2.0
总磷/(mg/L)	0.117108	0～0.01	0.01～0.025	0.025～0.05	0.05～0.1	0.1～0.2	>0.2
氟化物/(mg/L)	0.044807	0～1.0	-	-	1.0～1.5	-	>1.5
阴离子表面活性剂/(mg/L)	0.033605	0～0.2	-	-	0.2～0.3	-	>0.3
粪大肠杆菌群落/(10^4n/L)	0.074338	0～0.02	0.02～0.2	0.2～1	1～2	2～4	>4

2. 聚类分析

聚类分析是一种非监督数据挖掘方法，探究数据的相似性并将数据进行分类。聚类分析的分类结果通常具备两个特征：同一集群内的相似性和不同集群中的异质性。聚类分析常用方法有 K–均值法、模糊聚类法、层次聚类法等。针对白洋淀水质数据量较大，且数量级差异较大的特点，本研究采用层次聚类分析方法进行处理，其输出结果（树状图）可以清晰直观地展示聚类过程。同时，它提供多种聚类方法和适用于不同数据类型的测量方法。本研究中，相似性测量方法为欧氏平方距离；瓦尔德法被用于度量类内最小方差。在机器学习领域，它被看作是一种基于集簇搜索的非监督学习过程，可有效消除主观经验带来的误差。它不依赖先天经验和预先定义的类或分类标准进行训练，而是基于样本特征的观察，由算法自动搜索、标记并确定集簇。本研究中采用聚类分析方法发挥其在集簇探索性分析的优势，对水质数据集的时间和空间的聚集范围和区域进行确定。为后面判别分析和主成分分析提供基础。

3. 判别分析

判别分析方法通过观察对象特征，获得训练样本分组的先验知识，构建预测模型，以有效识别未知样品的分组信息（Chien and Lautz，2018）。判别函数可对不同群组的特征进行有效识别，因此提取各组最有代表性的特性。本研究采用全模型法（standard method）和逐步判别法（stepwise method）建立判别函数。全模式是使用所有变量作为自变量，而不经过任何的选择。此方法可对研究对象的各变量有全面认识。基于 Wilik’λ 逐步判别法倾向于选择最能反映不同类别间差异的变量子集，建立判别函数（王昱等，2019）。

本研究采用费希尔（Fisher）判别函数和交叉验证。Fisher 判别方法的基本思想是将原来在 R 维空间的自变量组合投影到维度较低的 D 维空间，然后在 D 维空间中进行分类。投影的原则是使得每一类的差异尽可能小，而不同类别之间投影的离差尽可能大。Fisher 判别的优势在于对分布、方差等都没有任何限制，应用范围比较广。本研究中，判别分析通过判别函数识别时空聚类结果，进而筛选识别不同聚类的显著性指标。与聚类分析不同，判别分析是一种监督学习方法，在分析之前已明确训练样本的类别和观测值，通过构建判别函数（分类器）对未知样本进行预测分析。

4. 主成分分析

主成分分析法是最常用的线性降维方法，它的目标是通过某种线性投影，将高维的数据映射到低维的空间中，并期望在所投影的维度上数据的信息量最大（方差最大），以此使用较少的数据维度，同时保留住较多的原数据的特性（Shrestha and Kazama，2007）。通常进行原始数据标准化处理之后，将数据集特征投影到某些维度上，使降维后的数据集信息量损失最小。这些新变量按照方差大小依次递减的顺序排列。主成分分析通常用来消除多个变量之间的相关性和信息重叠，以尽可能减少新变量数目的同时最大程度地保持原始数据集的信息完整性。

在水质参数分析的研究中，主成分的数学模型可以描述如下。假定有 m 个指标，每个

指标有 n 个特征（变量），将其排成 $m\times n$ 的数据矩阵，并且每一行都按照一定的数学法则进行投影，最终得到矩阵 $\boldsymbol{X}$。并按行把 $\boldsymbol{X}$ 整理成 n 个行向量的形式，即用 X_1，X_2，…，X_m来表示 m 个原始变量，表示为 $\boldsymbol{X}=[X_1, X_2, \cdots, X_m]^{\mathrm{T}}$，则投影后的新组分表示为 $\boldsymbol{F}=[F_1, F_2, \cdots, F_m]^{\mathrm{T}}$，则矩阵表达式为

$$\boldsymbol{F}=\boldsymbol{AX}+a_{ij}\varepsilon \tag{3-2}$$

式中，$\boldsymbol{A}$ 为因子载荷矩阵；a_{ij}是因子载荷，指示第 i 个监测指标和第 j 个因子之间的相关性；ε 是一个特殊因子，表示该因子变量无法解释的部分。在本研究中，仅保留了特征值大于或等于 1 的组分。

5. 皮尔逊相关系数法

皮尔逊相关系数法是一种定量描述两个变量间变化的趋势方向和程度的统计学方法（祁兰兰等，2021）。对于两组随机变量 X_1，X_2，…，X_n和 Y_1，Y_2，…，Y_n，其相关系数的计算方式为

$$r=\frac{\sum_{i=1}^{n}(X_i-X_{\mathrm{mean}})(Y_i-Y_{\mathrm{mean}})}{\sqrt{\sum_{i=1}^{n}(X_i-X_{\mathrm{mean}})^2}\sqrt{\sum_{i=1}^{n}(Y_i-Y_{\mathrm{mean}})^2}} \tag{3-3}$$

式中，X_{mean}和 Y_{mean}分别为 n 维变量 X 和 Y 的均值。r 为皮尔逊相关系数，其取值范围为 $-1\sim1$ 之间。若 r 值为负值，则表明两者存在负相关关系；若 r 值为正值，则表明两者存在正相关关系；若 r 值为 0，则表明两者不存在线性相关关系。r 的绝对值越接近于 1，表明两个变量的相关程度越高。

在 2006～2016 年，为了维持淀区水位，补水活动几乎每年都在进行。本研究假定水位上升是由上游补水活动引起。因此，研究采用皮尔逊相关系数探究淀区日水位数据与水质参数之间的波动关系，进一步探究人类补水活动对淀区水质变化的响应机制。

3.1.2 白洋淀水质时空演变特征

1. 水环境质量指数计算结果

白洋淀淀区内 6 个监测站点 2006～2016 年水质指数（WQI）计算结果如图 3-1 所示。WQI 越大，表明水体的水质越好，受污染的程度越小。整体而言，6 个监测站点的 WQI 值在近 10 年内均呈现不断上升的趋势，表明白洋淀的水质状况趋于良好；其中安州和南刘庄 WQI 上升数值分别为 22.16 和 26.31，较其他 4 个站点变化显著，表明安州和南刘庄在 2006～2016 年水质状况改善明显。

2. 时空聚类分析结果

监测数据月份的聚类结果如图 3-2（a）所示，在合并距离与类簇内最大距离的比值 $(D_{\mathrm{link}}/D_{\mathrm{max}})\times100<15$ 处，全年的 12 个月被划分为两个类别，类别 1 为 5～10 月，类别 2

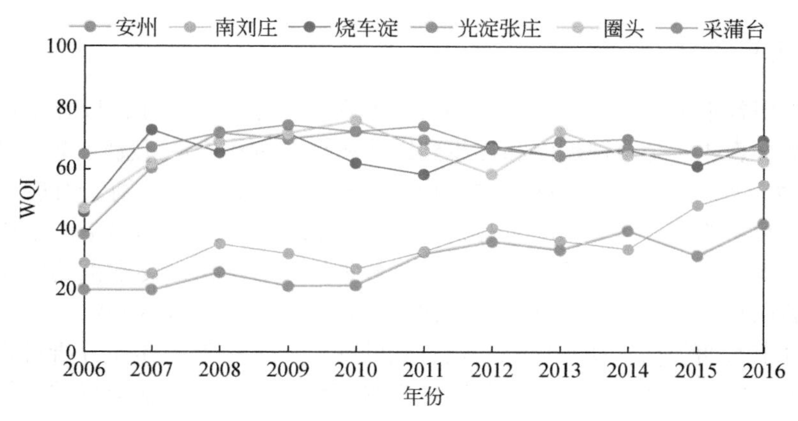

图 3-1 2006～2016 年白洋淀 6 个监测站水质指数

为 11～次年 4 月。结合白洋淀地区多年气温和降雨实际情况，多年月均降水量的 89.7% 集中在 5～10 月。类别 1 包含整个夏季、大部分的秋季和少部分的春季，此阶段高温多雨；类别 2 包含整个冬季、大部分的春季和少部分的秋季，此阶段低温少雨。因而上述两个分类分别对应一年中的丰水期和枯水期。

空间聚类结果表明，6 个监测站点在（D_{link}/D_{max}）×100<10 处，分成两个统计学显著的类别，见图 3-2（b）。站点类别 1 位于白洋淀西部地区，包括安州和南刘庄；站点聚簇 2 位于白洋淀东部地区，包括光淀张庄、圈头、采蒲台和烧车淀。空间聚类的结果与改进的水质指数方法的计算结果相呼应，即空间聚类结果与 6 个站点的水质状况呈现显著的一致性。改进的水质指数法计算结果表明，淀区西部的南刘庄站点和府河安州站具有相似的水质状况，且较淀区的其余 4 个站点的水质更差。府河自西向东而流，且府河中大部分水量来自于上游保定市污水处理厂（Zhu et al.，2019）。府河起初流经安州站，随即流向南刘庄站附近，最后流向淀区的其他站点。随着水流的不断汇入加之水体的自净能力，水体中的污染物逐渐被稀释和降解，使得淀区内的水质比府河入淀口处有所改善。

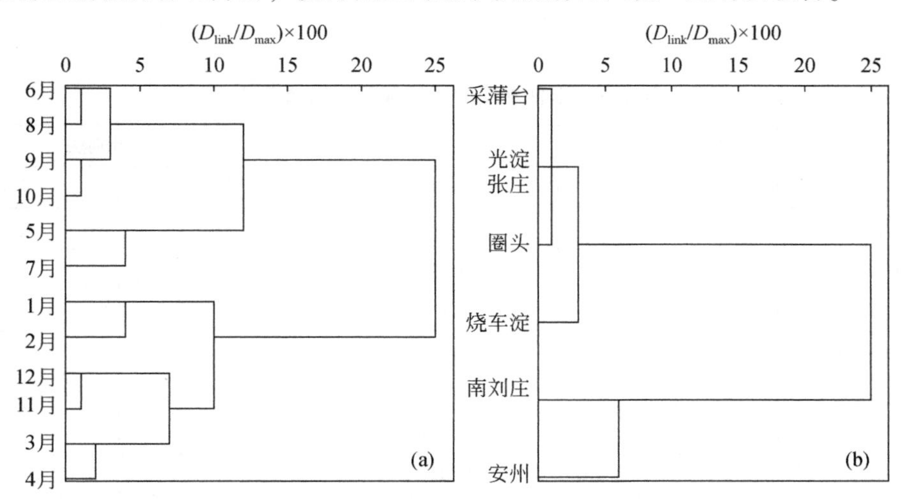

图 3-2 层次聚类树状图月份聚类结果（a）；空间聚类结果（b）

3. 时空变异性

本研究采用判别分析来识别丰枯水期两个类别水质显著性指标，以评估白洋淀水质的时间变化特征。表 3-3 为全模型法和逐步判别法所得判别函数的系数。全模型法使用全部 11 个水质参数，可对全部样品的 97.4% 进行准确识别其所属的类别。而逐步判别法仅通过使用两个参数［水温（WT）和氟化物（*F*）］，可正确地识别 96.0% 的水质数据并对其进行正确的分类。结果表明，逐步判别法和全模型法均可对白洋淀数据的时间聚类数据进行相对准确的识别，且两者之间的准确率比较接近。同时，逐步判别法的结果表明水温和氟化物是区分丰水期和枯水期水质差别最有效的变量。由箱形图 3-3 分析可得，丰水期的多年月平均水温比枯水期的更高。这是因为丰水期包含了春末、整个夏季和初秋，此段时间气温偏高。氟化物的多年月均值在枯水期时段略高于丰水期时段。本研究中，逐步判别法未能识别到与污染相关的绝大部分水质指标，这表明人类活动对水质造成的影响要高于自然变化对水质的影响。

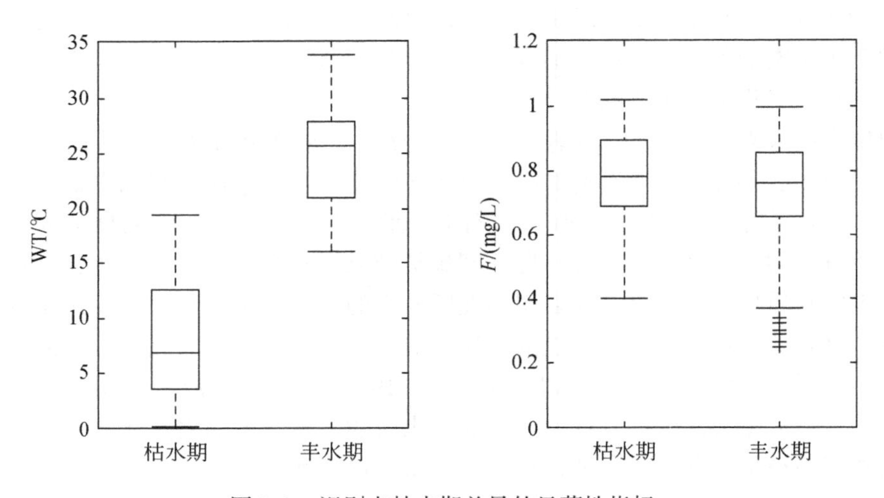

图 3-3　识别丰枯水期差异的显著性指标

表 3-3　丰枯水期时间集簇判别函数系数

参数	全模型法		逐步判别法	
	枯水期	丰水期	枯水期	丰水期
水温	-0.248	0.609	0.334	1.192
pH	80.381	80.479		
溶解氧	-1.567	-1.689		
生化需氧量	0.402	0.385		
化学需氧量	-0.091	-0.118		
氨氮	-1.405	-1.314		
总氮	1.362	1.205		
总磷	-0.864	0.167		

续表

参数	全模型法		逐步判别法	
	枯水期	丰水期	枯水期	丰水期
氟化物	45.324	42.455	41.414	38.747
阴离子表面活性剂	18.701	20.194		
粪大肠杆菌群落	4.629×10^{-7}	5.300×10^{-7}		
常量	−332.910	−343.279	−18.224	−30.030

判别分析对白洋淀水质空间变化特征的识别结果表明，全模型法可正确识别并分类 94.0% 的水质数据，而逐步判别法可对样本数据产生同样相似的正确率（93.8%），且仅采用 6 个水质指标，见表 3-4。这 6 个水质指标分别为溶解氧、氨氮、总氮、总磷、阴离子表面活性剂和粪大肠杆菌群落。由图 3-4 可看出，这 6 个水质指标多年月均值在东部和西部淀区的变化较为显著。同时判别分析结果表明营养物质指标，即氨氮、总氮和总磷，是影响东部和西部淀区水质差异的主要变量。而图 3-4 中白洋淀东部和西部淀区的阴离子表面活性剂和粪大肠杆菌群落的差异性较为显著，其主要由于生活污染源引起。结果表明，东部和西部淀区水质显著差异性主要是由于不同地区水体受人类活动的影响方式不同。溶解氧在西部淀区的多年月均值低于东部淀区的现象与还原性污染物的降解有关。

表 3-4　东部和西部淀区空间集簇判别函数系数

参数	全模型法		逐步判别模型法	
	东部淀区	西部淀区	东部淀区	西部淀区
水温	−0.288	−0.262		
pH	80.575	79.913		
溶解氧	−1.501	−1.707	0.801	0.548
生化需氧量	0.375	0.470		
化学需氧量	−0.082	−0.109		
氨氮	−1.190	−1.923	0.056	−0.672
总氮	1.083	2.036	−0.011	0.934
总磷	−2.271	2.314	0.009	4.436
氟化物	44.620	47.339		
阴离子表面活性剂	21.660	11.558	10.600	0.865
粪大肠杆菌群落	3.499×10^{-7}	7.202×10^{-7}	1.497×10^{-7}	5.529×10^{-7}
常量	−333.663	−337.215	−4.207	−10.487

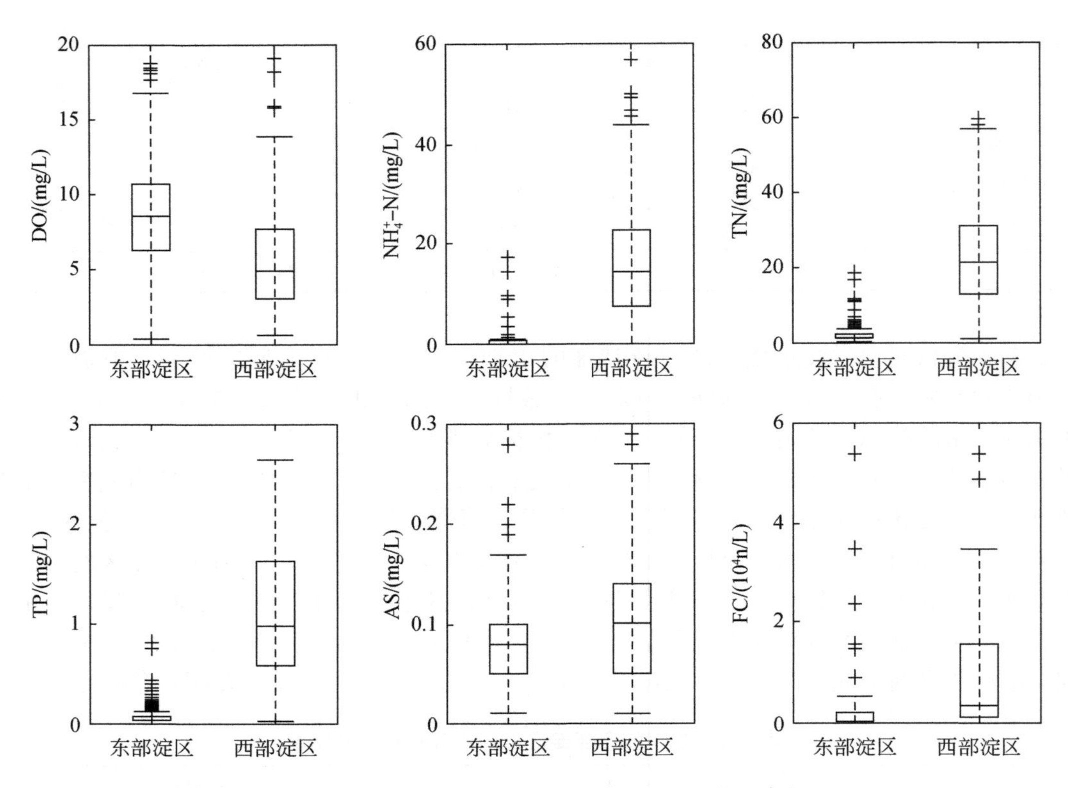

图 3-4　识别东部和西部淀区水质差异的显著性指标

3.1.3　白洋淀水质驱动要素分析

1. 淀区水质污染的主要污染源

本研究采用主成分分析对影响丰枯水期和东西部淀区的水质状况差异和变化特征进行深入探究，并确定影响白洋淀水质时空变化特征的因素。本研究取特征值高于 1 的组分为主成分（VF）。参考前人的研究（Shrestha and Kazama，2007），组分内各因子的相对载荷大于 0.75 为较强影响因子；0.5 ~0.75 为中等影响因子；0.3 ~0.5 为弱影响因子。

枯水期阶段，氨氮、总氮和总磷与 VF1 有较强的正向载荷，可解释总方差的 37.77%，见图 3-5（a）~（d）。VF1 代表了人类活动引起的营养物污染，如城镇污水处理厂、家庭和工业废水的排放及由施肥、畜牧和水产养殖业等引起的面源污染。VF2 与生化需氧量、化学需氧量和粪大肠杆菌群落具有较强的正向载荷，可解释总方差的 16.36%，代表以生活污水为代表的点源排放。VF3 解释了总方差的 11.98%。VF3 与温度和 pH 有较强的正向载荷。此现象与 Yang 等（2016）的研究相似，后者发现由于温度升高加剧了光合作用的过程，藻类植物易释放更多的二氧化碳，导致湖泊水的 pH 随之升高。因而 VF3 代表引起水质发生变化的自然因素。VF4 与氟化物有较强的正载荷，解释了总方差的

9.51%。丰水期阶段的结果展现了与枯水期相似的特征，见图 3-5（e）~（h）。其中，VF1 与氨氮、总氮和总磷有较强的正相关，表明营养物污染是白洋淀的主要污染源。VF2 与生化需氧量和粪大肠杆菌群落有较强的正相关性，表明生活污水排放亦为主要污染源。VF3 与 pH 有较强的正相关，与溶解氧呈现中等相关。此现象与藻类的光合作用关系较为密切。VF4 与水温有显著的正相关性，这可能是由自然变化引起的。主成分分析在丰枯水期的研究结果对比表明，相较自然要素变化引起的水质波动，与人类活动相关的因素可解释更多的水质变化，即人类活动排放的污染物是影响白洋淀水质的主要污染源。

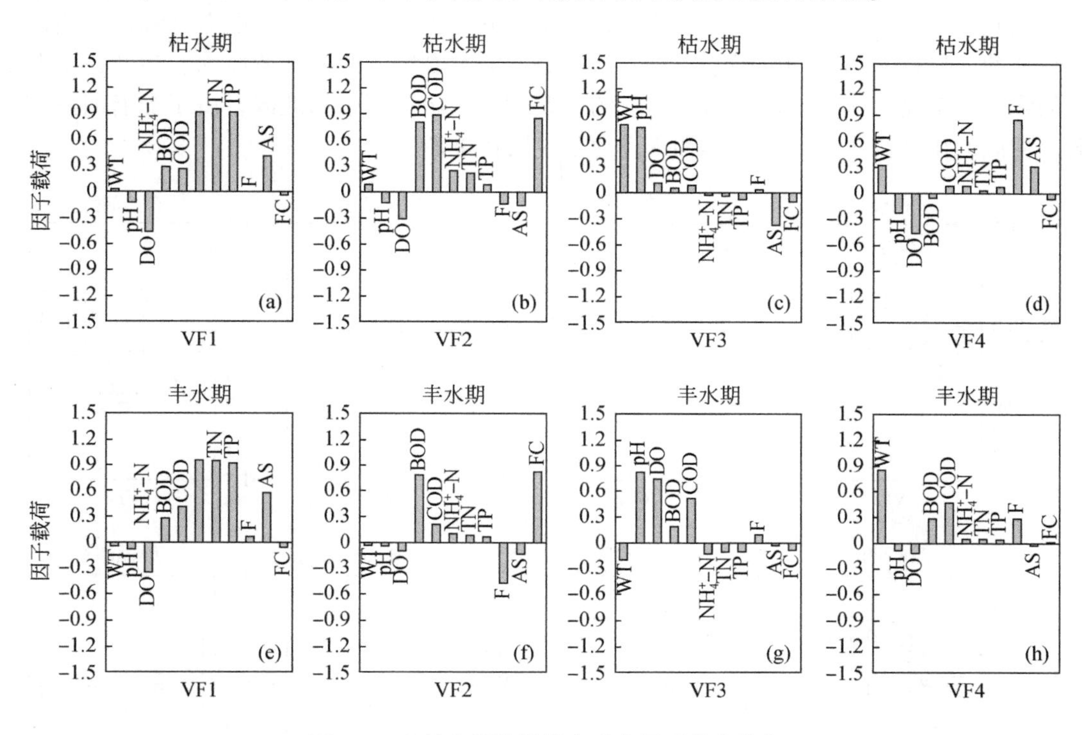

图 3-5 丰枯水期阶段的主成分因子载荷分布

主成分分析同样被应用于分析东部和西部淀区水质变化特征。在东部淀区各主成分因子载荷分布见图 3-6（a）~（d）。VF1 解释了总方差的 27.48%，与氨氮呈现较强的正相关性，同时与总氮、总磷、化学需氧量和生化需氧量呈现中等相关性。VF1 的多组分结构表明东部淀区水质受多个复杂污染源影响。家禽、水产养殖在白洋淀地区由来已久，被认为是有机污染物和营养物污染的主要来源（Querijero and Mercurio，2016）。此外，由于白洋淀上游河流常年干涸，入淀水量较少导致淀区水体的流动性较差，水体稀释和降解污染物能力差（Tang et al.，2018）。虽然东部淀区距离府河和白洋淀的交汇口较远，但有学者已证明生活污水、农业污染和工业污染对区域水质的影响同样不可忽略（Zhao et al.，2012）。VF2 与温度呈现较强的正相关，且与溶氧呈现负相关性，解释了总方差的 15.23%，反映了水体温度越高水中的溶解氧含量越低的自然现象。VF3 与 pH 有较强的正相关性，与阴离子表面活性剂有中等负相关，解释了总方差的 12.14%。VF3 表明淀区散落的村庄产生的生活污水是造成水污染的一个重要原因。VF4 与氟化物有较强的正相关性，解释了总方差的9.13%。西部淀区各主成分因子载荷分布见图3-6（e）~（h）。VF1解释了总方差的28.15%，与氨氮、总氮和总磷呈现较强的正相关性，同时与阴离子表面活性剂呈现中等相关性。VF1表明农业面源污染和生活废水是影响该区域水质变化的主要污染源。这些污染物进入府河上游，并随后流入白洋淀。VF2解释了总方差的16.26%，与生化需氧量和化学需氧量有较强的正相关性。这些都表明工业废水和生活污水是造成该区域水体污染的原因之一。VF3与pH有较强的正相关性，解释了总方差的12.53%。VF4解释了总方差的10.62%，与水温有较强的正相关性。VF4反映了天然水体与受点源污染水体之间温度的差异性的影响。总体而言，主成分分析的研究结果表明东部和西部淀区水质特征的差异性是由不同的因素影响所造成的。通过府河入淀的工业废水、生活污水及沿途的农业活动是影响西部淀区水质变化的主要污染来源。而东部淀区，由于受府河影响较弱，淀区的生活废水、家禽饲养和水产业是主要污染源。

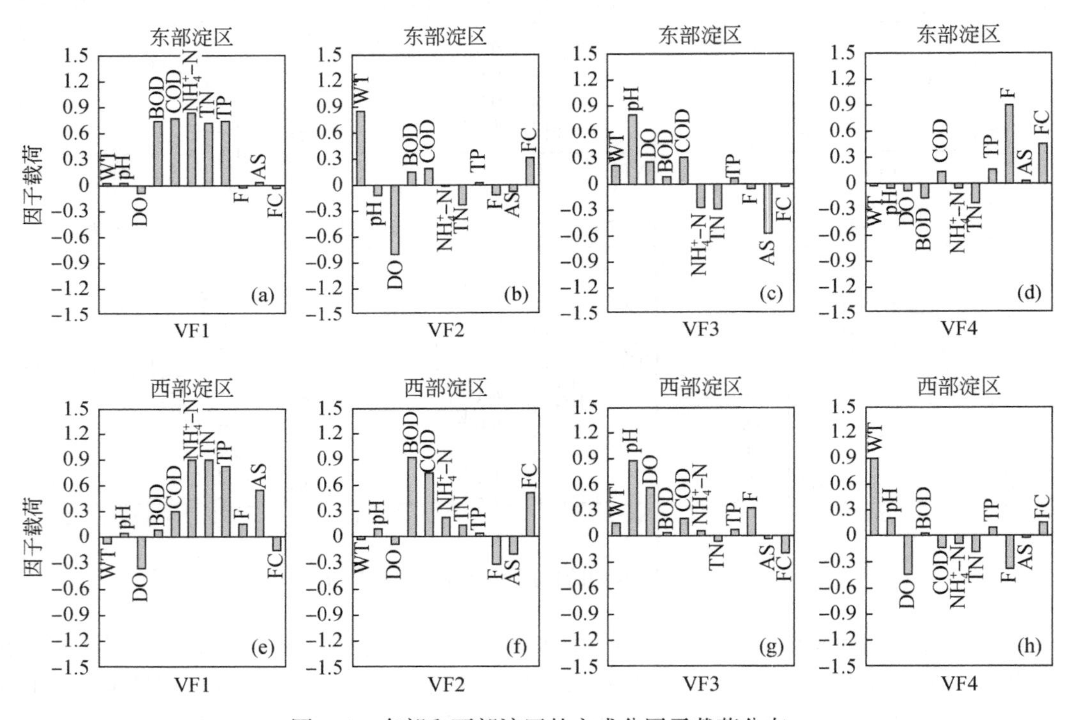

图3-6　东部和西部淀区的主成分因子载荷分布

2. 白洋淀水质对水位变化响应机制

6个站点水质指标和白洋淀水位之间的相关性分析结果见图3-7。其中，生化需氧量和化学需氧量呈现一定的空间异质性。在距离府河与白洋淀交汇口较近的站点处，如安州站、南刘庄、光淀张庄和烧车淀，两者与水位呈现负相关性。这表明水位不断增长时，此区域水体中伴随着较低浓度的生化需氧量和化学需氧量。此现象侧面反映了生态补水对淀区水体流通性和稀释污染物有显著的改善。相反，在远离府河—白洋淀交汇口的圈头和采蒲台站点处，两者与水位波动呈现正相关性。这表明生态补水可能会加快淀区沉积物中的污染物释放过程和污染物在淀区内的传输过程。与营养物污染相关的指标在淀区大部分区域都与水位的波动呈现负相关。这表明生态补水加快了水体中污染物的平流和扩散。与营养物质相似，氟化物和粪大肠菌群落在淀区的大部分区域与水位的波动呈现负相关。阴离子表面活性剂与淀区所有站点的水位波动都无显著的相关性。上述结果表明，水位波动对淀区的不同区域水质产生的影响具有差异性。由于生态补水的水源和入淀路径不同，上游补水可从淀区的南部、西部和北部进入淀区。这导致补水在不同程度上改变了淀区水动力状态。目前，白洋淀生态补水的目标是保持淀区水位位于生态系统适宜区间内。本研究结果表明生态补水对淀区水质的影响不容忽视。

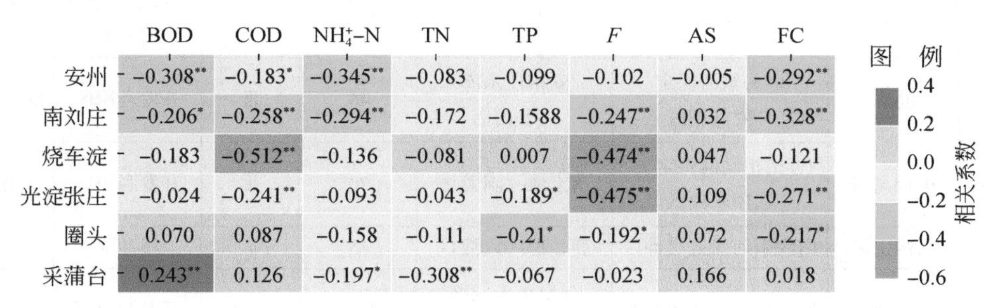

图3-7 淀区各站点水质指标与水位波动的相关性分析结果

* 表示 $p<0.05$，** 表示 $p<0.01$

3.2 上游河流水质时空演变趋势分析与特征污染物识别

3.2.1 研究区断面监测

基于研究区主要河流6个水质常规监测断面进行水质分析（表3-5）。月度监测指标共21个：pH、溶解氧、高锰酸盐指数、化学需氧量、生化需氧量、氨态氮、总磷、铜、锌、氟化物、硒、砷、汞、镉、六价铬、铅、氰化物、挥发酚、石油类、阴离子表面活性剂、硫化物。

表3-5 国省控水质监测断面概要

补水路线	河流名称	断面名称	断面级别
安格庄补水路线	南拒马河	北河店	国控
	白沟引河	平王	生态补偿
西大洋补水路线	府河	焦庄	国控
	府河	望亭	省控
	府河	安州	国控
王快补水路线	孝义河	蒲口	国控

3.2.2 研究区水功能区划

划定水功能区是水资源合理开发利用与有效配置的重要手段，依据2017年11月30日《河北省水利厅、河北省环境保护厅发布关于调整公布〈河北省水功能区划〉的通知》（冀水资〔2017〕127号），河北省大清河水系内的研究区水功能区划及水质目标见表3-6。

表3-6 研究区水功能区划

补水路线	河流名称	水功能区名称	起讫点	长度/km	水质目标	一级水功能区划分类	二级水功能区划分类
安格庄补水路线	中易水河	中易水河保定开发利用区	安格庄水库—北河店	46	Ⅲ	开发利用区	饮用水源区
	南拒马河	南拒马河保定饮用水源区	落宝滩—新盖房	70	Ⅲ	开发利用区	饮用水源区
	白沟引河	白沟引河保定缓冲区	新盖房—入淀口	15	Ⅲ	缓冲区	
西大洋补水路线	府河	府河保定工业用水区	保定市天威路胜利桥—安州	28.7	Ⅳ	开发利用区	工业用水区
	府河	府河保定过渡区	安州—入淀口	20	Ⅲ	开发利用区	过渡区
王快补水路线	孝义河	孝义河保定工业用水区	源头—高阳东方扬水站	66.2	Ⅳ	开发利用区	工业用水区
	孝义河	孝义河保定缓冲区	高阳东方扬水站—入淀口	10.2	Ⅲ	缓冲区	

3.2.3 水质现状单因子评价

采用单项水质因子评价方法，对照研究区水功能区的水质目标，对水质监测控制断面的水质数据进行分析评价，从多项水质监测指标中找出主要超标因子。

根据《地表水环境质量标准》（GB 3838—2002）要求，地表水环境质量评价应根据应实现的水域功能类别，选择相应的类别标准，进行单因子评价。单项水质因子评价是将每个污染因子单独进行评价，该方法能客观地反映水体的污染程度，可清晰地判断出主要污染因子。单项水质因子评价方法采用标准指数来指示污染程度：

$$S_{i,j}=\frac{C_{i,j}}{C_{si}} \tag{3-4}$$

式中，$S_{i,j}$为单项水质因子i在监测点j的标准指数；$C_{i,j}$为水质因子i在监测点j的浓度；C_{si}为水质因子i的地表水水质目标。

通过单因子评价方法计算了北河店、平王、焦庄、望亭、安州、蒲口断面的各水质因子标准指数，标准指数大于1即该水质因子未达到水功能区水质目标。依据2016～2019

年 6 个监测断面水质评价结果，研究区 3 条补水路线河流超标的因子主要为高锰酸盐指数、生化需氧量、化学需氧量、氨态氮、总磷，而重金属类均达标。在 2016 ~ 2019 年的年际变化分析显示，各监测断面的各水质因子标准指数大致都呈现逐年降低的趋势，说明上游河流水质有逐渐改善的趋势。

3.2.4 水质现状综合评价

为研究 3 条补水路线河流水质动态变化，使用改进的水质指数法对河流水质整体评价。水质指数法广泛用于地表水和地下水水质评价工作中，通过选取多个指示水质的因子，按照一定的数学方法，将其转换为一个可用来描述水质整体状态的综合评价值。传统的水质指数法计算中，每个水质因子权重赋值由评估者人为指定，容易产生主观性误差。而本研究采用基于层次分析法改进的水质指数法，即各因子的权重由层次分析法赋值。层次分析法最初用来解决群体决策问题，现已被广泛应用于水环境研究中（Flores，2002；da Silva and Jardim，2006；Zou et al.，2013；Zhang et al.，2014；Sener et al.，2017）。改进的水质指数法计算方法如下：

$$\mathrm{WQI} = \sum_{i=1}^{n} W_i \times C_i \tag{3-5}$$

式中，n 是水质因子的总数；W_i是第 i 个水质因子对应的权重值，获取自白洋淀流域水环境研究中的层次分析法分析结果（Han et al.，2020）；C_i是对第 i 个水质因子的标准化分类值，水质数据的标准化基于《地表水环境质量标准》（GB 3838—2002），详细因子见表 3-2。水质指数 WQI 的范围在 0 ~ 100，水质指数数值越大代表水质状况越好。

使用改进的水质指数法对水质现状进行综合评价，得出的结果见图 3-8。安格庄补水路线河流水质整体状况最优，其次是王快补水路线，之后是西大洋补水路线。水质整体状况与人类活动程度相关，安格庄补水路线人口密度最低，王快补水路线人口密度次之，西大洋补水路线流经保定市中心城区，人口密集，府河承接城市工业与生活污水，水质状况相对较差。

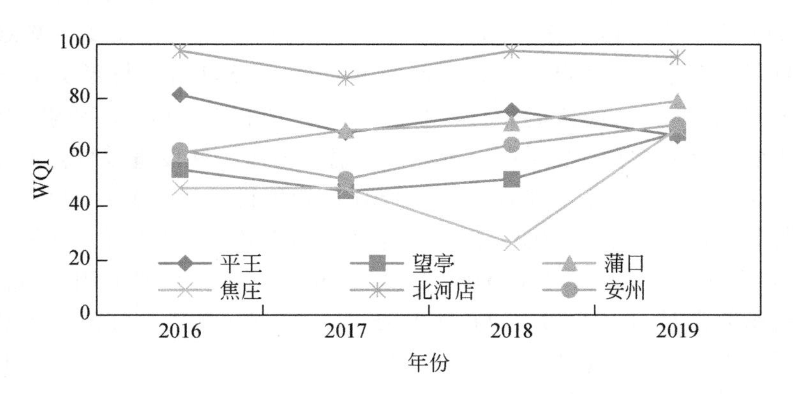

图 3-8　补水路线河流的断面 WQI

安格庄补水路线设置的断面自上游至下游为北河店、平王，两个断面的水质指数年际波动具有一致的趋势，下游水质受到上游的影响。上游的水质优于下游，说明安格庄补水路线中下游存在一定的污染。

西大洋补水路线上设置的断面自上游至下游为焦庄、望亭、安州。3 个断面的 WQI 年际波动相关性不强，河流水质的空间差异性大。3 个断面的 WQI 呈现逐年上升的趋势，表示水质状态逐渐好转。安州水质状况最优，其次为望亭，之后是焦庄，上游的水质劣于下游，说明西大洋补水路线河流水质状况与河流内水量有关。焦庄位于保定市郊，上游无天然水源，且距离污水处理厂排污口位置较近，水量小水质差；望亭位于府河中段，焦庄至望亭间有大量污水处理厂排水汇入；安州位于府河入淀口，望亭至安州之间无点源排污且河水在天然河道内经过一段时间的降解，使得水质较上游有所提升。

王快补水路线仅具有下游蒲口监测断面数据。王快补水路线孝义河为季节性河流，随着白洋淀生态补水的不断推进，孝义河作为白洋淀上游主要补水渠道之一，在近些年水量得到一定的恢复，自 2016 年后水质指数呈现逐年上升的趋势，WQI 显示蒲口断面水质状况较为良好，生态补水对水质状态好转产生积极的影响。

3.3 生态补水期上游河流各补水路径水质沿程演变规律

3.3.1 采样与水质分析方案

1. 采样点布设

本研究共开展了春季和秋季两次生态补水期上游河流的采样工作，采样点的整体布设如图 3-9 所示。春季取样时间为 2019 年 4 月 14 日至 16 日，生态补水水源为白洋淀上游的王快水库和西大洋水库，共取地表水水样 17 个。其中，王快水库补水路径沿线包括沙河总干渠—月明河—孝义河河段，共设置采样点 9 个：沙河总干渠河段的采样点位于王快水库泄水口（WK01）、曲阳县下游（WK02）、大寺头（WK03）、五女集（WK04）、路景村（WK05）；月明河河段的采样点位于贾庄村（WK06），及月明河与孝义河交汇处的上游 500m 处（WK07）；孝义河河段的采样点位于西田果庄村（WK08）和思乡桥（WK09）。西大洋水库补水路径包括唐河总干渠—黄花沟—府河河段，共设置采样点 8 个：沙河总干渠河段的采样点位于西大洋水库泄水口（XDY01）和魏村渡槽（XDY02）；黄花沟河段的采样点位于大水系分水闸（XDY03）和南孙村桥（XDY05）；府河河段的采样点位于仙人桥村（XDY04）、小望亭桥头（XDY06）、膳马庙村北（XDY07）和安新县府河大桥（XDY08）。秋季取样时间为 2019 年 11 月 3 ~ 5 日，安格庄水库、旺隆水库和南水北调分别向中易水河、北易水河实施生态补水，而后汇入南拒马河、白沟引河，最终汇入白洋淀，以及南水北调长江水通过瀑河分水口经瀑河向淀区补水。其中，瀑河河段共设置采样点 5 个：南水北调瀑河退水闸上游（BH01）、瀑河水库坝下（BH02）、徐水城区上游（BH03）、徐水城区下游（BH04）和徐水区污水处理厂下游（BH05）。南拒马河—白沟引河沿线共设置采样点10个：定兴县污水处理厂上游（NJM01）、定兴县污水处理厂下游1km（NJM02）、南拒马河与易水河汇后（NJM03）、东韩村西面（NJM04）、南拒马河中游（NJM05）、南拒马河和白沟河汇前南拒马河上游（NJM06）、白沟河与南拒马河汇前白沟河上游（NJM07）、南拒马河与白沟河汇后（NJM08）、新盖房闸上游（NJM09）、白沟引河（NJM10）。北易水河段共设置采样点6个：易县上游西关大桥下游（BYS01）、易县污水处理厂下游（BYS02）、北易水河与垒子河汇水前（BYS03）、垒子河入北易水河前（BYS04）、垒子河和北易水河汇后700m（BYS05）、中易水北易水河汇前中易水河上游（BYS06）。中易水河段共设置采样点4个：安格庄水库坝下（ZYS01）、罗村桥中易水河中游（ZYS02）、中北易水河汇前中易水河上游（ZYS03）、中易水北易水河汇后与南拒马河汇前（ZYS04）。

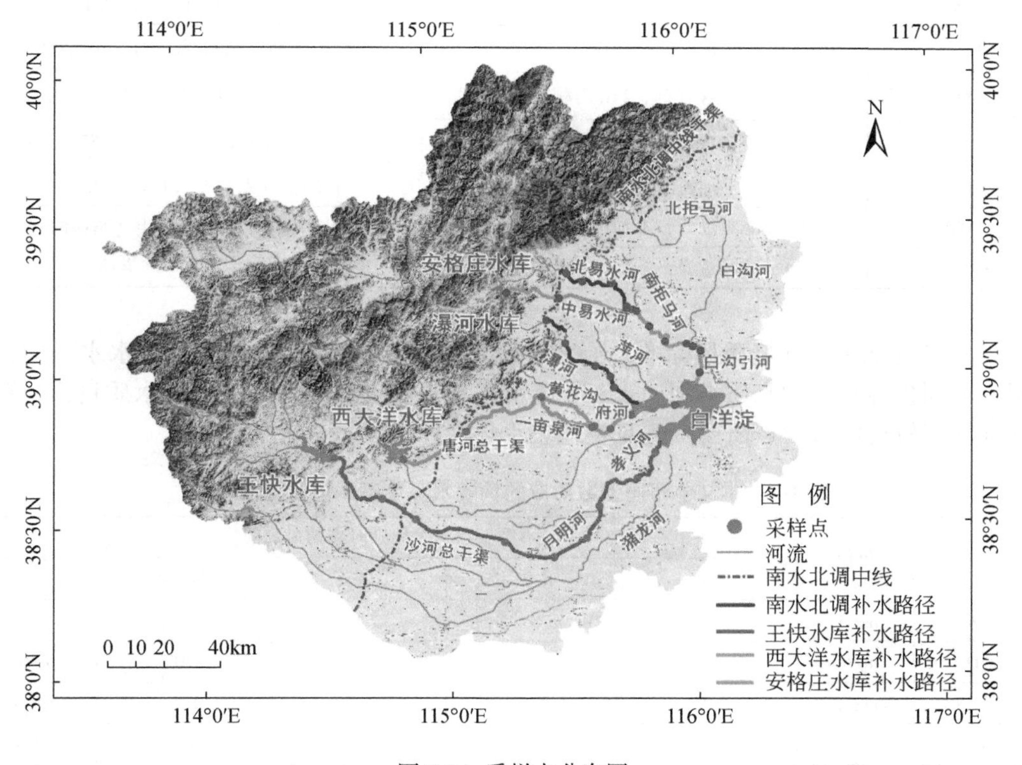

图3-9 采样点分布图

2. 实验室分析方法

利用ThermoFisher（520M-01A）便携式多参数测量仪现场测定pH和电导率（EC）。实验室检测项目为化学需氧量（COD）、五日生化需氧量（BOD_5）、总有机碳（TOC）；总氮（TN）、氨氮（NH_4^+-N）、硝酸盐（NO_3^-）、亚硝酸盐（NO_2^-）；总磷（TP），可溶态磷（DTP）、可溶活性态磷（PO_4^{3-}）。对采样加固定剂后冷藏保存，送至实验室后在24小时内测定完毕。样品的保存方法及检测方法见表3-7。颗粒磷（PP）由总磷（TP）和可溶态磷

（DTP）之差计算求得，溶解态有机磷由可溶态磷（DOP）和可溶活性态磷（PO_4^{3-}）之差计算求得；硝酸盐氮（NO_3^--N）和亚硝酸盐氮（NO_2^--N）由 NO_3^-和 NO_2^-换算求得；溶解态无机氮（DIN）由 NH_4^+-N、NO_3^--N 和 NO_2^--N 之和求得（Lim et al., 2019）。当不同的水质参数低于检出限时，直接取检出限值。

表 3-7　样品的保存方法及检测方法

检测指标	固定剂与保存方法	检测标准（方法）
COD	加硫酸至 pH≤2	重铬酸盐法 HJ 828—2017
BOD_5	采满不留气泡，24h 内测定	稀释与接种法 HJ 505—2009
TOC	加硫酸至 pH≤2	燃烧氧化—非分散红外吸收法 HJ 501—2009
TN	加硫酸至 pH≤2	碱性过硫酸钾消解紫外分光光度法 HJ 636—2012
NH_4^+-N	加硫酸至 pH≤2	纳氏试剂分光光度法 HJ 535—2009
NO_3^-	不加保存剂，24h 内测定	离子色谱 HJ 84—2016
NO_2^-	不加保存剂，24h 内测定	分光光度法 GB 7493—87
TP	加硫酸至 pH≤2	钼酸铵分光光度法 GB 11893—89
DTP	用 0.45μm 滤膜过滤，不加保存剂，24h 内测定	《水和废水监测分析方法（第四版）》中钼锑抗分光光度法
PO_4^{3-}	用 0.45μm 滤膜过滤，不加保存剂，24h 内测定	

本书以《地表水环境质量标准》（GB 3838—2002）为基准来评价地表水水样的污染情况，不同指标对应的水质类别如表 3-8 所示。基于保定市水功能区划的水质目标，距离白洋淀淀区较近的采样点需要达到Ⅲ类地表水环境标准。

表 3-8　本文中不同参数对应的地表水环境基本项目标准限值

项目	单位	不同项目每一类别对应的最高限值				
		I 类	II 类	III 类	IV 类	V 类
BOD_5	mg/L	3	3	4	6	10
COD	mg/L	15	15	20	30	40
NH_4^+-N	mg/L	0.15	0.5	1.0	1.5	2.0
TP	mg/L	0.02	0.1	0.2	0.3	0.4

3.3.2　各补水路径水质沿程变化

1. 现场分析指标

王快水库补水路径沿线河水整体偏弱碱性，pH 的变化范围为 8.07～9.07，而西大洋水库补水路径沿线河水为弱酸性或碱性。EC 可以有效地反映水体中的溶解态无机盐含量，是评价水质的重要指标。王快水库补水路径沿线 EC 整体呈现出上升趋势。该路径不同采样点处 EC 大多小于 800μS/cm，但在孝义河下游（WK09）上升至 2286μS/cm。西大洋水库补水路径沿线 EC 缓慢上升，且在刚出保定市主城区时 EC 达到最大（XDY05），随后数值保持稳定。

瀑河补水路径沿线 pH 的变化范围为 6.31～7.01，河水整体偏弱酸性至中性。中易水河段的 pH 变化范围较小（7.50～7.94），而北易水河的 pH 在 6.93～7.95 范围内波动。南拒马河—白沟引河沿线的 pH 范围为 6.99～8.32，河水整体偏弱碱性。在瀑河补水路径沿线，南水北调退水闸上游（BH01）处 EC 最高，随后减小。徐水区南下游（BH04）地表水中的 EC 再次升高，后保持相同的水平。中易水河段的 EC 沿程明显下降，而在北易水沿线 EC 呈整体上升趋势。南拒马河沿程 EC 先减小后升高，白沟引河靠近白洋淀处（NJM10），EC 达到最高值。

2. 还原性污染物指标

王快补水路径沿线，BOD_5浓度整体呈现上升趋势，变化范围为 0.9～5.7mg/L。其中，孝义河河段（WK08 和 WK09）的 BOD_5含量相对较高。地表水中 COD 浓度沿程逐渐增大。TOC 包含所有有机污染物的含碳量，是评价水样中有机污染的一个综合参数。王快水库补水路径沿线，地表水中的 TOC 含量不断升高，变化范围为 2.3～9.0mg/L。西大洋水库补水路径沿线，当生态补水流出保定市主城区后，BOD_5和 COD 浓度先增长后保持稳定。靠近淀区的采样点（XDY08）处，BOD_5和 COD 符合国家Ⅲ类地表水水环境标准。整体而言，西大洋水库补水路径沿线的 BOD_5和 COD 浓度低于王快水库补水路径沿线。西大洋水库补水路径沿线，TOC 含量也表现出小幅度的上升趋势。

瀑河补水路径沿线，BOD_5先升高后降低，变化范围为 1.7～3.7mg/L。COD 与 BOD_5的沿程分布规律相似，浓度变化范围为 5～12mg/L。TOC 浓度沿程小幅度增长，变化范围为 1.1～2.8mg/L。中易水河沿线，BOD_5、COD 和 TOC 的沿程变化模式相似，均为先升高后降低，主要体现在中易水河与北易水河汇水后（ZYS04），地表水中的还原性污染物浓度降低。北易水河主河道，所有还原性污染物的浓度变化规律相似，均为先升高后减小，且在垒子河支流（BYS04）汇入后，浓度再次上升。此外，BYS04 采样点的 COD 和 BOD_5均高于地表水环境标准的最高限值。南拒马河—白沟引河沿线，BOD_5和 COD 整体呈现上升趋势。其中，沿线的 COD 浓度均符合国家Ⅲ类地表水环境标准，而距离淀区最近的采样点（NJM10）处，BOD_5符合国家Ⅴ类水环境标准。TOC 浓度沿程先降低后增加，并于 NJM10 点出现大幅度增长。

3. 氮形态相关指标

春季两条补水路径沿线的 TN 浓度都较高。王快水库补水路径沿线，TN 先升高后降低，并于 WK07 点达到最大。西大洋水库补水路径沿线，TN 浓度不断升高。NO_3^--N 是两条补水路径地表水中氮主要的组成部分，而 NH_4^+-N 和 NO_2^--N 浓度整体较低。王快水库补水路径沿线，NO_3^--N 和 NO_2^--N 的空间变化规律与 TN 相似。NH_4^+-N 在大多数采样点检出浓度较低，但在蠡县污水处理厂附近（WK07）的浓度较高。WK09 点 NH_4^+-N 浓度符合国家Ⅲ类地表水环境标准。王快水库补水路径沿线，NO_3^--N 占 DIN 比例的平均值为 93.4%。

西大洋水库补水路径沿线，NO_3^--N 占 DIN 比例的变化范围为 80.6% ~97.9%，且其空间变化特征与 TN 相似。相比于 NO_2^--N，NH_4^+-N 在 DIN 中的占比更高。当生态补水流出主城区后，水体中 NH_4^+-N 浓度先升高后降低。

秋季补水路径沿线，不同河段 TN 浓度变化范围较大（中易水河段除外）。瀑河补水路径沿线，TN 浓度先大幅度减小，后于徐水区下游缓慢升高。其中，瀑河入南水北调前（BH01）处浓度较高，远大于瀑河水库坝下（BH02）地表水的检出浓度。中易水河段沿线，TN 浓度整体为上升趋势，变化范围为 1.47 ~1.89mg/L。北易水河段，TN 浓度不断上升，垒子河支流（BYS04）TN 浓度最高。南拒马河—白沟引河沿线，TN 浓度先降低，后在白沟镇污水处理厂下游（NJM09）处出现小幅度的上升。瀑河补水路径沿线，NO_3^--N 与 TN 的变化趋势相似，且为主要的 DIN 组成部分，平均占比为 93.6%，而 NO_2^--N 和 NH_4^+-N 的浓度整体偏低。中易水河段，NO_3^--N 浓度逐渐升高，占 DIN 比例的变化范围为 84.9% ~96.3%，而 NH_4^+-N 整体呈现下降趋势。北易水河主河道，NO_3^--N 与 TN 的变化趋势相似。北易水河主河道，NO_3^--N 占 DIN 比例的变化范围为 79.0% ~97.5%。南拒马河—白沟引河沿线，NO_3^--N、NO_2^--N、NH_4^+-N 的变化规律与 TN 相似。南拒马河上游（NJM01）处 NH_4^+-N 为主要的 DIN 组成部分，占比为 56.3%，其余采样点以 NO_3^--N 为主，占 DIN 的变化范围为 55.2% ~96.5%。此外，NJM10 点的 NH_4^+-N 浓度达到地表水水质Ⅲ类标准。

4. 磷形态相关指标

王快水库补水路径沿线，TP 浓度波动性增长。WK04、WK07 和 WK09 的 TP 浓度均高于国家Ⅲ类地表水环境标准。PP 浓度沿程波动性变化，而 DTP 浓度呈现增长趋势，变化范围为 0.01 ~0.32mg/L。除了 WK09，PP 为王快水库补水路径沿线地表水中 TP 的主要组成部分，平均占比为 53.4%。WK04、WK07 和 WK08 采样点处 PP 占比分别为 90.0%、71.7% 和 68.9%。西大洋水库补水路径沿线，TP 先升高后降低，且 XDY08 点处对应的数值符合国家Ⅲ类地表水环境质量标准。DTP 的变化特征与 TP 相似，浓度变化为 0.01 ~0.10mg/L，占 TP 的平均比例为 61.6%。相比于王快水库补水路径沿线，西大洋水库补水路径沿线地表水中 PP 检出浓度更低。为了理解 DTP 的组成，PO_4^{3-} 被用于表征 DTP。王快水库补水路径沿线，PO_4^{3-} 浓度小幅度升高，并于 WK09 采样点处达到最大值。DOP 整体低于 0.04mg/L，平均浓度为 0.01mg/L，占 DTP 的比例小于 17.4%。西大洋水库补水路径沿线，PO_4^{3-} 含量于 XDY04 点处含量最高，随后缓慢下降。针对 DOP 指标，XDY04 和 XDY05 两采样点处的对应浓度最高。DOP 占 DTP 的平均比例为 23.1%，高于王快水库补水路径沿线对应的数值。

秋季不同补水路径沿线，除了 BYS04，TP 浓度整体较低，且均符合国家Ⅲ类地表水环境质量标准。瀑河补水路径沿线，TP 浓度先减小后升高，变化范围为 0.03 ~0.07mg/L。PP 和 DTP 的变化趋势与 TP 类似，且 DTP 为 TP 的主要组成部分（BH05 除外），平均占比为 53.0%。中易水河段，TP 呈现缓慢下降趋势。PP 沿程先升高后减小，而 DTP 先减小后升高。中易水河沿线 DTP 占 TP 比例的平均值为 82.0%，为主要的磷形态。北易水河沿线，垒子河支流（BYS04）点的 TP 浓度超过国家地表水环境标准的最高限值。DTP 为北易水河沿线 TP 主要的组成部分。南拒马河沿线，TP 浓度先小幅度降低后于白沟镇污水处理厂下游（NJM09）处升高。PP 的沿程浓度整体偏低，均小于 0. 02mg/L。DTP 与 TP 的沿程变化趋势一致，浓度范围为 0. 02 ~0. 14mg/L。南拒马河—白沟引河沿线 TP 的主要组成部分为 DTP，平均值为 88. 1%。瀑河补水路径沿线，PO_4^{3-}先升高后降低，但浓度整体偏低。DOP 沿程浓度的变化范围为 0. 01 ~0. 03mg/L，占 DTP 比例的平均值为 55. 7%。中易水河沿线，PO_4^{3-}为主要的 DTP 组成部分，平均占比为 61. 0%。DOP 含量整体偏低，小于 0. 02mg/L。北易水河沿线，垒子河（BYS04）点处浓度较高，其余采样点浓度较低。DOP 浓度的变化范围为 0. 01 ~0. 38mg/L。南拒马河—白沟引河沿线，PO_4^{3-}变化趋势与 DTP 相似，于 NJM09 点处浓度达到最大值。DOP 的沿程浓度均小于 0. 03mg/L，占 DTP 比例的平均值为 24. 6%。

3. 3. 3 生态补水期水质驱动要素分析

春季两条补水路线之间水质的空间变化模式有很大差异，这可能是由不同补水线路沿线污染物入河特征造成的。西大洋水库补水路径沿线，在西大洋水库生态补水流入保定市主城区（XDY01、XDY02 和 XDY03）之前，污染物浓度很低，但在流出城区（XDY04 和 XDY05）之后达到峰值，随后浓度维持在相同的水平（EC、COD、TOC、TN 和 NO_3^--N）或下降（BOD_5、NH_4^+-N 和所有形态的磷）。西大洋水库补水路径沿线，河流系统的主要污染物输入是保定市主城区的 3 个污水处理厂。在城区下游的补水路径沿线，没有支流或点源的污染物进入主河道。此外，该路径的距离相对较长（超过 30km），使得某些污染物在进入白洋淀之前可能会通过河流的自净作用被稀释或降解。

对于王快水库补水路径，大多数水质指数（EC、BOD_5、COD、TOC 和所有形态的磷）都呈现出波动性增长的趋势，尤其是位于补水路径下游的采样点，这可能是由污水处理厂的空间分布所导致的。西大洋水库补水路径沿线污水处理厂集中于保定市主城区，而王快水库补水路径沿线的污水处理厂分散于整个路线。高阳县污水处理厂位于采样点 WK09 上游约 6km 处，该污水处理厂排水可能会升高地表水中不同污染物的浓度。与此同时，该采样点位于孝义河下游方向靠近白洋淀的河口处，湖泊的回水效应可能会降低孝义河的流速，并相应减弱河水对污染物的稀释和降解能力。氮形态的空间特征与上述污染物的变化模式不同。在王快水库补水路径的下游（WK08 和 WK09），TN 和 NO_3^--N 浓度不断下降，这可能是由于水体中反硝化过程的影响（Liu et al., 2018）。

秋季生态补水路径的河流连接关系较为复杂，所以分析对应的水质驱动要素时需要充分考虑河流交汇情况。北易水河沿线，不同水质指标整体呈现上升趋势。其中，易县污水处理厂下游（BYS02）和垒子河入汇口下游（BYS05）处地表水中污染物浓度均升高。中易水河沿线，部分污染物浓度先升高（BOD_5、COD、TN 和 NO_2^--N）或减小（EC、NO_3^--N、NH_4^+-N 和所有形态的磷）。当与北易水河汇合后，除了还原性污染物，其余水质指标均未发生明显的变化。南拒马河上游河段（NJM01 和 NJM02），污染物浓度（PP 除外）整体都出现明显的下降趋势。但当白沟河汇入南拒马河后（NJM08），不同污染物（COD、BOD_5、TOC）浓度升高，地表水水质变差。此外，南拒马河下游污染物浓度于 NJM09

（EC、COD、BOD_5、TOC）和 NJM10（所有形态的氮和磷）处出现大幅度增长。白沟河污水处理厂位于 NJM09 上游约 2.5km 处，该点水样中较高浓度的污染物可能是受到了污水处理厂排放污水的影响。NJM10 离淀区较近，淀区的回水可能会造成该点污染物浓度的升高。在瀑河补水路径沿线，瀑河水库坝下污染物浓度低于南水北调瀑河退水闸上游，生态补水对河水污染物稀释作用是该现象的一个重要原因。之后当河流流经徐水区城区时（BH04），所有污染物浓度有所上升。

第4章　典型入淀河流主要污染物迁移转化规律及其机制分析

在上游入淀河流中，承接保定市城区污水处理厂排水的府河是白洋淀最主要的污染来源。本章对府河至白洋淀沿线河道主要污染物迁移转化规律及其驱动机制进行了分析。第3章对长期水质监测数据分析显示，府河特征污染物为COD、氮类以及磷类，本章研究将以上述污染物为主。先在府河至白洋淀沿线建立基于物联网的地表-地下水监测系统，而后基于该系统的自动观测数据以及定期对地表水、地下水以及底泥的采样数据开展研究。

4.1　水量水质动态监测网络构建及其示范应用

基于窄带物联网的地表水-地下水环境动态监测系统使用嵌入式的网关硬件，利用低功耗广域网络（LPWAN、LoRaWAN）技术，实现短距离物联网数据自动传输技术。该系统是基于NB-IoT（窄带蜂窝）通信技术，实现在满足数据透传协议的星形网络方式下，单个网关能接收远距离（最大20km）多个传感器数据的物联网系统。该系统在长时间尺度上，以科学合理的时间间隔（最高时间分辨率30min），长期连续地监测研究区内重点监测断面水位、地下水埋深等水量指标以及水温和电导率等水质指标。地表-地下水水量水质自动监测系统可以准确掌握地表水-地下水水量变化及水质污染状况和变化特征。

4.1.1　监测系统组成

地表水-地下水环境动态监测系统主要由多功能数据采集系统、物联网系统和数据库管理系统组成（图4-1）。

1. 低功耗数据采集系统

目前国际主流的数据采集系统都会具有功耗高等缺点，此外数据采集系统对不同公司、不同接口、不同种类的传感器兼容性差。一方面，低功耗数据采集系统的器件选型上都使用低功耗元器件，尤其是核心运算芯片选择了功耗低、运算速率高的芯片，兼顾了低功耗和复杂运算的要求。另一方面，在兼容性上，数据采集系统使用目前能够满足主流传感器通信协议的所有接口，并通过在数据结构上进行合理优化，可同时搭载使用RS232、RS485和SDI-12等主要通信协议的不同种类和厂家的传感器。目前可实现地表水和地下水水位、水温和电导率的监测，还可实现对土壤含水量、温度和盐分的监测。

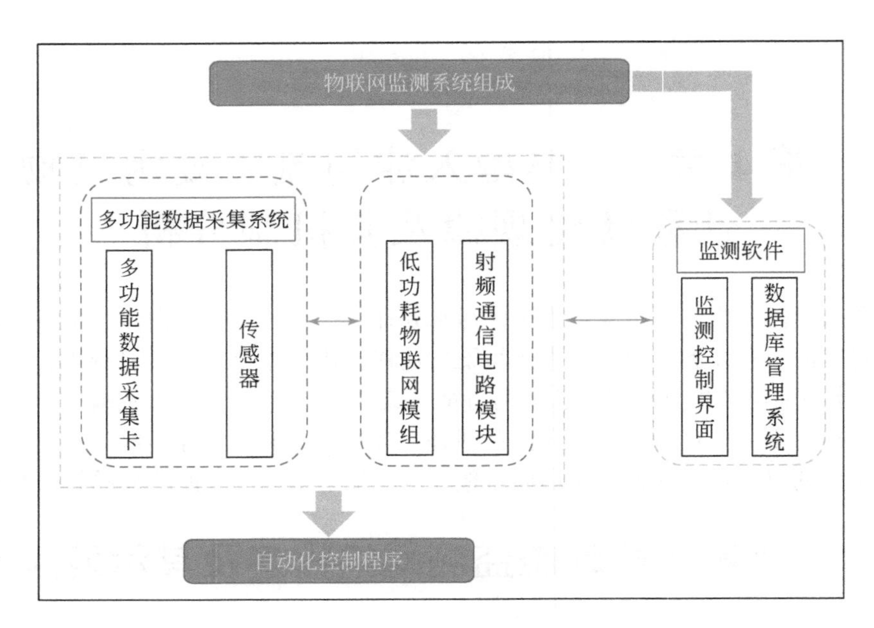

图 4-1　物联网的环境数据采集与监测系统示意图

2. 低功耗物联网系统

低功耗广域物联网（LPWAN）技术是近两年国际上一种革命性的物联网接入技术，具有远距离、低功耗、低运维成本和星型网络覆盖等特点，与 Wi-Fi、蓝牙、ZigBee、3G/4G 等现有技术相比，LPWAN 真正实现了大区域物联网低成本全覆盖。由于 LPWAN 具有低功耗和广覆盖的特点，无疑将成为野外监测装置无线通信技术的最佳选择。远距离无线电（LoRa）和窄带物联网（NB-IoT）是目前最有发展前景的两个低功耗广域网通信技术，都可以实现物联网无线传输中的远距离、低功耗要求，LoRa 是美国 Semtech 公司采用和推广的一种基于扩频技术的超远距离无线传输方案。NB-IoT 是由 3GPP 标准化组织定义的一种技术标准，是一种专为 5G 物联网设计的窄带射频技术。

本研究使用的 NB-IoT 是基于蜂窝网络的窄带 5G 物联网技术，是一种目前最先进的物联网技术，也被称作下一代物联网技术。2017 年实现了全国范围内信号覆盖，目前已成功试用于共享单车、水表收费等领域。NB-IoT 的信号强度比现有的物联网信号增加了 20dB，相当于可以多穿透一堵墙，也就是说具有从地下设施发出信号的能力，目前具有广覆盖、低功耗、低成本、大连接等特点，非常适用于小数据量的野外监测场景需求。

针对目前已有物联网技术的高功耗和野外信号覆盖率差的特点，该系统将 LoRa 和 NB-IoT 技术进行了有机结合，可以实现野外无盲区生态系统信息采集。

3. 数据库管理系统

通过 Java 语言编辑上位机软件，研发监测软件、数据库管理系统，实现数据监测、存储和管理功能。通过系统得到的实时数据和数据库管理的数据，进行实时监测和预警功能。采用下发命令模式和 IoT 平台配合在线升级的方式，可以更改数采主控板和模组的固件，实现远程升级、采集频率、发送频率等参数的更改，节省了运维成本和大量的人力物力。

自动化数据管理系统主要有两个功能：第一，可以根据既定的数据结构处理模式对采集的数据进行分类和打包成满足通信制式的数据包进行存储；第二，可以实现数据采集和发送的隔离，在数据采集阶段只启动采集程序，等到数据采集量和频次达到目标值后，再自动启动传输程序。节省处理空间和功耗，达到系统稳定、节电的效果。

本项目采用的物联网采集装置具有防水液晶面板和调整按钮，置于防水等级为 IP67 的外壳表面，可以根据需求进行数据调取和各种现场设定，例如数据采集模式、采集频次、数据发送频次等参数。装置内主要包括微型电子线路部分，包含 ARM 为核心的运算芯片和外围电路及接口，数据采集系统通过防水接头与外界传感器相连，电子单元配备了 SD 卡和 RS2032 电池对数据进行双备份。物联网通信模块会根据自动控制程序在既定条件下自启动，将存储与数据采集系统的数据进行分类，打包发送，并配备有专用的内置天线。同时该装置通过一块 5A 的电池供电，整体装置设计紧凑、体积小、功耗低，易于放置在有限的空间甚至埋在地下也能正常工作。物联网系统运行示意图如图 4-2 所示。

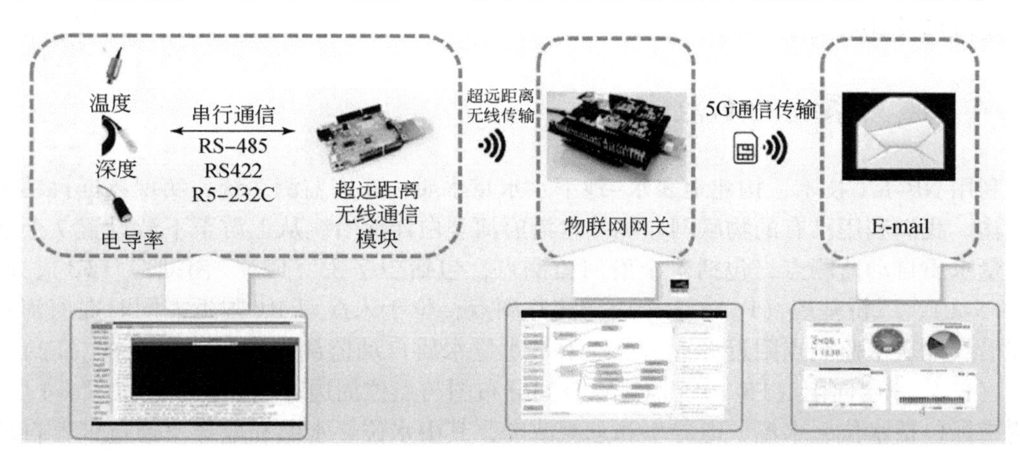

图 4-2 基于物联网的环境数据采集与管理系统

4.1.2 监测系统优点

利用 NB-IoT 技术，实现物联网监测数据自动监测与数据采集和传输。该技术可以很好地解决水环境要素监测中出现的高功耗、高成本及数据丢包率较高等问题，设备可以安装在水下、井下等位置，保证监测装置的安全性。该监测系统具有系统低功耗、实时性和信赖性、数据可靠性、传感器种类丰富、操作设置简单、低成本及可拓展性等优点。

4.1.3 监测点布设原则

地表水水量水质监测布设原则：

（1）监测断面必须具有代表性，其点位和数量应能反映水体环境质量、污染物时空分布及变化规律，力求以较少的断面取得最好的代表性。

（2）监测断面应避开死水区、回水区和排污口，尽量选择河（淀）床稳定、河段顺直、河面宽阔及水流平稳之处。

（3）监测断面布设应考虑交通状况、经济条件、实施安全、水文资料是否容易获取等，确保监测的可行性和方便性。

地下水水量水质监测点布设原则：

（1）整体性和可比性。在总体和宏观上应能控制不同的水文地质单元，须能反映所在区域地下水的水量变化和地下水污染物变化情况，监测重点为研究区的不同含水层。

（2）代表性和兼顾性。监测点布设密度的原则为主要研究区密集，一般地区稀疏；地下水污染严重地区密集，污染较轻地区稀疏，尽可能以最少的监测点获取足够有代表性的地下水环境信息。

（3）可行性和连续性。考虑监测结果的代表性和实际监测的可行性、方便性，优先选用已有的观测井进行监测，并保持地下水监测点网的连续性，对关键断面进行加密控制，以确定流场及其水质变化情况。

4.1.4　监测系统的示范应用

利用 NB-IoT 技术，构建地表水-地下水水量水质物联网监测系统，实现数据自动采集和传输。我们利用已有的物联网监测技术沿府河至白洋淀沿线从上游至下游设置 7 个地表水水量水质自动监测点，包括 4 个府河监测点，包括望亭桥（F2）、南刘口（F3）、西向阳（F5-1）、二桥基地（F6）；3 个白洋淀监测点，位于入淀口 B1 附近。同时在府河—白洋淀沿线地表水监测点附近设置 3 个地下水水量水质自动监测点，包括望亭桥（F2）、南刘口（F3）和西向阳（F5-1）。监测点空间分布图与点位周边环境如图 4-3 与图 4-4 所示。监测指标包括水位、水温、电导率和总氮浓度，其中水位、水温和电导率通过仪器自动监测，总氮浓度通过长期野外监测数据并结合自动监测参数进行拟合得到。目前水量水质在线监测频率最高为 30min。同时构建了监测数据可视化云平台，界面如图 4-5 所示。

地表水-地下水实时监测系统的总氮指标，通过实时监测的电导率、水温指标推算得到。电导率通常反映水中存在溶解态物质电离的离子的数量，白洋淀上游河流水环境中硝酸根离子为主要阴离子。历史数据显示，以离子电位来说，硝酸根离子基本占阴离子 70%以上。白洋淀上游河流水环境中氮元素基本以硝酸根离子形式存在，水质监测中总氮浓度数值与硝态氮浓度数值近似相等，故电导率与总氮浓度之间存在的统计关系具有良好的理化基础。另外，水温也对水质具有显著的影响，为了考虑电导率-水温-总氮浓度间的多元相关关系，建立了一个响应变量与两个解释变量的多元线性回归模型，用以达到推算总氮浓度的目的：

$$Y=\beta_0+\beta_1 x_1+\beta_2 x_2+e \tag{4-1}$$

式中，Y 为响应变量总氮浓度，mg/L；x_1 为解释变量电导率，μS/cm；x_2 为解释变量水温，℃；β_0、β_1、β_2 为偏回归系数；e 为误差项。

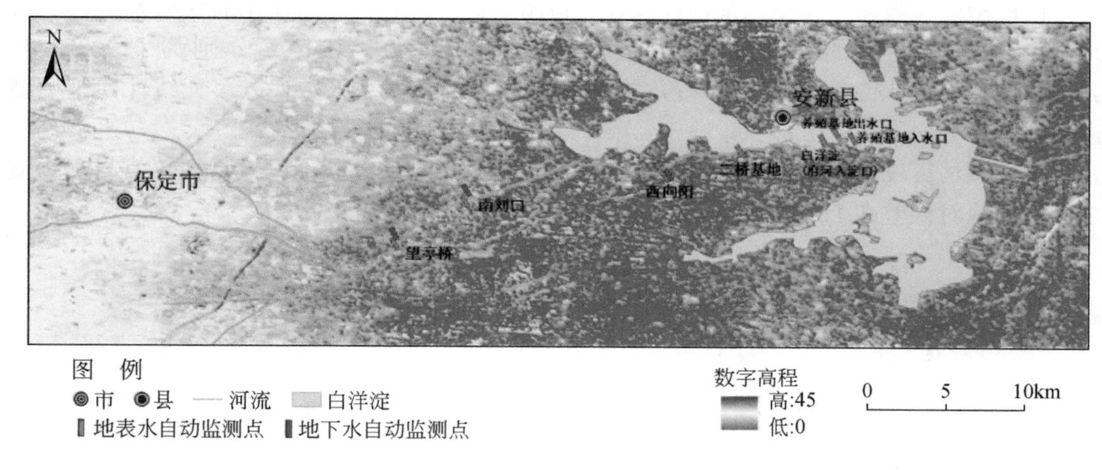

图 4-3　府河—白洋淀地表水和地下水水量水质自动监测点分布图

图 4-4　府河—白洋淀地表水和地下水水量水质自动监测点周边环境

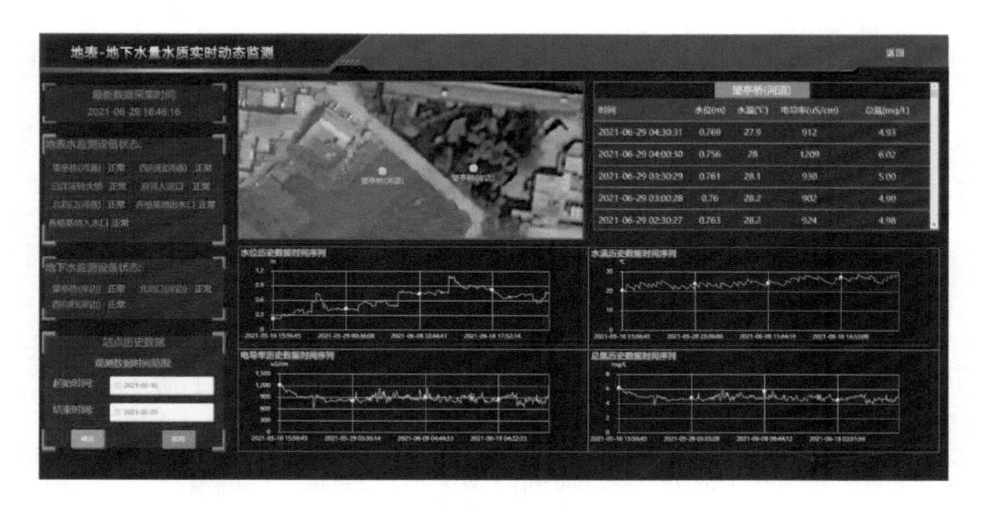

图 4-5　府河—白洋淀地表水和地下水水量水质自动监测数据可视化平台界面

该模型的参数通过最小二乘估计法计算得出。进行系数估计时使用的数据为2018年1月至2020年12月的实测历史数据，计算得出 β_0、β_1、β_2、β_3 分别为0.7036747、0.0047371、0.0313366、-0.0000379，推算总氮浓度时该4个系数代入多元线性回归模型进行运算。

该模型估算较为准确，推算总氮浓度性能良好且可靠。经验证，模型估算值与实测值之间平均绝对误差在1mg/L以内，平均相对误差小于30%（图4-6）。

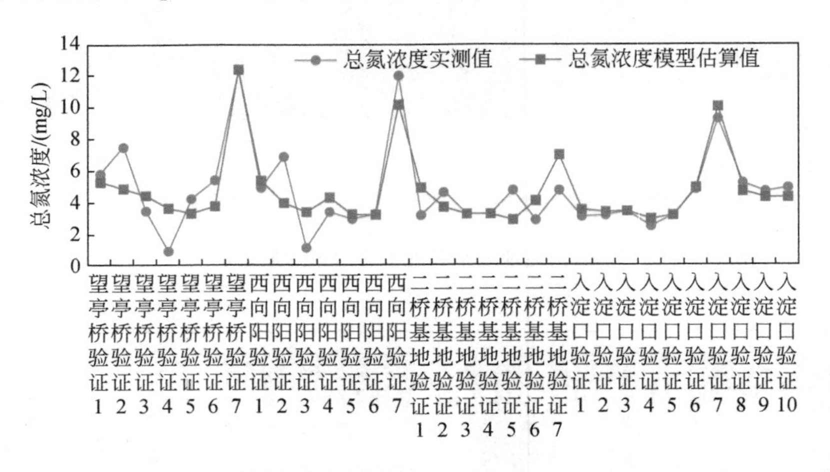

图4-6　府河—白洋淀地表水总氮浓度估算值与实测值验证结果

为了验证水量水质监测系统监测结果的可靠性和稳定性，通过对比现场人工监测数据进行验证。结果表明自动监测系统监测数据变化趋势与人工采样数据变化趋势一致，并且自动监测数据和人工监测数据有显著的相关性（$y=1.0479x-36.24$，$R^2=0.93$）（图4-7，

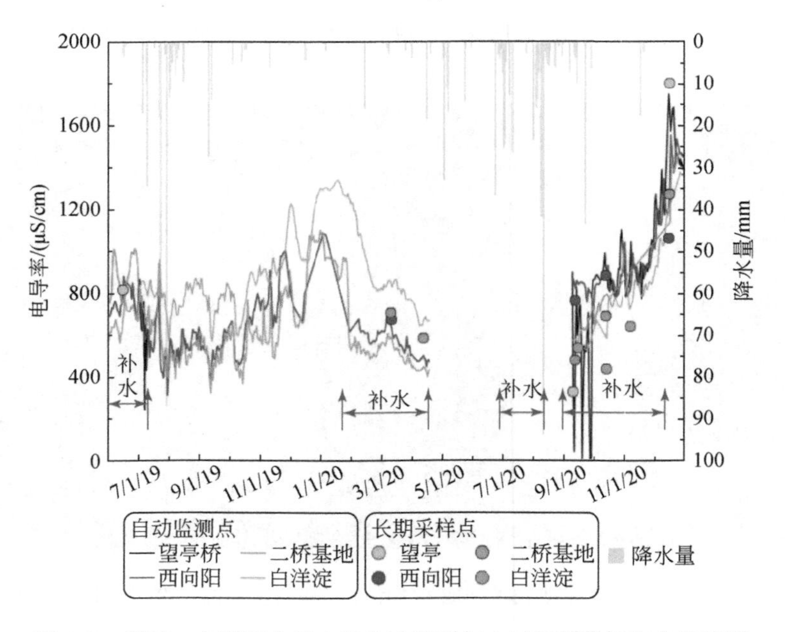

图4-7　府河—白洋淀水量水质自动监测与人工监测数据变化趋势图

图 4-8)，说明府河—白洋淀水量水质自动监测网可以有效地捕捉到地表水水量水质的变化规律，监测系统稳定性好，监测结果可靠。目前水量水质自动监测网和人工长期监测点构成了府河—白洋淀地表水-地下水水量水质监测示范区，与当地水产养殖企业合作成功并应用到水产养殖废水的实时监测中，目前已经在雄安新区白洋淀国家农业园区展播中心成功推广应用。

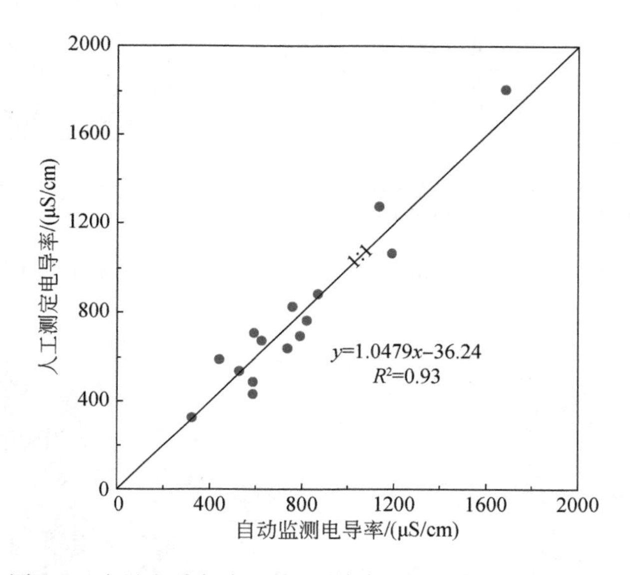

图 4-8　水量水质自动监测电导率与人工监测电导率相关性

4.2　野外监测与室内实验分析

4.2.1　野外监测和采样

选择白洋淀上游常年有水的入淀河流府河作为研究对象，沿府河入淀沿线及白洋淀入淀口至淀中设置地表水-底泥-地下水长期监测和取样断面（图 4-9)，用于研究地表水-底泥-地下水中主要污染物迁移转化机制。监测网络包括 8 个府河水监测点（F1-1、F1、F2、F3、F4、F5、F5-1、F6)、3 个白洋淀监测和采样点（B1、B2、B3)，其中 F1-1 为府河上游支流；8 个底泥采样点与府河水 F1-1、F1、F2、F4、F5-1 以及白洋淀 B1、B2 和 B3 点在同一位置，在 F5 下游 2km 处增加 F5-1 地表水和底泥采样；同时，在垂直于府河的 6 个地表水监测和采样点设置地下水监测断面，采样点分布在府河两岸，断面位置同地表水采样点，总共包括 33 个长期地下水监测点（G1 ~ G33)，地下水监测为人工现场监测，监测频率为每年的 1 月、3 月、5 月、6 月、8 月和 11 月，用于分析地表水-地下水转化关系和地表水对地下水水质的影响（图 4-9，图 4-10)。

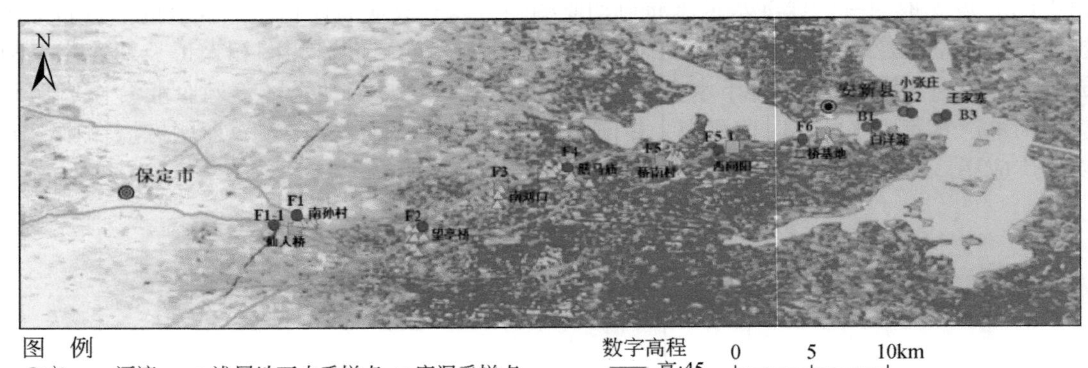

图 4-9　府河—白洋淀沿程地表水-底泥-地下水定期采样点分布图

图 4-10　野外样品采集及现场调查图

野外调查采样，现场测定地表水和地下水的电导率（EC）、pH、溶解氧（DO）、氧化还原电位（ORP）和水样温度（*T*）等参数（图 4-10）。地表水采集时间从 2018 年 7 月至 2020 年 12 月，采集频次为每月 1 次，主要用于分析水中氢氧稳定同位素和八大离子（Cl^-、SO_4^{2-}、NO_3^-、HCO_3^-、Na^+、K^+、Mg^{2+}、Ca^{2+}），其中 2020 年 6 月至 2020 年 12 月采集地表水样品增加了 COD、总氮（TN）、总溶解态磷（TSP）、可溶性正磷酸盐（OP）和总磷（TP）等成分的分析。底泥样品采集时间从 2020 年 6 月至 2020 年 12 月；主要用于分析底泥中的全氮（TN）、全磷（TP）、三氮（NO_3^--N、NH_4^+-N、NO_2^--N）和有机质

(SOM)。地下水采集的时间为 2018 年 1 月、3 月、6 月、8 月和 11 月，主要用于分析水中氢氧稳定同位素和八大离子（Cl^-、SO_4^{2-}、NO_3^-、HCO_3^-、Na^+、K^+、Mg^{2+}、Ca^{2+}），采样点信息见表 4-1。

表 4-1　2018 年不同采样时期地下水采样点信息

编号	经度/°E	纬度/°N	距河距离/m	位置	土地利用类型	用途
G1	115. 5914	38. 8390	12. 39	南孙村	工业用水	工业用水
G2	115. 5869	38. 8399	−262. 05	南孙村	农田	灌溉
G3	115. 5834	38. 8408	−358. 09	南孙村	农户、农田	洗菜、灌溉
G4	115. 6552	38. 8361	−698. 10	小望亭村	农户	生活用水
G5	115. 6600	38. 8353	−320. 79	大望亭村	农田	灌溉
G6	115. 6577	38. 8283	42. 71	小望亭村	农户	洗浴
G7	115. 6585	38. 8290	45. 96	小望亭村	工商业用水	洗车
G8	115. 6645	38. 8297	357. 22	小望亭村	工商业用水	洗车
G9	115. 6583	38. 8218	619. 76	御城村	农田	灌溉
G10	115. 6610	38. 8177	1075. 10	御城村	农户+农田	灌溉
G11	115. 7145	38. 8665	−150. 85	桥南村	农户	—
G12	115. 7147	38. 8645	44. 60	南刘口村	农户	生活用水
G13	115. 7129	38. 8602	490. 70	南刘口村	农户	生活用水
G14	115. 7125	38. 8529	1322. 24	南刘口村	农户	生活用水
G15	115. 7499	38. 8790	−122. 94	膳马庙村北	农田	灌溉
G16	115. 7456	38. 8766	−51. 59	膳马庙村北	农田	灌溉
G17	115. 7422	38. 8754	−62. 61	膳马庙村北	农田	灌溉
G18	115. 7557	38. 8779	194. 37	膳马庙村北	农田	灌溉
G19	115. 7599	38. 8744	706. 14	膳马庙村北	农田	灌溉
G20	115. 7589	38. 8727	840. 65	膳马庙村北	农田	灌溉
G21	115. 7569	38. 8757	463. 43	膳马庙村北	农田	灌溉
G22	115. 8248	38. 8895	−535. 52	桥北村	农田	灌溉
G23	115. 8280	38. 8896	−663. 94	桥北村	农田	灌溉
G24	115. 8307	38. 8891	−533. 17	桥北村	农田	灌溉
G25	115. 8242	38. 8878	−367. 20	桥北村	农田	灌溉
G26	115. 8271	38. 8868	−239. 70	桥北村	农田	灌溉
G27	115. 8298	38. 8862	−218. 20	桥北村	农田	灌溉
G28	115. 8287	38. 8848	−51. 19	桥北村	农户	养殖
G29	115. 8274	38. 8734	1188. 61	安州镇	农田	灌溉
G30	115. 9249	38. 9015	191. 91	安新县	农田	灌溉
G31	115. 9262	38. 9015	179. 85	安新县	农户+农田	生活用水+灌溉
G32	115. 9267	38. 8988	476. 38	安新县	农田	灌溉

注：距河距离负值表示府河西侧或北侧，距河距离正值表示府河东侧或南侧；大部分水井井深均小于 100m，个别井井深大于 100m 小于 150m。

为了提供构建河道水量水质模型所需河道断面形状信息与河水沿程渗漏量参数，沿府河—白洋淀沿线选择重点断面利用多普勒流速仪测定河流断面形状、流量、流速，测定的断面包括 F1-1、F1、F2、F4、F5-1 和 F6。测定时间为雨季非补水期（2020 年 6 月 14 日）、雨季补水结束后（2020 年 8 月 27 日）和冬季补水结束后（2020 年 12 月 16 日）（图 4-11）。

图 4-11　利用多普勒流速仪测定不同补水时期河流断面流速、流量和形状

4.2.2　室内实验与污染物迁移转化分析方法

1. 实验分析方法

所有水样在测定前需用 0.2μm 滤膜进行过滤，主要水化学离子（Cl^-、SO_4^{2-}、NO_3^-、Na^+、K^+、Mg^{2+}、Ca^{2+}）采用离子色谱（ICS-2100，Dionex，美国）进行测定，HCO_3^- 和 CO_3^{2-} 采用双指示剂滴定法滴定。对于所分析的水样通过阴阳离子平衡验证，保证可信的误差范围在±5% 以内。化学需氧量（COD）采用重铬酸盐法（HJ 828—2017）进行测定。氨氮利用纳氏试剂分光光度法（HJ 535—2009）进行测定。总氮采用碱性过硫酸钾消解紫外分光光度法（HJ 636—2012）进行测定。总磷利用钼酸铵分光光度法（GB/T 11893—1989）进行测定。可溶性正磷酸盐和可溶性总磷酸盐测定方法参照《水和废水监测分析方法（第四版）》。磷在酸性条件下与钼酸铵（或同时存在酒石酸锑钾）反应生成淡黄色的磷钼酸铵复合物，再用还原剂抗坏血酸还原生成深蓝色的钼蓝，并于 880nm 波长处测定吸光度，计算磷酸盐的浓度。

水中氢氧（δ^2H、$\delta^{18}O$）稳定同位素用液态水稳定性同位素分析仪（L2120-i Isotopic H_2O；Picarro-i2120 美国）进行测定。自然水体中稳定同位素$^2H/^1H$ 或$^{18}O/^{16}O$ 值很小，因此同位素组成则用相对于国际标准维也纳海水（Vienna Standard Mean Ocean Water，VSMOW）的标准偏差 δ 表示（单位为‰），即样品中同位素比值（$R={}^2H/^1H$ 或$^{18}O/^{16}O$）相对于 VSMOW 中相应比值的标准偏差，计算公式为

$$\delta_{\text{sample}}(‰)=(R_{\text{sample}}/R_{\text{standard}}-1)\times 1000 \tag{4-2}$$

式中，R_{sample}和 R_{standard}表示样品和标样中同位素的比值（$^{18}O/^{16}O$, $^2H/^1H$），分析精度 $\delta^{18}O$ 为±0.2‰，δ^2H 为±0.5‰。

2. 端元混合分析方法

基于质量守恒原理的环境同位素方法在地表水与地下水的相互作用中应用广泛（宋献

方等，2007；Nakaya et al.，2007；Wakui and Yamanaka，2006；Qin et al.，2011），可以用于局部或流域范围的地下水混合的定量化研究。例如将稳定同位素和水化学离子（常用的示踪剂包括 $\delta^{18}O$、δ^2H、Cl^-、Si、SiO_2、TDS 等）结合估算不同补给来源对地下水的贡献率，补给源 a、b、c 对地下水 m 的贡献可以由以下质量平衡方程计算得到：

$$f_a+f_b+f_c=1 \tag{4-3}$$

$$\delta_a f_a+\delta_b f_b+\delta_c f_c=\delta_m \tag{4-4}$$

$$C_a f_a+C_b f_b+C_c f_c=C_m \tag{4-5}$$

式中，δ 表示同位素组成 δ 值；C 表示稳定离子的浓度；下标 a、b、c 表示三种潜在补给源，下标 m 表示混合水体。

该方法通常基于以下假设（Barthold et al.，2011）：①地下水是有固定组成成分的混合物；②混合过程是线性的并且完全依赖于流体水动力学混合；③用作示踪剂的物质具有保守性；④不同的补给源的示踪剂浓度之间具有明显的差异。

3. 水体–底泥界面的氮扩散通量计算方法

水体和底泥界面的 NH_4^+-N 和 NO_3^--N 的扩散机制包括：①由浓度梯度控制的分子扩散；②在底泥颗粒再悬浮过程中，NH_4^+-N 和 NO_3^--N 对颗粒的吸附和解吸现象。其中，分子扩散是通过菲克（Fick）第一定律来模拟的（Meng et al.，2020）。该模型常用于模拟由静态水中浓度梯度引起的孔隙水的分子扩散（Müller et al.，2003）。相比之下，能够很好地定量再悬浮过程中 NH_4^+-N 和 NO_3^--N 对沉积物吸附和解吸的模型非常罕见。因此，许多研究人员进行了室内实验来填补这一空白。结果表明，描述 NH_4^+-N 的吸附和解吸过程的模型与实际情况最吻合的分别是朗缪尔（Langmuir）模型和一级动力学反应的数学模型，而 NO_3^--N 的模型是准二级动力学模型（黄欣嘉，2017；Vandenbruwane et al.，2007）。我们用经典的 Garcia 模型来计算这些模型中由再悬浮引起的沉积物的夹带量为吸附剂浓度（García and Parker，1993）。假设 NH_4^+-N 和 NO_3^--N 对再悬浮颗粒的吸附和解吸同时发生。本研究通过解吸模型减去吸附模型，量化了再悬浮期间 NH_4^+-N 和 NO_3^--N 的释放通量。模型参数来自现场测量和文献中的经验值。因此，描述 NH_4^+-N 和 NO_3^--N 在水–沉积物界面的传输通量的模型为

$$\begin{aligned} F_{NH_4} &= F_{NH_4吸附}-F_{NH_4解吸}+F_{静} \\ &= \left(q_{max}\frac{K_L E_s}{1+K_L E_s}-E_s\times NH_4\times K_d\right)+F_{静} \end{aligned} \tag{4-6}$$

$$\begin{aligned} F_{NO_3} &= F_{NO_3吸附}-F_{NO_3解吸}+F_{静} \\ &= E_s\times(k_1-k_2)+F_{静} \end{aligned} \tag{4-7}$$

式中，F_{NH_4} 是水–底泥界面氨氮的传输通量，正值表示由底泥向水体传输，负值表示由水体向底泥沉降；$F_{NH_4吸附}$ 和 $F_{NH_4解吸}$ 代表河流流动过程中，氨氮对再悬浮颗粒的吸附和解吸量；F_{NO_3} 是水–底泥界面氨氮的传输通量，正值表示由底泥向水体传输，负值表示由水体向底泥沉降；$F_{NO_3吸附}$ 和 $F_{NO_3解吸}$ 代表河流流动过程中，硝态氮对再悬浮颗粒的吸附和解吸量；$F_{静}$ 是静态水体中由浓度梯度引起的水–底泥界面的硝态氮的分子扩散量。在计算再悬浮过程中的氮吸附和解吸量时，流速引起的再悬浮量（E_s）被用于代替吸附解吸模型

(Langmuir 模型、一级动力学反应的数学模型和准二级动力学模型) 中的吸附剂的平均容量 q_e; q_{max}是吸附剂的最大容量; K_L是 Langmuir 模型中吸附剂的最大吸附能力; K_d为一级动力学反应常数; 二阶动力学模型中, 吸附速率常数和解吸速率常数分别为 k_1和 k_2。

1) 静态水体浓度梯度氮释放通量模型

NH_4^+-N 和 NO_3^--N 的分子扩散是通过 Fick 第一定律来模拟的 (Meng et al., 2020)。Fick 第一定律认为在单位时间内通过垂直于扩散方向的单位截面积的扩散物质流量与该截面处的浓度梯度成正比。即浓度梯度越大, 扩散通量越大。该模型通常用于模拟由静态水中浓度梯度引起的孔隙水的分子扩散 (Beat et al., 2003)。

$$F_{静}=\varphi\times D_s\times\frac{\alpha c}{\alpha x} \tag{4-8}$$

式中, $F_{静}$是水体–底泥界面由浓度梯度引起的氮扩散通量; φ 是孔隙率; D_s是理想扩散系数; $\frac{\alpha c}{\alpha x}$代表浓度梯度。

2) 底泥再悬浮通量模型

利用经典的 Garcia 模型来计算这些模型中由再悬浮引起的沉积物的夹带量, 并将其作为吸收剂浓度。Garcia 模型考虑了流速引起的河床剪切应力和再悬浮颗粒的重力沉降速度 (Beat et al., 2003)。本研究假设 NH_4^+-N 和 NO_3^--N 对再悬浮颗粒的吸附和解吸同时发生。

$$E_s=\frac{AZ_u^5}{\left(1+\frac{A}{0.3}Z_u^5\right)} \tag{4-9}$$

式中, E_s代表流速引起的再悬浮量。A 为经验参数。$Z_u^5=\frac{u_*}{w_r}f(Re_p)$, 其中, 雷诺系数计算式为 $Re_p=\frac{\sqrt{gRD^3}}{v}$; R 为沉降比重; D 为沉积物粒径; g 是重力加速度; v 是水体的动力粘滞系数, 随温度变化而变化。

3) NH_4^+-N 的吸附和解吸模型

描述 NH_4^+-N 的吸附过程的模型与实际情况最吻合的是 Langmuir 模型。Langmuir 认为固体表面的原子或分子存在向外的剩余价力, 它可以捕捉水体或气体分子。这种剩余价力的作用范围与分子直径相当, 因此吸附剂表面只能发生单分子层吸附。

$$q_e=q_{max}\frac{K_LC_e}{1+K_LC_e} \tag{4-10}$$

式中, q_e代表吸附剂的平均容量; q_{max}是吸附剂的最大容量 (429.1mg/kg); K_L是吸附剂的最大吸附能力 (0.0003) (段圣辉, 2015); C_e是吸附剂的平衡浓度。

4) 一级动力学反应的数学模型

描述 NH_4^+-N 的解吸过程的模型与实际情况最吻合的是一级动力学反应的数学模型。该模型用于描述一种化学物质衰减反应的速度与该物质浓度的一次方成正比的反应过程:

$$\frac{d[C]}{dt}=-K_d[C] \tag{4-11}$$

式中, d [C] 为时间 dt 时的浓度; t 为反应时间; K_d为一级动力学反应常数 (0.23) (段圣辉，2015）；［C］为化学物起始浓度。

5）二阶动力学模型

描述 NO_3^--N 的吸附和解吸过程的模型与实际情况最吻合的是准二级动力学模型（黄欣嘉，2017；Jeroen et al.，2007）。

$$\frac{t}{q}=\frac{1}{kq_e^2}+\frac{t}{q_e} \tag{4-12}$$

$$H=kq_e^2 \tag{4-13}$$

式中，q 是 t 时间的吸附剂浓度；q_e代表吸附剂的平衡浓度；k 是二阶动力学常数，吸附速率常数为 13kg/(mg·min)（30℃）和 29kg/(mg·min)（20℃）；解吸速率常数为 11kg/(mg·min)（30℃）和 27kg/(mg·min)（20℃）；H 是初始吸附或解吸能力（黄欣嘉，2017）。

6）底泥有机氮矿化模型

矿化模型能够量化沉积物中被微生物矿化为 NH_4^+-N 的有机氮量。本研究中使用的矿化模型是由 Chapelle（1995）提出的。该模型将有机氮的矿化过程视为温度和溶解氧的函数，可以模拟沉积物中有机氮的矿化率（Serpa et al.，2007）。

$$N_{\min}=\min N_s\times e^{(KT\times T)}\times N_{os}\times f(O_2) \tag{4-14}$$

式中，$N_{\min}$代表底泥有机氮的矿化率；$\min N_s$为 0℃时的底栖有机氮矿化率（0.005/d）；KT 为温度上升率；T 为温度；N_{os}为颗粒有机氮沉积物浓度，该参数值为野外实测；$f(O_2)$ 为氧限制，用 Michelis-Menten 方程表示：

$$f(O_2)=\frac{O_2}{O_2+K_{\min}O_2} \tag{4-15}$$

式中，$K_{\min}O_2$是矿化作用的半饱和系数（0.5g/cm^3）；O_2是溶解氧浓度。

7）硝化/反硝化模型

氧气、温度和 NH_4^+的增加可以提高硝化率。溶解氧、温度和 NH_4^+对硝化作用的影响是用反 Michaelise-Menten 方程模拟的（Chapelle，1995）。

$$N_N=k_{NO}v^{T-20}\left(\frac{O_2}{K_{NIT}+O_2}\right)NH_4 \tag{4-16}$$

式中，N_N代表底泥的硝化率；NH_4 和 O_2是测量的近底浓度，O_2代表溶解氧，NH_4代表氨氮浓度；k_{NO}是一个系数，用于参数化当地特有的硝化速率和沉积物与水之间的平均扩散速率的影响（0.002/d）；v 是硝化的温度速率系数（1.08）；T 是水温；K_{NIT}代表硝化的半饱和氧常数。

氧气抑制反硝化作用，但增加 NO_3^-和温度会增加反硝化速率。溶解氧、温度和 NO_3^-对反硝化作用的影响是用反 Michaelise-Menten 方程来模拟的（Chapelle，1995）。

$$N_D=-k_{N_2}\nu_D^{T-20}\left(\frac{K_{DO}}{K_{DO}+O_2}\right)NO_3 \tag{4-17}$$

式中，N_D代表底泥的反硝化率；NO_3 和 O_2是测量的近底浓度；k_{N_2}是一个系数，用于参数化特征的局部反硝化速率和沉积物与水之间的平均扩散速率的影响（0.35/d）；v_D是反硝化的温度速率系数（1.3）；T 是水温；K_{DO}是抑制反硝化的关键氧浓度（0.4mg/L）；O_2代表溶解氧；NO_3代表硝酸盐氮。v_D、k_{N_2}和 K 的参数值取自天鹅河河口的三维水动力/生态耦合模型（Robson and Hamilton，2004）。

8）底泥氮迁移转化模型验证

根据 NH_4^+-N 和 NO_3^--N 在府河水–底泥界面的通量模型计算结果和普遍的水–底泥界面氮形态转化规律，可认为底泥氨态氮的来源为有机物矿化过程，消耗途径为硝化过程和向水体扩散；硝态氮的来源为硝化过程和水体向底泥沉降，消耗途径为反硝化过程。基于此，构建底泥 NH_4^+-N 和 NO_3^--N 的变化量为

$$变化量_{NH_4}=矿化量_{NH_4}-扩散量_{NH_4}-硝化量_{NH_4} \tag{4-18}$$

$$变化量_{NO_3}=硝化量_{NO_3}+沉降量_{NO_3}-反硝化量_{NO_3} \tag{4-19}$$

以 30 天为验证周期，利用 2020 年 6 月、8 月和 11 月的府河—白洋淀水体底泥氮的实际监测数据验证底泥 NH_4^+-N 和 NO_3^--N 的模拟变化量与实测量的差异，结果如图 4-12 和图 4-13 所示。NH_4^+-N 和 NO_3^--N 的模拟变化量与实测量的 R^2 值分别为 0.9134 和 0.9635，表明通量模型、矿化模型、硝化和反硝化模型的计算结果较准确。

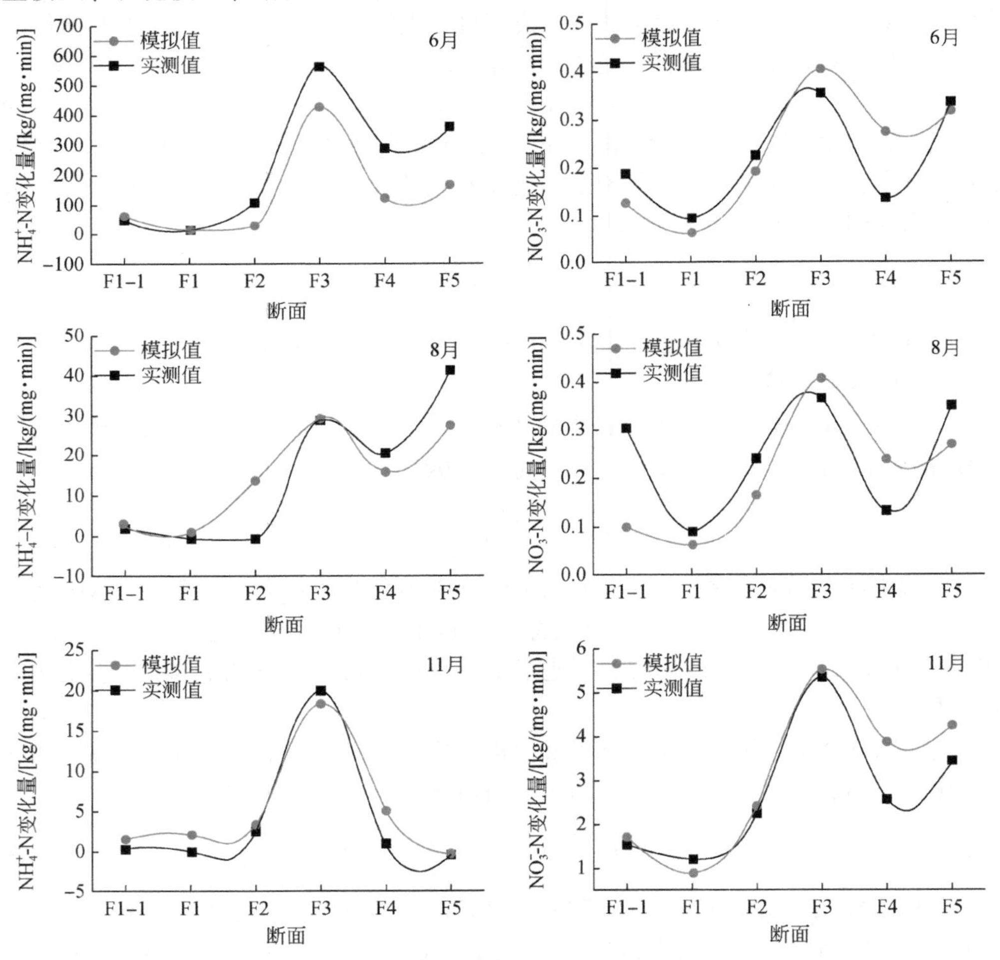

图 4-12　30 天 NH_4^+-N（左）和 NO_3^--N（右）变化量模拟值与实测值验证

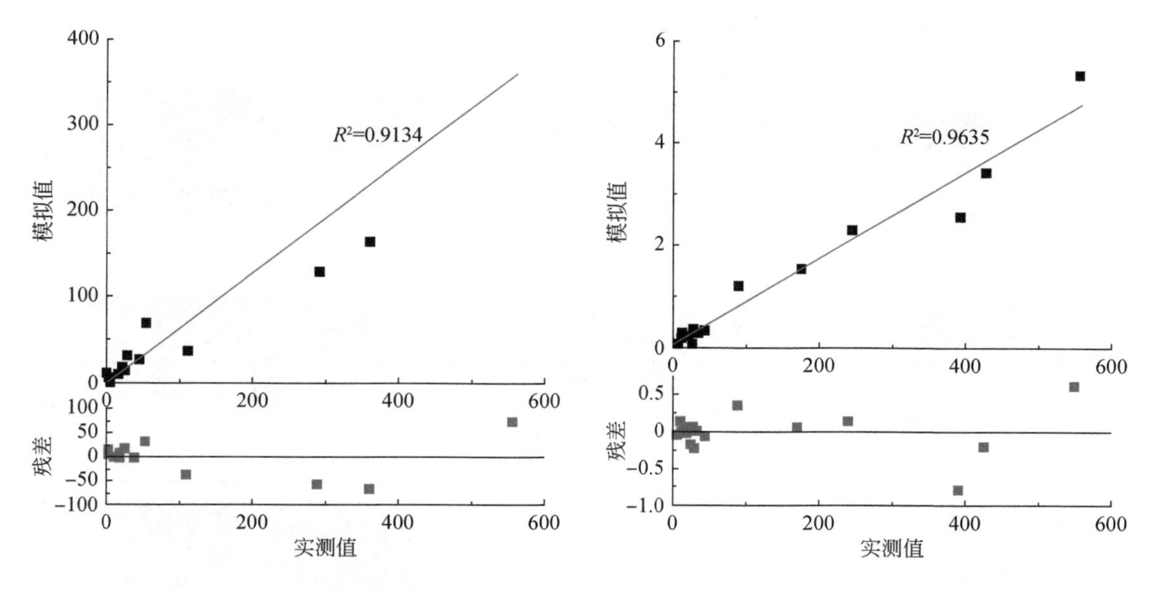

图 4-13　30 天 NH_4^+-N（左）和 NO_3^--N（右）变化量模拟值与实测值拟合关系

4.3　府河—白洋淀沿程地表水-底泥-地下水典型污染物迁移转化及其影响因素

4.3.1　府河—白洋淀沿程河流断面形状及水动力学特征

图 4-14 ~ 图 4-19 为多普勒流速仪测定的府河上游至下游河道断面形状、流速和流量图。由图可见，府河河道各断面形状相似，除 F5-1 断面呈“V”形外，其他剖面形状均为“U”形。上游 F1 河面较窄，约为 10m，从上游到下游河面逐渐变宽，下游 F6 河水面宽约 30m。支流 F1-1 断面河面宽阔，水面宽度约 27m。对比 2020 年雨季非补水期（6 月 14 日）、雨季补水结束后（8 月 27 日）和冬季补水结束后（12 月 16 日）断面流速，各断面两岸流速较低，河流中心流速较高。12 月府河干流主要断面如 F2 和 F4 流量大于 8 月，6 月干流流量最小。6 月河流流速的沿程变化规律如下：F1-1 断面水流滞缓，断面流量为 0.703m^3/s。干流 F1 断面水流湍急，流量为 2.301m^3/s。支流汇入干流后，断面 F2 比 F1 流量增大，从 F2 到 F5-1 流量具有下降的趋势，流量范围为 1.393 ~ 3.232m^3/s。雨季补水后（8 月 27 日）和冬季补水后（12 月 14 日）自支流汇入干流后，断面 F2 ~ F6 流量先小幅上升后下降（暂不考虑 F5-1 点），说明除了沿程的渗漏之外，沿途还有其他水源补给入河。由于沿程其他水源汇入影响，因此根据质量守恒无法估算出 8 月和 12 月沿程入渗率，而 6 月受到沿程水源汇入影响较小，可以利用质量守恒估算出雨季非补水期（6 月）府河—白洋淀沿程地表水入渗量。计算结果表明 6 月从断面 F1 至 F2 沿程 7.8km 地表水入渗量为 1.09×$10^6 m^3$，断面 F2 ~ F4 沿程 17.2km 地表水入渗量为 1.29×$10^6 m^3$，断面 F4 ~ F5-1

沿程 36.9km 地表水入渗量为 $2.37\times10^6m^3$。

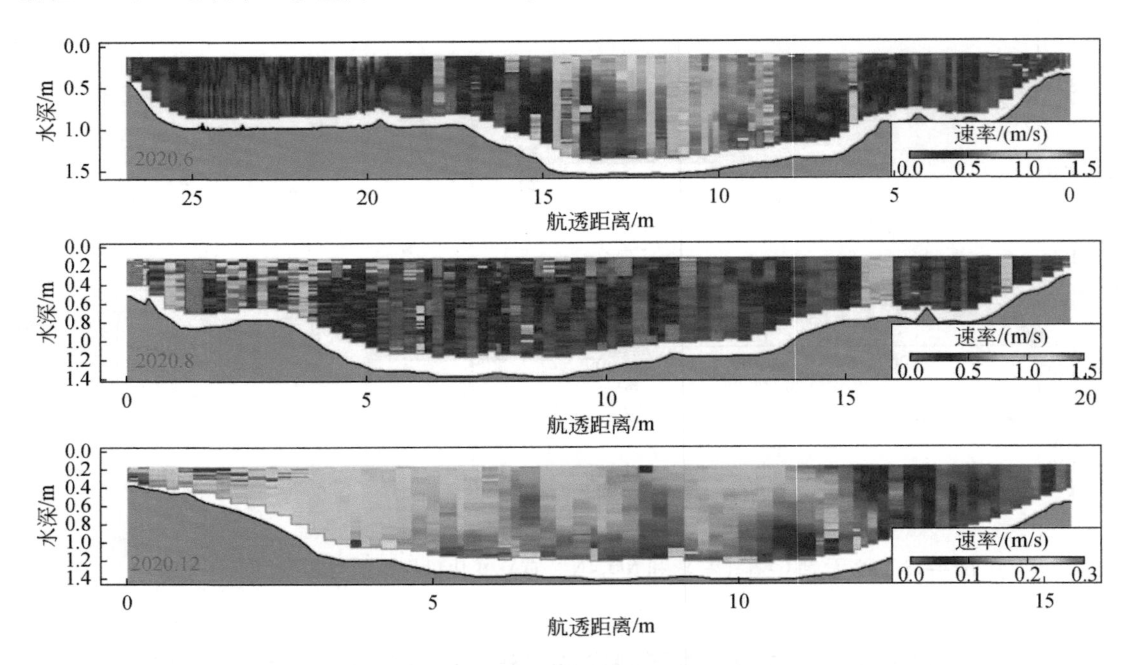

图 4-14　不同补水时期府河仙人桥断面（F1-1）流速、流量和形状

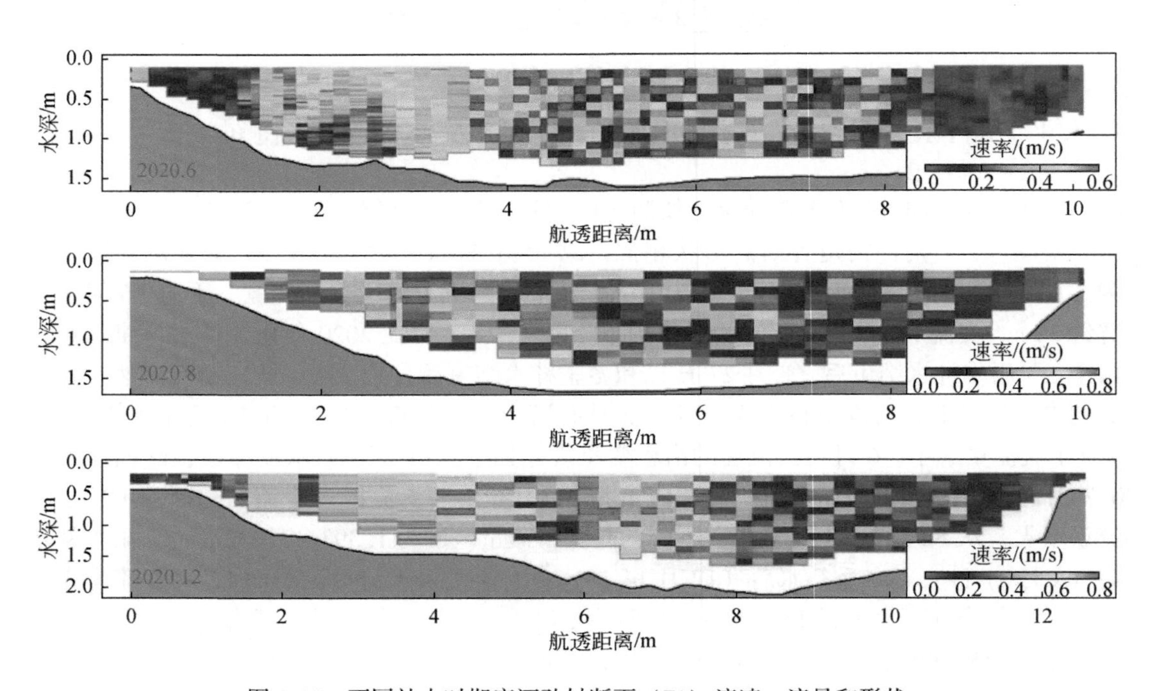

图 4-15　不同补水时期府河孙村断面（F1）流速、流量和形状

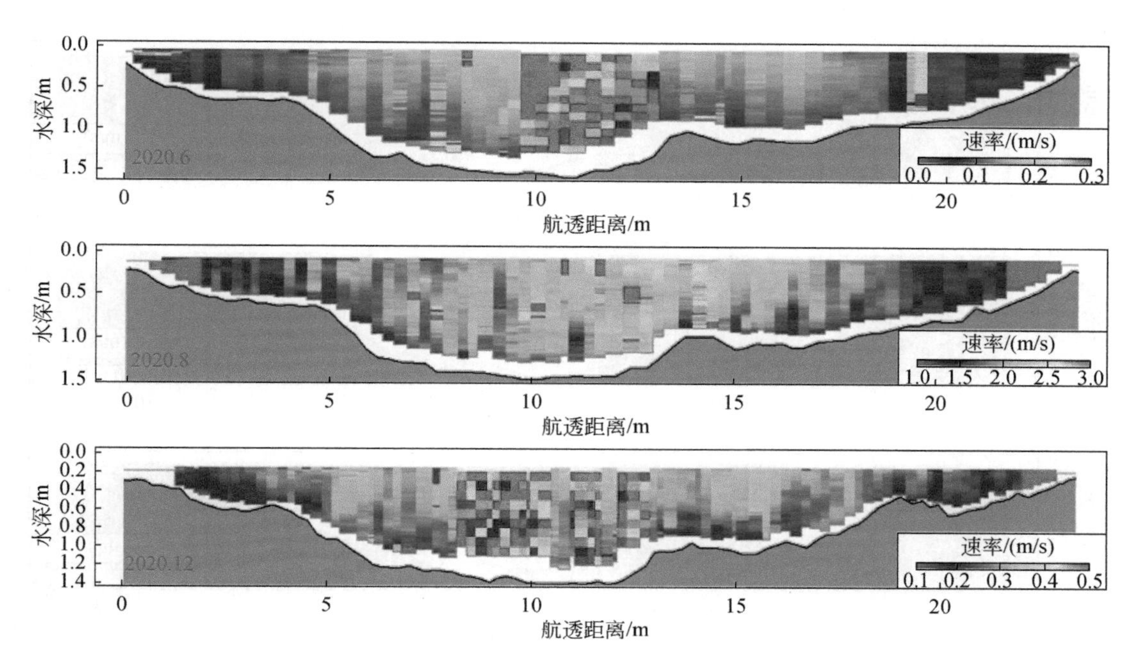

图 4-16　不同补水时期府河望亭桥断面（F2）流速、流量和形状

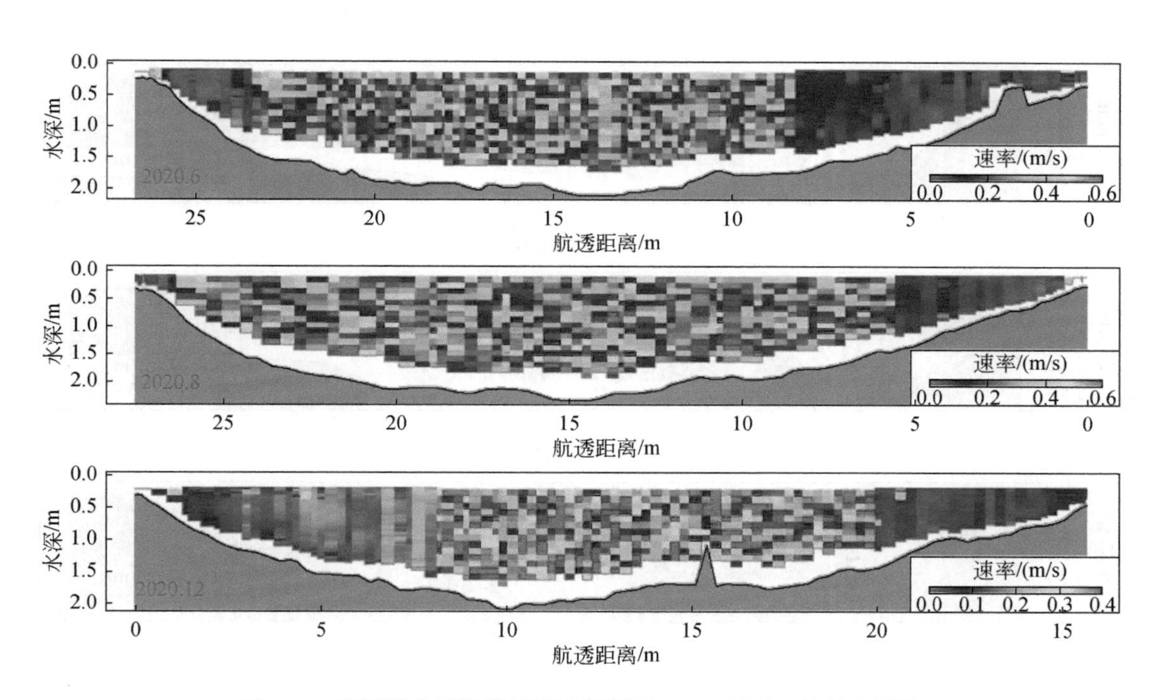

图 4-17　不同补水时期府河膳马庙断面（F4）流速、流量和形状

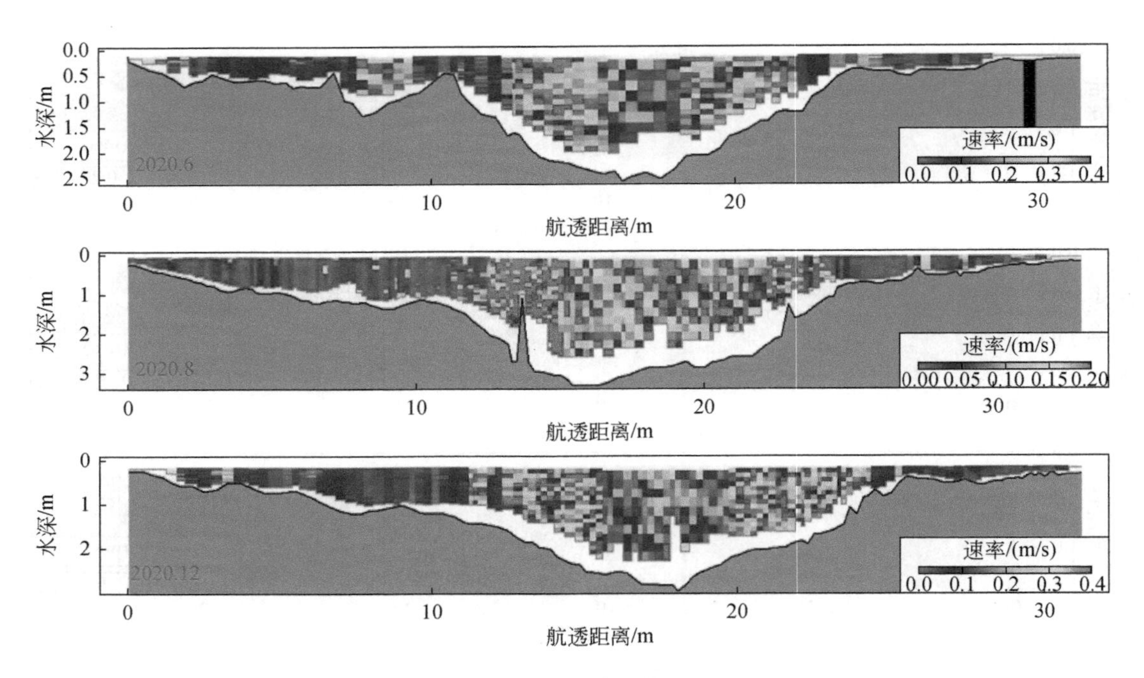

图 4-18　不同补水时期府河西向阳断面（F5-1）流速、流量和形状

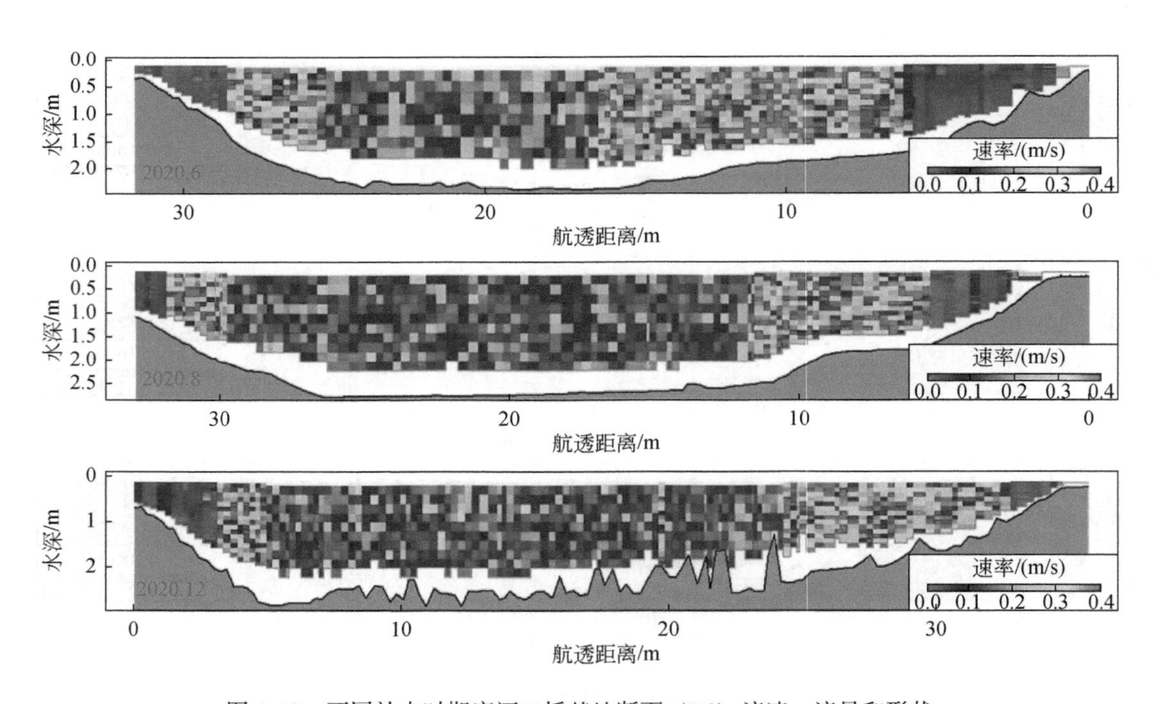

图 4-19　不同补水时期府河二桥基地断面（F6）流速、流量和形状

4.3.2 主要水化学离子沿程变化规律及影响因素

1. 地表水主要水化学离子时空变化特征

图4-20为2018～2019年采样期间府河水和白洋淀水中主要阴离子和阳离子的平均浓度。府河水中主要阴离子为HCO_3^-和Cl^-，平均浓度分别为293mg/L和199mg/L；主要阳离子为Na^+和Ca^{2+}，平均浓度分别为142mg/L和71mg/L。府河水平均离子浓度的水化学类型为HCO_3·Cl-Na·Ca，其水质变化除了受季节性降水稀释和淋溶影响外，上游承纳的工业废水和生活污水是影响水质的主要因素。白洋淀水主要阴离子为HCO_3^-和Cl^-，平均浓度分别为263mg/L和119mg/L；主要阳离子为Na^+、Ca^{2+}和Mg^{2+}，平均浓度分别为92mg/L、52mg/L和32mg/L。白洋淀水平均离子浓度水化学类型为HCO_3·Cl-Na·Ca，其水质变化主要受上游入淀河流和淀区周边生活污水直排入淀影响。

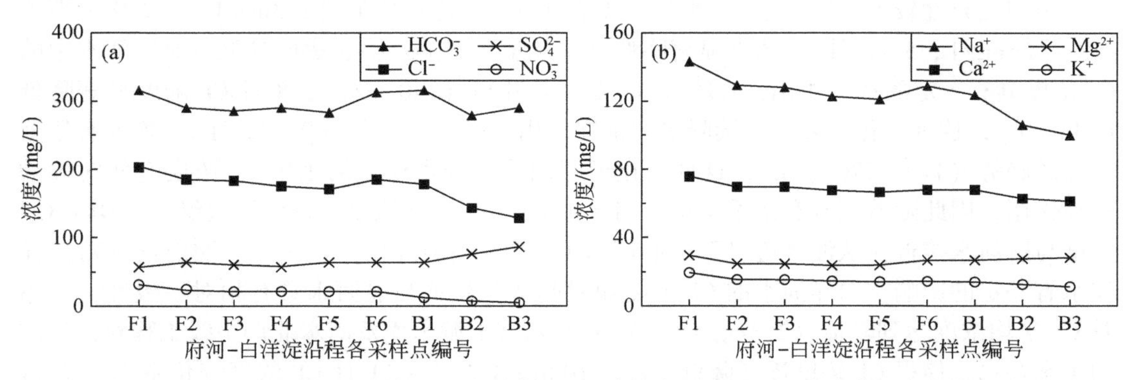

图4-20 2018～2019年府河—白洋淀沿程地表水主要离子（平均浓度）变化特征

根据每月采集的府河至白洋淀地表水水化学分析结果，府河和白洋淀受到降水以及不同时段调水的影响，具有显著的季节性和年内变化特征（图4-21）。电导率（EC）是水化学成分的重要参数，可以在一定程度上反映水体在流域水循环过程中径流路径和滞留时间的长短。总溶解性固体（TDS）是水中溶解的无机盐和有机物两者的总量。地表水EC和TDS浓度时空变化具有一致性。

不同采样时期府河水EC和TDS具有不同的特征。2018年1～3月EC和TDS平均值均最高（1298μS/cm、1058mg/L），变化范围分别为1132～1682μS/cm和929～1145mg/L；5～6月EC和TDS平均值（810μS/cm、453mg/L）显著降低，变化范围分别为752～866μS/cm和365～520mg/L。这主要与采样期间上游水库调水有关，调水过程中水库水的稀释作用降低了府河水中离子浓度。调水结束后，7月EC和TDS平均值均升高（999μS/cm、601mg/L），变化范围分别为799～1319μS/cm和482～801mg/L，表明调水仅暂时性地改善府河水水质。8月EC和TDS平均值均最低（733μS/cm、387mg/L），变化范围分别为669～845μS/cm和351～475mg/L，说明雨季降水的稀释作用使得府河水EC和TDS浓度降低。9月至次年1月EC和TDS又有升高的趋势，变化范围分别为820～1834μS/cm

和 496 ~ 1008mg/L，并逐渐接近于 1 ~ 3 月 EC 和 TDS，表明旱季不受调水及降水影响时段府河水质较稳定且离子浓度较高。

不同采样时期白洋淀水 EC 和 TDS 具有不同的变化特征。1 月 EC 和 TDS 平均值分别为 773μS/cm 和 776mg/L，3 月 EC 和 TDS 平均值最高（1072μS/cm、924mg/L），5 ~ 6 月 EC 和 TDS 平均值显著降低（857μS/cm、484mg/L），11 月 EC 和 TDS 平均值有降低的趋势（560μS/cm、519mg/L）。府河水和白洋淀水 EC 值和 TDS 浓度随时间变化具有相对一致性，尤其是在不受调水影响的 3 月，府河水和白洋淀水的 EC 均最高，说明府河直接影响白洋淀水质。整体上，府河水 EC 的变化范围为 669 ~ 1834μS/cm，均值为 994μS/cm；TDS 介于 351 ~ 1145mg/L，均值为 661mg/L，白洋淀水 TDS 变化范围为 379 ~ 1000mg/L，平均值为 601mg/L，白洋淀水的 EC 和 TDS 相较府河水低，说明外来补给水源对白洋淀水的稀释作用以及淀区内生物吸收净化作用都影响白洋淀水质。

图 4-22 为 2017 ~ 2019 年不同采样月份府河至白洋淀各采样点 Cl^- 和 NO_3^- 浓度变化特征。Cl^- 相对比较稳定，是生活污水的主要特征离子。府河水 Cl^- 浓度空间变化特征不显著，时间变异性较大，府河水 Cl^- 平均浓度在 1 ~ 3 月达到峰值（373mg/L），变化范围为 303 ~ 426mg/L，5 ~ 6 月 Cl^- 浓度显著降低（平均值为 77mg/L），表明外调水对府河水中的 Cl^- 浓度具有一定的稀释作用，7 月 Cl^- 浓度显著升高（140mg/L），8 月 Cl^- 浓度显著降低（53mg/L），这种变化主要是连续降水的稀释作用造成的。雨季后 9 ~ 12 月 Cl^- 浓度有逐渐升高的趋势（110 ~ 276mg/L），这种变化说明调水及降水仅对河水中 Cl^- 浓度有暂时性的稀释作用，因此随着调水和雨季结束，河水中 Cl^- 浓度逐渐恢复。白洋淀边缘处（B1）Cl^- 浓度与府河水接近，从淀区边缘至中心区域 Cl^- 浓度逐渐降低，进一步表明府河水对白洋淀水有一定的影响。白洋淀水的 Cl^- 浓度随时间变化趋势与府河水具有相对一致性，1 ~ 3 月 Cl^- 平均浓度达到峰值（273mg/L），5 ~ 6 月随着上游水库及南水北调中线工程对白洋淀的生态补水，使得 Cl^- 浓度逐渐降低（87 ~ 108mg/L），8 ~ 11 月 Cl^- 浓度变化不大，除 11 月 B1 点外，变化范围为 54 ~ 92mg/L，说明降水对白洋淀的影响较小。白洋淀水 Cl^- 浓度随时间变化相对稳定。

2017 ~ 2019 年府河水和白洋淀水中 NO_3^- 浓度均未超过 WHO 规定的饮用水标准 10mg/L。实地调查了解到保定市银定庄污水处理厂排污口处总氮浓度指标为 15mg/L，换算成 NO_3^- 浓度约为 66mg/L，府河至白洋淀沿程 NO_3^- 浓度逐渐降低，反映了府河中硝酸盐浓度从排污口至入淀口的稀释、反硝化等作用影响。另外 1 ~ 3 月及雨季后 9 ~ 12 月地表水中硝酸盐浓度高于 5 ~ 8 月硝酸盐浓度，同样证明了调水水源和降水的补给和稀释作用。此外，白洋淀生态补水后，白洋淀水 NO_3^- 浓度有所上升，可能与补水后水力扰动引起的淀区内源底泥释放有关。

图 4-23 为 2018 ~ 2019 年不同采样月份府河至白洋淀各采样点 SO_4^{2-} 浓度变化特征。前期调查研究发现，2008 ~ 2009 年，由于当地有色金属的冶炼受到富含硫化物或者硫酸根离子工业废水的排入，府河硫酸盐含量较高，最高值达到 372mg/L（梁慧雅等，2017）。然而由图 4-23 可知，府河水与白洋淀水 SO_4^{2-} 浓度均较低，变化范围分别为 1.5 ~ 82mg/L 和 51 ~ 99mg/L，说明目前保定市污水排放标准得到提高，府河沿岸工业废水的排放得到一定的控制。白洋淀水中 SO_4^{2-} 浓度高于府河水，可能是淀区内围栏养鱼等人类活动对底泥扰动造成的。

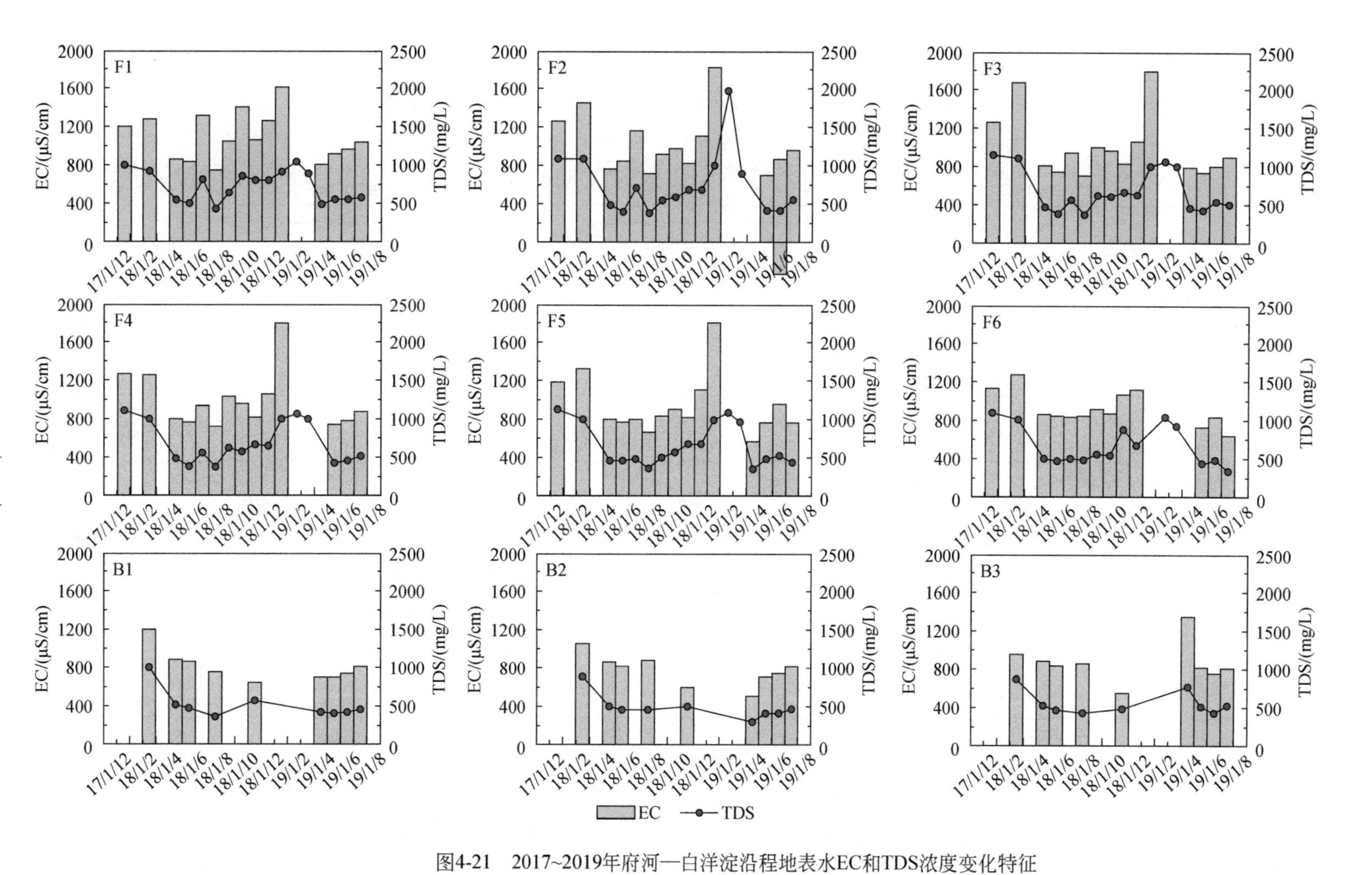

图4-21 2017~2019年府河—白洋淀沿程地表水EC和TDS浓度变化特征

17/1/12代表2017年12月1日，其余类推

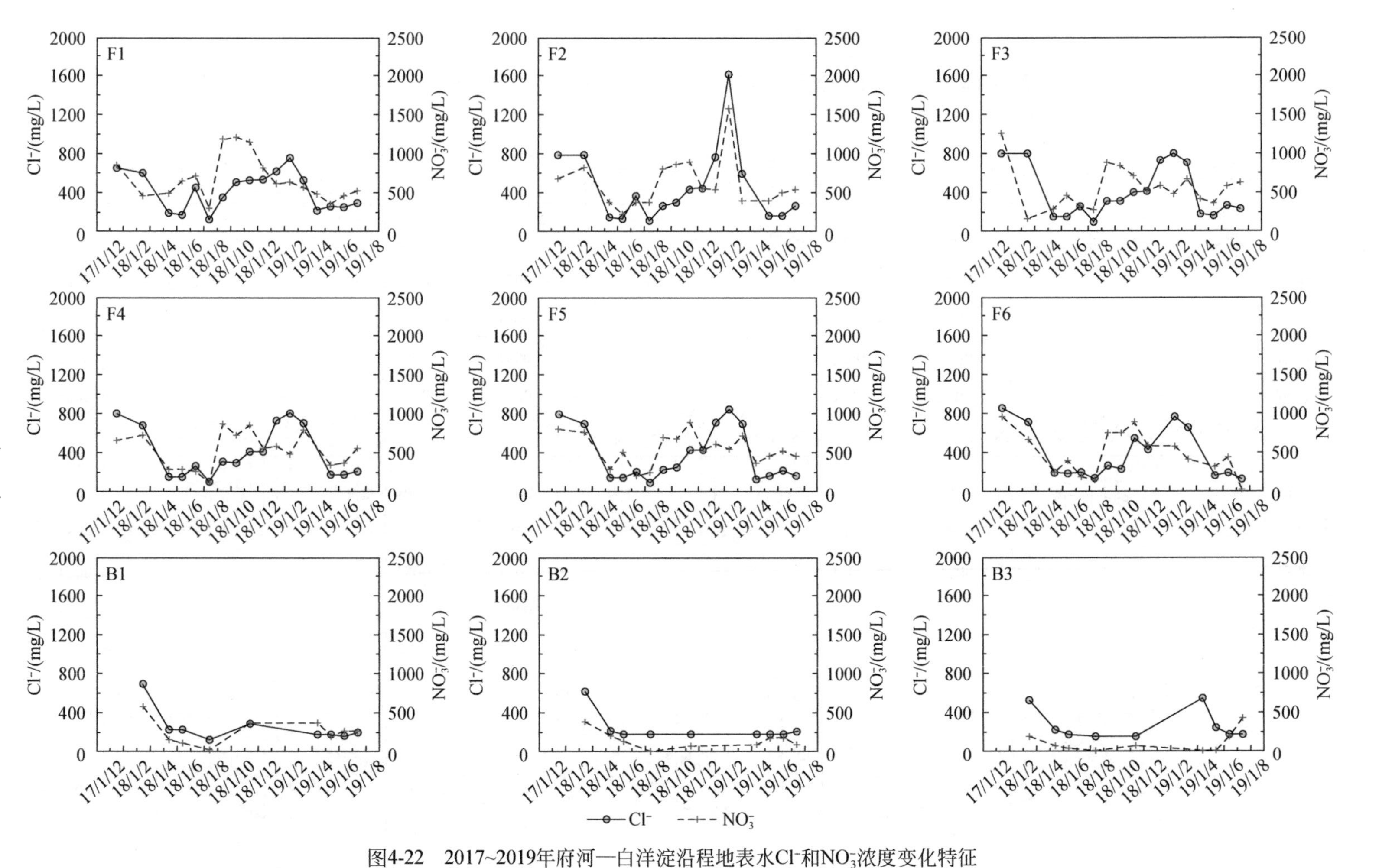

图4-22　2017~2019年府河—白洋淀沿程地表水Cl^-和NO_3^-浓度变化特征

17/1/2代表2017年12月1日，其余类推

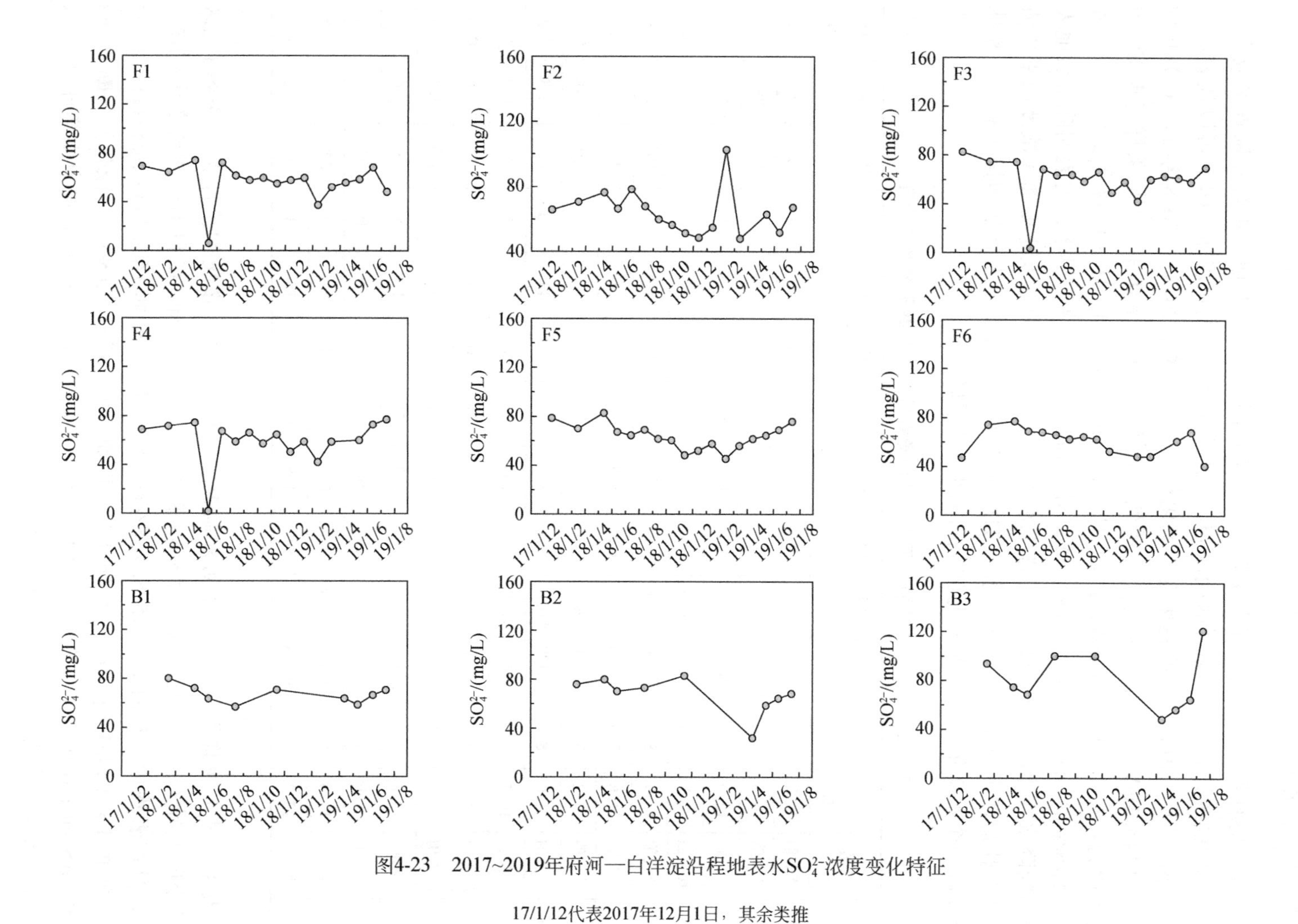

图4-23　2017~2019年府河—白洋淀沿程地表水SO_4^{2-}浓度变化特征

17/1/12代表2017年12月1日，其余类推

2. 地下水主要水化学离子时空变化特征

表4-2是府河—白洋淀沿程主要断面F1～F6不同采样时期地下水野外调查参数和主要离子浓度的统计表。不同采样时间内pH均值没有明显的变化规律。ORP可以代表水体的氧化还原环境，值越大说明越接近于氧化环境（蒋保刚，2013）。2018年11月ORP均值最高为145.3mV，说明雨季后地下水受到富氧性的降水补给作用。不同采样时期EC的变化规律为：3月（1339.3μS/cm）<1月（1394μS/cm）<11月（1398.4μS/cm）<6月（1434.4μS/cm）<8月（1551.2μS/cm）。雨季EC平均值略高于旱季，这表明降水后地表污染物随降水入渗进入地下水，导致地下水中EC升高。而TDS及主要离子浓度的平均值随时间变化规律不明显。局部地下水的TDS大于1g/L，可能与人类活动排污有关。整体上研究区一个水文年内地下水水化学特征时间差异不显著。

表4-2　不同监测断面地下水野外调查参数及主要离子浓度统计表

监测断面	参数	T	pH	EC	ORP	HCO_3^-	Cl^-	SO_4^{2-}	NO_3^-	Na^+	K^+	Mg^{2+}	Ca^{2+}	TDS
		℃		μS/cm	mV	mg/L								g/L
1月	最小值	9.7	6.5	792.4	-47.3	386	84	82	0	42	0	29	18	0.7
	最大值	16.3	8.0	2631.5	60.8	1232	512	640	291	755	11	179	281	2.4
	均值	12.0	7.3	1394.0	34.0	628	195	194	43	178	3	77	143	1.1
3月	最小值	4.8	6.4	898.0	-18.6	336	77	67	0	46	2	33	25	0.6
	最大值	15.9	8.0	2409.6	90.6	1692	470	567	225	443	19	185	261	2.2
	均值	11.6	7.5	1339.3	37.0	629	189	185	41	162	6	83	133	1.1
6月	最小值	14.2	7.1	944.0	-20.8	325	76	71	0	41	0	29	20	0.6
	最大值	21.6	8.1	2664.9	86.8	887	465	626	152	433	16	170	263	2.2
	均值	16.7	7.6	1434.4	40.2	590	193	178	35	157	3	77	130	1.1
8月	最小值	16.5	7.1	900.2	—	327	66	73	0	46	1	32	19	0.6
	最大值	24.5	8.1	2600.3	—	942	440	426	213	494	15	167	263	1.9
	均值	19.8	7.4	1551.2	—	619	183	179	39	170	5	79	136	1.1
11月	最小值	3.4	7.1	761.7	-12.4	152	68	48	2	46	0	31	14	0.4
	最大值	17.5	8.3	2914.8	301.8	926	624	707	212	481	9	208	342	2.6
	均值	13.2	7.7	1398.4	145.3	589	198	172	39	159	3	77	122	1.1

表4-3是不同监测断面地下水野外调查参数和主要离子浓度的统计表。整个研究区pH的空间差异不显著，变化范围为6.4～8.3。不同监测断面EC和TDS均值变化具有一致性，具体表现为：断面F5（1578.4μS/cm；1.2g/L）>断面F6（1463.5μS/cm；1.1g/L）>断面F3（1451.9μS/cm；1.1g/L）>断面F4（1283.9μS/cm；1g/L）>断面F2（1159.8μS/cm；0.9g/L）>断面F1（1214.6μS/cm；0.8g/L）；地下水中阳离子主要以Na^+、Ca^{2+}为主，阴离子中Cl^-和SO_4^{2-}占优势。

表 4-3 不同监测断面地下水野外调查参数及主要离子浓度统计表

监测断面	参数	T	pH	EC	ORP	HCO_3^-	Cl^-	SO_4^{2-}	NO_3^-	Na^+	K^+	Mg^{2+}	Ca^{2+}	TDS
		℃		μS/cm	mV	mg/L								g/L
F1	最小值	12.4	6.4	965.9	26.5	325	95	67	0	41	1	29	86	0.6
	最大值	20.1	7.8	1698.8	128.4	596	227	181	291	124	20	77	187	1.1
	均值	15.5	7.3	1214.6	64.6	419	152	109	86	88	7	56	131	0.8
F2	最小值	10.8	7.4	746.8	31.9	216	59	65	2	66	2	33	21	0.4
	最大值	26.7	8.3	1729.4	159.8	875	299	233	126	447	8	97	164	1.3
	均值	15.4	7.7	1159.8	81.0	488	135	138	53	130	3	65	99	0.9
F3	最小值	12.5	7.0	1088.4	35.7	436	148	103	0	108	2	49	66	0.8
	最大值	20.6	7.8	1843.4	140.4	837	284	167	75	297	8	121	135	1.4
	均值	16.8	7.5	1451.9	77.2	625	206	142	25	177	5	80	109	1.1
F4	最小值	3.4	6.9	900.2	−47.3	327	68	85	0	46	0	34	56	0.6
	最大值	23.7	8.2	1767.2	196.2	1232	274	366	84	247	10	118	226	1.6
	均值	14.7	7.5	1283.9	50.2	633	169	148	20	116	3	81	143	1
F5	最小值	4.8	7.0	1077.1	−13.7	152	106	83	0	105	0	31	14	0.5
	最大值	23.2	8.0	2914.8	301.8	1692	444	707	213	481	9	208	246	2.6
	均值	13.9	7.6	1578.4	87.0	619	234	219	45	182	3	81	150	1.2
F6	最小值	8.5	7.1	793.9	−1.2	507	68	48	0	94	0	43	50	0.6
	最大值	17.2	8.1	1982.2	223.4	737	339	281	35	234	10	103	249	1.5
	均值	12.7	7.6	1463.5	80.9	648	242	149	16	159	4	79	155	1.1

阴离子中，不同监测断面 Cl^-浓度也与 EC 值和 TDS 浓度的变化基本一致，由府河上游到下游 Cl^-浓度逐渐增高，但断面 F3 处 Cl^-浓度较高，调查发现断面 F3 处采样点大部分位于农户区，且村庄附近有电瓶铅厂及石油厂，因此该断面地下水中 Cl^-含量较高的原因主要与工业废水的排放有关。SO_4^{2-}浓度整体上空间差异不显著，不同监测断面 SO_4^{2-}浓度平均值分别为：断面 F5（219.4mg/L）>断面 F6（149.3mg/L）>断面 F4（147.7mg/L）>断面 F3（141.7mg/L）>断面 F2（137.5mg/L）>断面 F1（109mg/L），其中断面 F5 处 SO_4^{2-}浓度较高，可能是与当地有色金属冶炼造成的工业废水排放有关。NO_3^-浓度变化趋势与其他离子不同，不同监测断面 NO_3^-浓度平均值分别为：断面 F1（86.2mg/L）>断面 F2（53.3mg/L）>断面 F5（45.1mg/L）>断面 F3（24.6mg/L）>断面 F4（20.2mg/L）>断面 F6（16.4mg/L）。由于硝酸盐在从地表进入地下水的过程中，极易受到反硝化的影响，因此地下水硝酸盐空间分布与反硝化作用相关，同时上游断面地下水 NO_3^-浓度高于下游地下水，也与过去府河排污进入地下水的硝酸盐浓度密切相关（梁慧雅等，2017）。

3. 地表水对地下水水质的影响

利用水体氢氧稳定同位素示踪和端元法明确了府河对地下水的贡献率与井口距河距离

之间的关系（图 4-24）。在断面 F1 ~ F3 中府河对地下水的贡献率与距河距离之间没有明显的相关性。根据调查，断面 F1 ~ F3 主要有府河污水灌溉的历史以及长期地下水超采，河水的贡献率与距河距离之间没有明确的相关性。在断面 F4、F5 ~ F6 中，河水的贡献率在南北两侧均是随着距河距离的增加而减少。在断面 F4 中，河水对地下水的影响范围在河渠南侧远达 1500m、北侧约 500m。河水对南侧影响范围大于北侧可能与地下水流动方向有关。在断面 F5 ~ F6 中，河水补给的影响范围南北两侧约 800m。

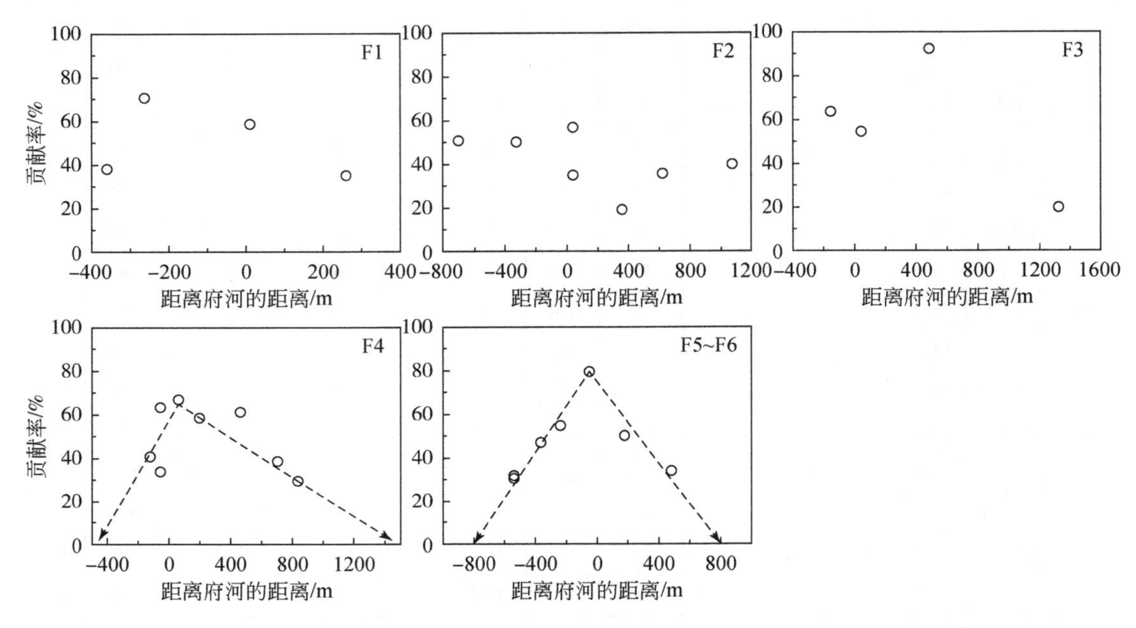

图 4-24　府河水对周边地下水贡献率和距河距离

横坐标负数表示府河西侧或北侧，正数表示府河东侧或南侧

上述分析表明断面 F4 是地下水超采区和白洋淀影响的过渡区，受人类活动干扰较小，且南北两侧地下水位以及府河对地下水的贡献率均随距河距离的增加而减小，说明断面 F4 地下水与府河水力联系较为密切，因此以断面 F4 为例研究府河对周边地下水水质的影响程度。不同采样时期地下水中阴离子及阳离子中 Na^+差异性较小，因此取 5 期样品的平均值与不受调水及降水影响期间的府河水主要离子浓度的平均值进行比较，来分析府河对地下水水质的影响程度。由图 4-25 可以看出，河水附近地下水中，南北两侧地下水中的 Na^+浓度和 Cl^-浓度均具有随距河距离增大而减小的特点。南侧距河 841m 内地下水中 Na^+浓度降低了 4% ~50%，而北侧距河 123m 地下水中 Na^+浓度降低了 32% ~42%，南侧距河 64m 处地下水中 Cl^-浓度较河水下降 30%，而北侧距河 52m 处地下水中 Cl^-浓度较河水下降了 40%。整体上，府河南侧距河 841m 内地下水中 Cl^-浓度减少了 30% ~70%，而北侧地下水中仅 123m 处就减小了 60%。说明河水对南侧地下水影响大于北侧。

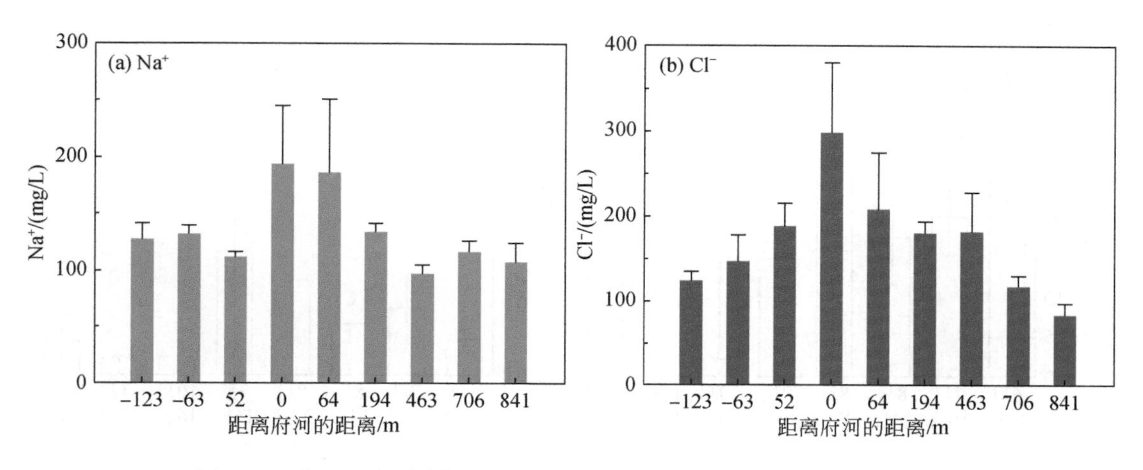

图 4-25　府河—白洋淀断面 F4 地下水主要离子浓度与距河距离的关系
横坐标负数表示府河西侧或北侧，正数表示府河东侧或南侧

4.3.3　地表水-底泥有机类和磷类污染物迁移转化规律及其影响因素

表 4-4 是 2020 年经府河路线对白洋淀进行生态补水统计情况。结合该信息分析府河—白洋淀沿程地表水-底泥有机类和磷类污染物迁移转化规律及其驱动机制。图 4-26 是 2020 年 6～12 月府河—白洋淀沿程地表水体各采样点 COD、磷等主要污染物月尺度变化特征。无论补水与否，COD 浓度在汛期（6～9 月）高于非汛期（10～12 月），说明面源污染输入对河流 COD 浓度影响较大。由图 4-26 可见，地表水总磷（TP）、可溶性总磷酸盐（TSP）和可溶性正磷酸盐（OP）浓度年内变化趋势相同，都呈现出汛期高于非汛期的趋势，同样说明面源输入对磷类污染影响较大。对于非汛期，补水期的 TP、TSP 和 OP 浓度（10～11 月）均低于非补水期（12 月），说明调水对河水中 TP 具有稀释作用。

表 4-4　2020 年府河向白洋淀补水情况

起始时间	终止时间	水源	出库水量/万 m^3
2020. 1. 22	2020. 4. 17	西大洋水库	3703. 68
2020. 6. 29	2020. 8. 12	西大洋水库	1588. 14
2020. 8. 31	2020. 12. 12	西大洋水库	6618. 17

表 4-5 是府河沿线及白洋淀淀区主要断面底泥所含 TP 和有机质（SOM）分布特征。受河水流速及沿途人类活动强度等因素影响，沿途河道底泥厚度分布不均且物理性状差别较明显。其中府河上游（F1、F2）、入淀口（F6）、淀区（B2）断面底泥呈灰黑色、黑色，且底泥厚度均在 20cm 以上，府河中游断面（F4、F5-1）底泥呈浅灰黄色，基本为天然地层沉积物。TP 和 SOM 在断面 F1 含量较低，而在断面 F2 和断面 B2 含量较高。从地

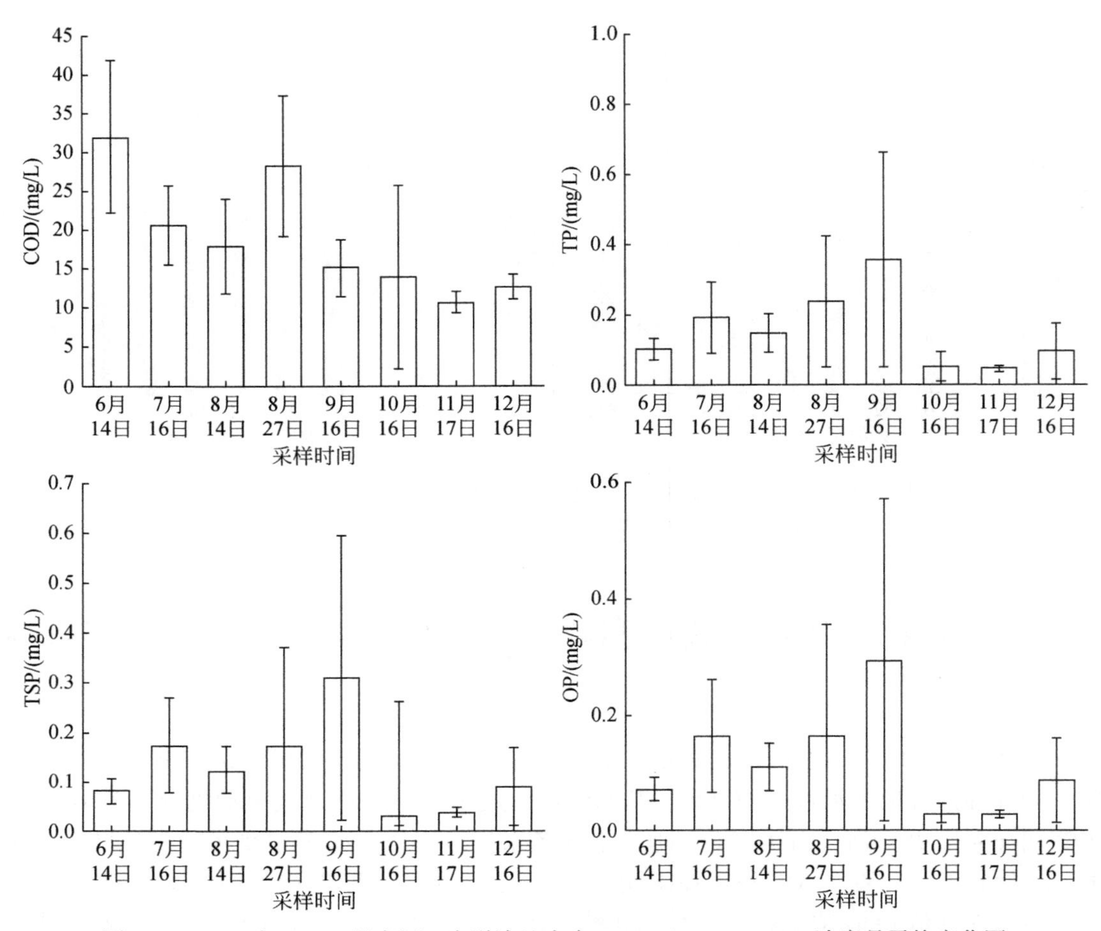

图 4-26　2020 年 6 ~ 12 月府河—白洋淀地表水 COD、TP、TSP、OP 浓度月平均变化图

理位置上来看，断面 F2 紧邻保定市，断面 B2 位于淀区中，相比其他断面而言，这两个断面分别承接上游保定市以及淀区农村生活排放污染物强度最大。从府河上游断面 F1 至淀区断面 B2 沿程 SOM 和 TP 变化规律可以初步判断，城市污水及农村生活污水是影响府河—白洋淀底泥中 SOM 和 TP 含量变化的主要因素。同时磷及有机质沿程不同步变化趋势反映了污染物的不同源性。

表 4-5　府河—白洋淀主要断面底泥总磷、有机质平均浓度分布特征

采样点	有机质/(g/kg)	总磷/(g/kg)	物理性状
F1	13.64	0.67	灰黑色
F2	24.47	1.03	黑色
F4	33.38	0.98	浅灰黄色
F5-1	27.32	0.89	浅灰黄色
F6	23.19	0.97	黑色
B2	32.16	0.98	黑色

图 4-27 展示了府河—白洋淀底泥各采样点 TP 和 SOM 2020 年 6 ~ 12 月变化特征。底泥中 SOM 含量月均值变化范围为 10.42 ~ 60.86g/kg，12 月非补水期 SOM 显著高于其他月份，说明非补水期底泥对有机污染物的富集作用。底泥中 TP 含量月均值变化范围为 0.82 ~ 1.08g/kg。9 月底泥中 TP 含量最低，而图 4-26 中显示河水中 TP 含量最高，说明在降水和补水双重影响下导致河流水动力条件改变，底泥向河水中释放磷类污染物作用较强。12 月份补水结束后，底泥中总磷含量相对较高，底泥作为磷污染物“汇”的作用最强。

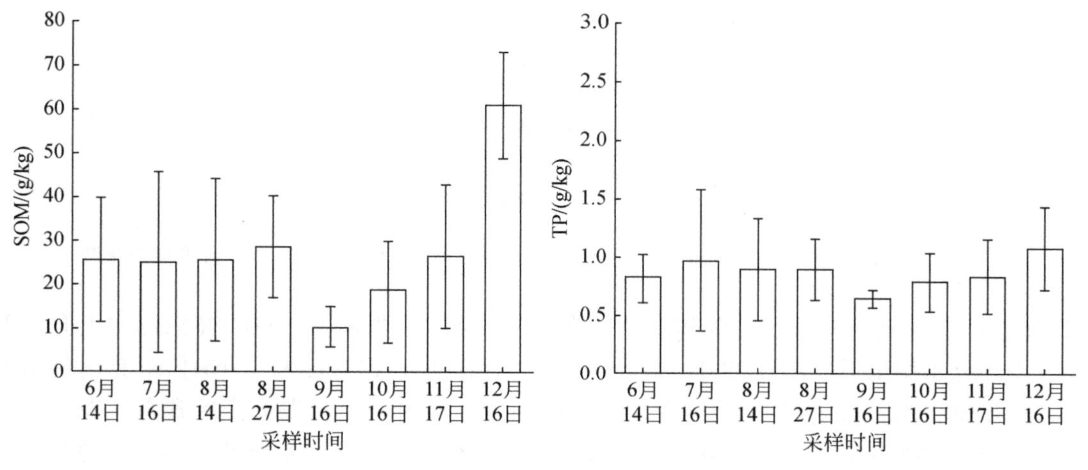

图 4-27　2020 年 6 ~ 12 月府河—白洋淀沿程底泥 TP 和 SOM 浓度月平均变化图

4.3.4　地表水-底泥氮污染物迁移转化规律及其影响因素

图 4-28 是 2020 年 6 ~ 12 月府河—白洋淀沿程地表水各采样点氮类主要污染物时间变化特征。由图 4-28 可见，随着时间变化总氮（TN）水平逐渐上升，雨季非补水期（6 月）水体 TN 含量最低（3.98mg/L），TN 变化范围为 0.76 ~ 8.86mg/L，而冬季补水后（12 月）地表水体 TN 含量最高，平均浓度是 6.55mg/L，且各采样点变化范围最大（1.55 ~

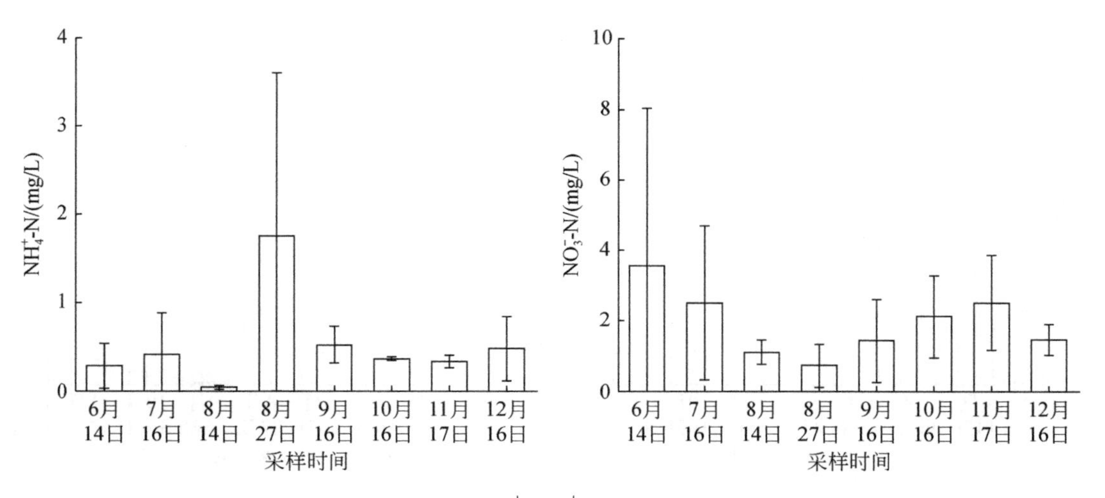

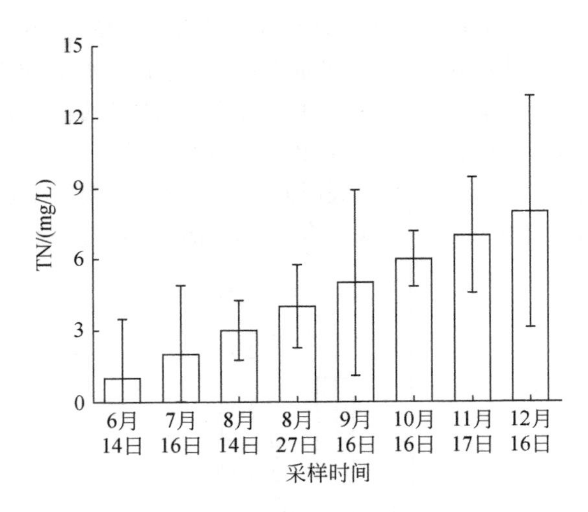

图 4-28　2020 年 6 ~ 12 月府河—白洋淀地表水 NH_4^+-N、NO_3^--N 和 TN 浓度月平均变化图

12. 3mg/L)。上述现象说明点源和内源释放是氮污染的主要来源。NH_4^+-N 浓度先上升后下降，雨季补水结束后（8 月 27 日），NH_4^+-N 含量最高（1. 77mg/L），NH_4^+-N 变化范围为 0. 09 ~ 4. 12mg/L。而 NO_3^--N 浓度变化趋势则相反，年内表现为先下降后升高。表明水体中 NO_3^--N 和 NH_4^+-N 之间存在强烈相互转化的关系。在雨季调水结束后（8 月 27 日），NH_4^+-N 浓度达到最高，说明矿化作用强烈；同时 NO_3^--N 浓度最低，说明此时水体中存在较强的反硝化作用。

图 4-29 是府河和白洋淀底泥各采样点 TN、NH_4^+-N 和 NO_3^--N 2020 年 6 ~ 12 月变化特征图。由图 4-29 可见，底泥 TN 均值在各月份浓度较为稳定，TN 浓度变化范围为0. 97 ~ 1. 94g/kg；NH_4^+-N 和 NO_3^--N 变化趋势相似，均表现为先升高后下降的趋势。NO_3^--N 和 NH_4^+-N 含量均值在各月有很大差异，NO_3^--N 均值变化范围为 0. 06 ~ 3. 14mg/kg，NH_4^+-N 含量远大于 NO_3^--N 含量，其均值范围为 3. 19 ~ 108. 14mg/kg。说明底泥偏还原环境，无机氮主要以铵态氮形式存在。

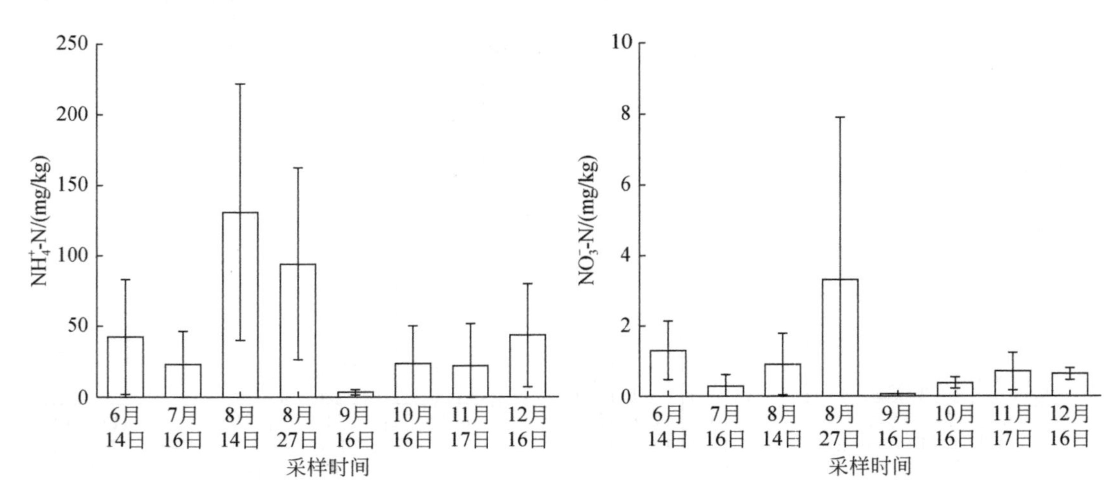

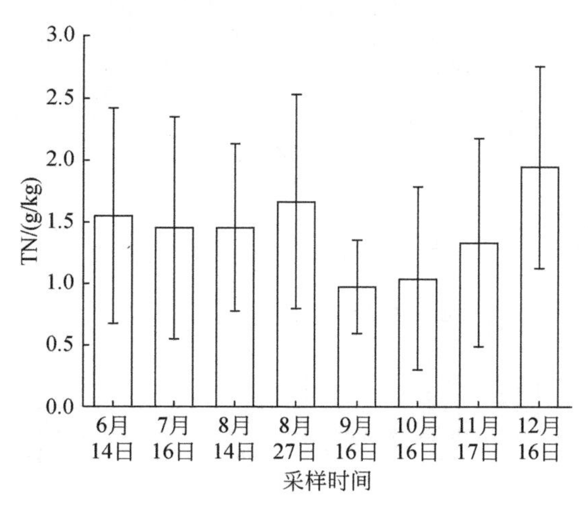

图 4-29　2020 年 6～12 月府河—白洋淀底泥 NH_4^+-N、NO_3^--N 和 TN 浓度月平均变化图

以 2020 年雨季非补水期（6 月 14 日）、雨季补水结束后（8 月 27 日，距上次补水结束 13 天）和冬季补水结束后（12 月 16 日，距上次补水结束 4 天）水–底泥富营养化指标为例（图 4-30），分析水体–底泥氮的季节性变化规律及影响因素。水体中总氮含量均沿程下降，说明在不同时期，府河—白洋淀水体–底泥间存在较强的反硝化作用。在水体和底泥中，整体总氮含量大小顺序为：12 月>8 月>6 月。这一结果与水体和底泥月平均氮含量变化图相同（图 4-28 和图 4-29）。在不同补水时期，水体中主要的无机氮形式有所不同。雨季非补水期（6 月 14 日），水体中无机氮的形式主要为 NO_3^--N 和 NO_2^--N，说明硝化作用较强；雨季补水结束后（8 月 27 日），NH_4^+-N 成为主要的无机氮形式，说明在高温影响下水体中存在强烈的矿化作用；冬季补水结束后（12 月 16 日），NO_3^--N 和 NH_4^+-N 成为水体中主要的无机氮形态，说明点源输入的影响不可忽略。

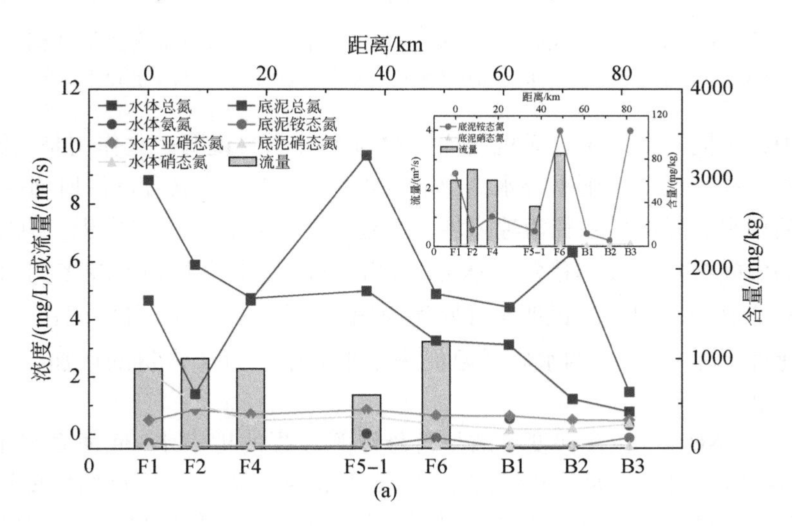

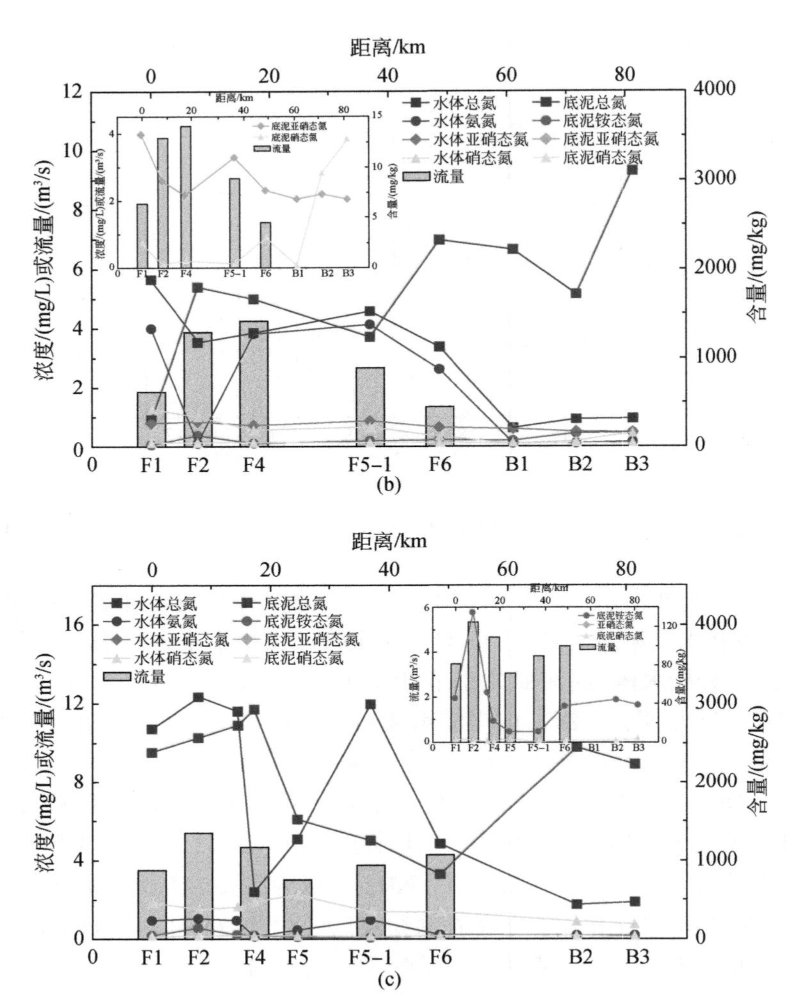

图 4-30　府河—白洋淀沿程地表水-底泥流量与氮污染物浓度变化关系图

（a）2020 年 6 月，旱季非补水期；（b）2020 年 8 月，雨季补水期；（c）2020 年 12 月，冬季补水结束后

在底泥中，不同时期的主要无机氮形式均为 NH_4^+-N，说明矿化作用是底泥中最主要的氮素转化过程。在底泥中，雨季补水结束后（8 月 27 日）总氮含量沿府河—白洋淀上升，这可能是前期调水和降雨导致径流输入增加，造成污染物在底泥中累积。NO_2^--N 是底泥中反硝化过程的中间产物，极不稳定。然而，在 8 月底泥中检测到了较多的 NO_2^--N，12 月 NO_2^--N 的含量未超过检出限。说明 8 月底泥为偏还原的环境，12 月底泥相比 8 月底泥表现出更高的氧化性。冬季 12 月调水后低温促进了水体中溶解氧含量的增加，NO_2^--N 易被氧化（胡鹏等，2019）。

对 NH_4^+-N 和 NO_3^--N 包含梯度扩散与再悬浮等过程的地表水-底泥系统中迁移通量计算显示（图 4-31），再悬浮是导致河流水-底泥界面氮迁移通量变化的主要影响过程［图 4-31（a）（b）］。对于 NH_4^+-N，再悬浮过程引起的氮迁移通量比浓度梯度引起的氮迁移通量高 10～30 倍。NO_3^--N 在 pH 大于 8 的高氮河流中对底泥颗粒呈现出易吸附难解吸的特性，使得再悬浮成为 NO_3^--N 沉降的主要原因。这一现象也存在于长江和黄河水体–底泥界面（Wang et al.，2013；Pueppke et al.，2019）。

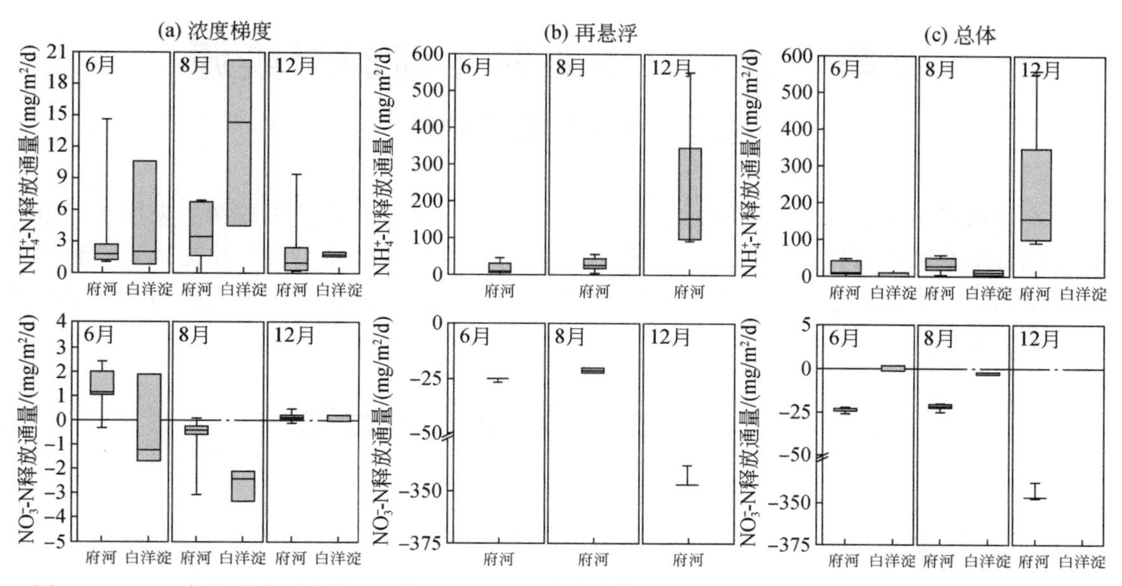

图 4-31　2020 年雨季非补水期（6 月 14 日）、雨季补水期后（8 月 27 日）和非汛期补水刚结束时期（12 月 16 日）府河—白洋淀底泥中 NH_4^+-N 释放率和 NO_3^--N 释放率变化图

纵轴为释放通量，正值表示由底泥向水体释放氮，负值表示由水体向底泥沉降氮，假设氮迁移的途径分别为浓度梯度（a）和再悬浮（b），将通过两种途径迁移的氮量进行加和得到水体–底泥界面氮迁移通量总量（c）

根据水利部门补水数据，2020 年 6 月 29 日 ~8 月 12 日府河补水出库流量约为 4.0m³/s，而 2020 年 8 月 31 日 ~12 月 12 日府河补水的出库流量约为 7.4m³/s，秋冬季补水量远大于夏季补水量。12 月补水期后的水质监测日期为 12 月 16 日，生态补水对府河水动力条件的扰动依然存在，这解释了 12 月 16 日 NH_4^+-N 和 NO_3^--N 的迁移通量大幅高于 6 月 14 日和 8 月 27 日，从而说明了生态补水对府河底泥扰动的影响不容忽视。

对比府河和白洋淀由于浓度梯度引起的氮通量变化结果显示，8 月 27 日测算的白洋淀底泥 NH_4^+-N 释放通量显著高于府河，说明雨季白洋淀底泥 NH_4^+-N 释放对水环境构成了威胁。8 月集中降雨和调水造成的稀释使得水体底泥间的 NH_4^+-N 浓度差异增大，导致府河和白洋淀底泥 NH_4^+-N 释放通量显著增加。高温也加速了有机氮的矿化和底泥孔隙水的分子运动，进一步促进了底泥 NH_4^+-N 的释放，而 12 月的低温则抑制了底泥 NH_4^+-N 的释放。调水和温度变化对水体和底泥间 NO_3^--N 由浓度梯度引起的影响机制存在差异性。在雨季调水结束后（8 月 27 日），集中降雨带来了大量面源污染物，导致白洋淀水体中 NO_3^--N 浓度高于底泥孔隙水 NO_3^--N 浓度。然而，其他时期白洋淀水体 NO_3^--N 浓度往往低于底泥孔隙水 NO_3^--N 浓度。因此，白洋淀底泥在雨季调水时期作为 NO_3^--N 的“汇”，而其他时期，白洋淀底泥则发挥 NO_3^--N 的“源”的作用。对于府河，河水流动性高于湖泊，底泥再悬浮作用导致散布至水体中的颗粒吸附水体中的 NO_3^--N，随后沉降至底泥，这一过程影响程度远大于底泥中 NO_3^--N 由于存在浓度梯度造成的扩散，表明府河底泥对 NO_3^--N 的富集作用较强。

第5章　主要入淀河流污染源解析及其成因诊断

本章通过污染负荷估算辨析了主要入淀河流COD、氮、磷的主要来源；采用正定矩阵模型耦合生态风险指数，解析了入淀河流沉积物中重金属的“源特异”生态风险；利用宏基因组测序、生物信息学分析等技术构建抗性基因溯源指纹谱，揭示了入淀河流与受纳湖泊的源汇关系。

5.1　样品采集与实验分析

5.1.1　样品采集

2019年4月中旬，对白洋淀及其支流府河进行了采样。根据白洋淀流域的地理环境特征和河流分布状况，在白洋淀布设28个采样点，沿府河天然河道均匀布设37个采样点，采样点布设如图5-1。为了表征河流沉积物中的微生物群落特点，选取12个腐殖质较多且分布较均匀的采样点进行测序分析。使用分离式抓斗采集器采集底泥表层（0~5cm）沉积物共65份，使用聚乙烯自封袋密封包装并放置于0℃保温箱中保存，尽快送回实验室检测。

5.1.2　水质参数测定

样品采集过程中，收集相应沉积物采样点的地表水样品，使用便携式多参数水质分析仪（HACH，Loveland，Co，USA）现场检测水质参数，包括溶解氧、温度、pH和电导率。

5.1.3　重金属检测与质量控制

首先将底泥样品用冷干机风干，风干后剔除其中的砾石、杂草、贝壳等异物并在研钵中研磨，之后过100目（0.154mm）尼龙筛，收集粉状物置于密封袋中。精确称量0.1g风干物，放入聚四氟乙烯容器，添加5ml硝酸、2ml氢氟酸、1ml高氯酸，放于ST-60自动消解仪中设定120℃持续1h，提温到140℃持续1h，提高温度到160℃持续1h，提高温度到180℃持续45min后取下回流漏斗，赶酸至近干。放置降温后加入高纯水定容至25ml，用电感耦合等离子体原子发射光谱仪（ICP-AES）测定As、Cd、Co、Cr、Cu、Fe、

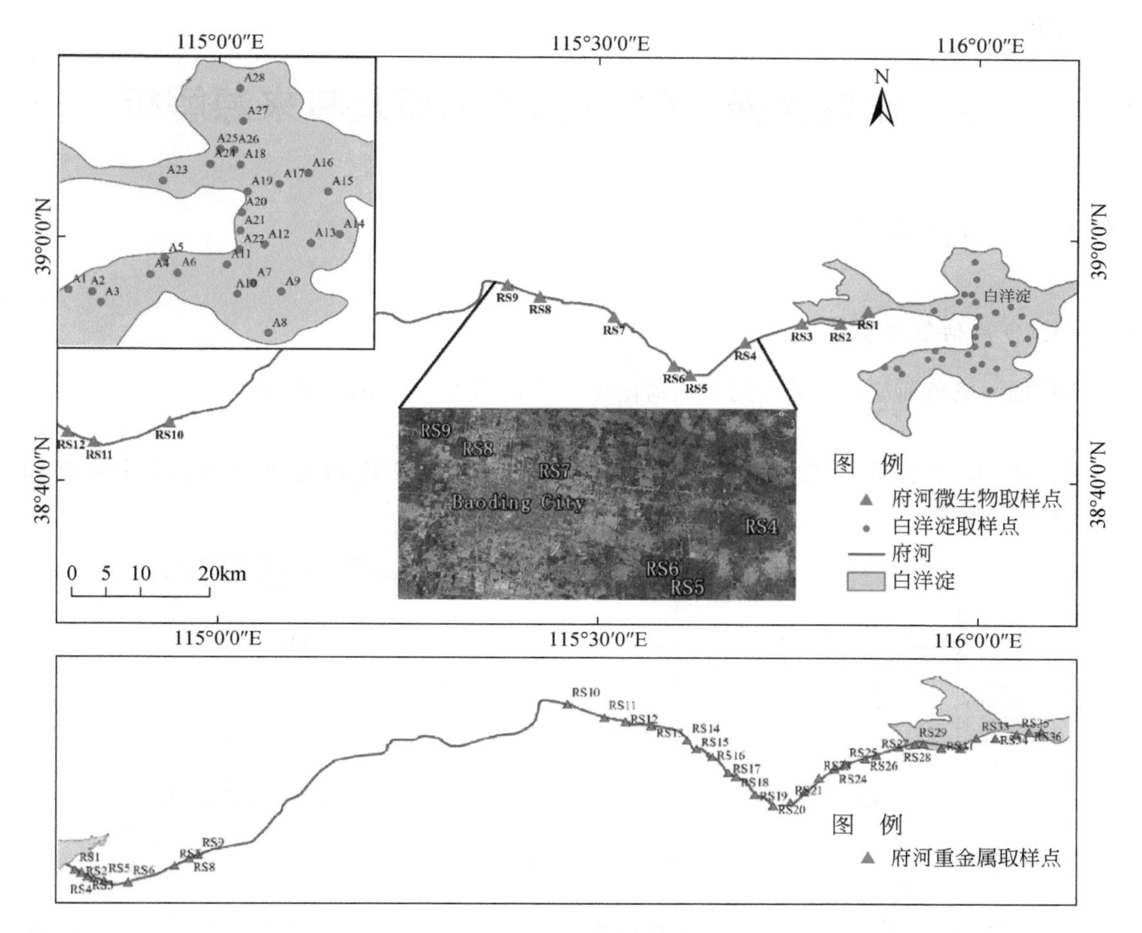

图 5-1 采样点位示意图

Mn、Ni、Pb、V、Zn 共 11 种重金属元素的含量。

样品测试分析的质量控制参考《土壤环境监测技术规范》(HJ/T 166—2004),使用试剂空白分析以减少系统偏差,用标准样品校准和样品重复分析来评估分析的准确性。所有数据结果进行重复分析,并采用平均值代表数据结果。分析精度和偏差在 5% 以下,样品加标回收率为 95% ~105%。

5.1.4 微生物 DNA 提取与高通量测序

将采集的底泥样品存放在 50ml 离心管中使用铝箔锡纸包装(以避免低温膨胀涨裂试管),使用干冰存储在保温箱中运输到实验室,在 24h 内进行分析。对于每个样品,按照生产厂家的说明,使用土壤 DNA 试剂盒提取总 DNA,并对提取后的 DNA 进行检测。应用琼脂糖凝胶电泳来辨识 DNA 的纯度和完整性,并用 Nanodrop 测试 DNA 纯度(OD 260/280 比值),最后使用 Qubit 2.0 精准识别 DNA 浓度。通过检验后的 DNA 样品,送测序公司建库、测序。使用 Illumina 的高通量测序平台 NovaSeq 6000 完成测序,测序策略为 150bp 的双端测序。

5.2 流域氮磷、COD负荷估算及其来源解析

5.2.1 方法原理

1. 负荷估算模型

根据污染负荷流向，建立污染负荷模型（李悦昭等，2020），见图5-2。

$$W = W_P + W_{NP} \tag{5-1}$$

式中，W 为污染负荷总量；W_P、W_{NP} 分别为点源污染负荷量和非点源污染负荷（PLOAD）量。

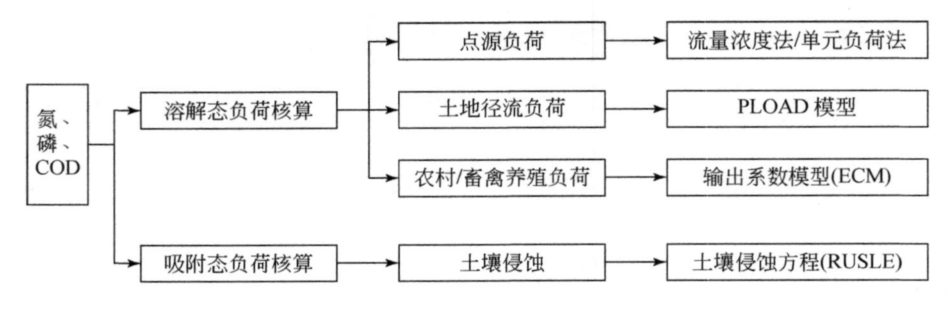

图5-2 污染负荷估算方法

点源污染主要包括工业废水和城镇污水，工业废水污染负荷可采取流量浓度算法，城镇污水污染负荷可采取单元负荷法，其核算公式为

$$W_P = \lambda_P \times (W_{ind} + W_{urb}) \tag{5-2}$$

$$W_{ind} = \sum_{k=1}^{K} \sum_{n=1}^{N} (Q_{IW,k,n} \times C_{IW,k,n} \times 10^{-6})_P \tag{5-3}$$

$$W_{urb} = p_{LW} \times P_{LW} \times (1 - f_{LW}) \times 10^{-3} \tag{5-4}$$

式中，W_P为点源污染负荷量；W_{ind}和 W_{urb}分别为工业废水和城镇生活废水污染负荷量；λ_P为点源污染入河系数；K 和 N 分别为工业污染源行业类型数和行业内工业企业数；$Q_{IW,k,n}$和 $C_{IW,k,n}$分别为第 k 行业类型第 n 个工业企业的污水排放量和对应的污染物平均排放浓度；p_{LW}为人均产污当量系数；P_{LW}为集水区人口数，人；f_{LW}为污水处理率。

通常，非点源中的污染物有溶解态和吸附态两种类型。

$$W_{NP} = W_{RJ} + W_{XF} \tag{5-5}$$

式中，W_{NP}为非点源污染负荷总量；W_{RJ}为溶解态污染负荷总量；W_{XF}为吸附态污染负荷总量。

溶解态污染包括来自不同土地类型积累的背景污染、农村生活污染和畜禽养殖污染，其中土地类型地表径流携带的溶解态污染物用PLOAD模型进行核算，农村生活污染和畜

禽养殖污染通过输出系数模型（ECM）进行核算。

$$W_{RJ}=\lambda_{RJ}\times(W_{lr}+W_{hl}) \tag{5-6}$$

式中，W_{lr}表示不同土地类型上产生的地表径流所携带的溶解态污染负荷；W_{hl}表示农村生活和畜禽养殖产生的污染负荷；λ_{RJ}为入河系数。

1）PLOAD 模型

依据资料收集程度，采用简单法，定义如下：

$$W_{lr}=\sum_{u=1}^{U}[(P\times P_J\times R_{Vu}\times A_u)\times C_u\times 10^{-5}] \tag{5-7}$$

$$R_{Vu}=0.050+0.009\times I_u \tag{5-8}$$

式中，P 为降水量；P_J为径流系数修正值；R_{Vu}为第 u 类土地利用类型的平均径流系数；C_u为第 u 类土地利用类型下的降雨事件污染物平均产出浓度，mg/L；A_u为第 u 类土地利用类型的土地面积，hm^2；I_u为流域下垫面的不透水率。

2）输出系数模型（ECM）

针对不同排放源采用不同的输出系数，模型方程为

$$W_l=\sum_{i=1}^{n}E_i\times A_i\times I_i+P \tag{5-9}$$

式中，E_i为第 i 类污染源的输出系数；A_i为第 i 类污染源的面积或数量；I_i为第 i 类污染源的污染物输入量；P 为降雨输入的污染负荷；n 为污染源类型，取值 2，1 表示农村生活污染，2 表示畜禽养殖污染。

对于人类生活排放，E_i可用下式计算：

$$E_i=D_{ca}\times H\times 365\times M\times B\times R_s\times C \tag{5-10}$$

式中，D_{ca}为每人污染物日输出量；H 为流域内人口数量；M 为污染处理过程中机械去除污染物系数；B 为污水处理过程中生物去除营养物系数；R_s为营养物滞留系数；C 为除污系数。

降雨产生的营养物输入量 P 可表示为

$$P=caQ \tag{5-11}$$

式中，c 为雨水中污染物浓度，g/m^3；a 为年降水量，m^3；Q 为径流系数。

3）修正的土壤侵蚀方程（RUSLE）

吸附态污染利用修正的 RUSLE 土壤侵蚀通用方程得到。

$$W_{XF}=\lambda_{XF}\times(\sum_{u=1}^{U}X_u\times A_u\times C_s\times\eta)\times 10^{-3} \tag{5-12}$$

$$X_u=R\times K_u\times LS\times P_u\times C_u \tag{5-13}$$

式中，W_{XF}为吸附态污染负荷总量；λ_{XF}为泥沙输移比；u 为土壤类型；X_u为第 u 类土壤类型的土壤年侵蚀模数；A_u为第 u 类土壤类型面积；C_s为土壤中的污染物背景质量分数；η 为污染物富集率，常取值为 1；R 为降雨侵蚀动力因子；K_u为第 u 类型土壤的土壤可侵蚀因子；LS 为坡度坡长因子；P_u为第 u 类土壤类型的水土保持因子；C_u为第 u 类土壤类型的植被覆盖因子。

2. 模型主要参数

模型所需的基础数据主要包括数字高程模型（DEM）数据、土地利用数据、土壤数据、水文气象数据、工业点源污染物排放数据、人口分布数据、农业种植/养殖数据等，见表5-1。工业企业行业类型、行业内企业数及对应的废水排放量和排放浓度，以及城镇人口数通过统计资料或环境污染源普查资料得到；人均产污当量系数和污水处理厂污水处理率通过文献查阅得到。入河系数可以看作常数，采用水文估算法对入河系数参数进行率定。

表5-1　污染负荷模型资料

分类	模型	具体内容	来源
点源	流量浓度法	工业行业类型、企业数量	污染源排污数据
		污水排放量、污染物排放浓度	
	单元负荷估算法	区域人口数、人均产污当量系数	统计年鉴
		污水处理率、入河系数、环境受体实测污染物浓度	
非点源	PLOAD	月降水量、年降水量、降雨产污浓度	水文气象数据
		径流系数、径流中产污浓度	
		土地利用类型及面积、下垫面不透水率	土地利用数据
	输出系数	农村生活污染源数量、畜禽养殖面积	统计年鉴
		人均污染物输出量、畜禽养殖污染物输出量	文献调研
	RUSLE	土壤砂粒、粉粒、黏粒、有机碳质量分数	中国土壤数据
		坡度、坡长、植被覆盖度	DEM 数据
		土壤中污染物背景质量分数	文献调研

1）PLOAD 模型参数

PLOAD 模型需确定的关键参数为不同土地利用类型的径流系数和产污浓度。参考相关文献，对比参考流域和研究区的农业种植水平，确定研究区各种土地利用类型的氮、磷、COD 径流浓度（李悦昭，2021）。径流系数则定义为

$$R_u = P_j \times R_{Vu} = P_j \times (0.050 + 0.009 \times I_u) \tag{5-14}$$

式中，R_u为净径流系数；P_j为径流系数修正值，通常被认为是0.9；R_{Vu}为平均径流系数，通过土地利用类型下垫面不透水率来估算。

2）入河系数

λ_{RJ}与流域降水量之间存在如下关系：

$$\lambda_{RJ} = 1 \Big/ \left[1 + a \times \left(\frac{P}{\overline{P}} \right)^b \right] \tag{5-15}$$

式中，P 为月降水量；$\overline{P}$ 为月均降水量；a，b 为待确定参数。利用非线性回归法对研究区建立相关分析，结果表示为

$$\lambda_{RJ}=1/\left[1+8.1266\left(\frac{P}{\bar{P}}\right)^{-1.9634}\right] \tag{5-16}$$

3）降雨侵蚀动力因子 R

该因子与降水量、降雨历时、降雨强度等有关：

$$R=\sum_{i=1}^{12}1.735\times 10^{1.5\times\lg\frac{P_i^2}{P_u}-0.8188} \tag{5-17}$$

式中，P_i为各月平均降水量；P_u为年平均降水量。

4）土壤可侵蚀因子 K

该因子与土壤黏粒含量、土壤砂粒含量、土壤有机质含量、土壤结构和土壤渗透性有关：

$$\begin{aligned}K=&\left\{0.2+0.3\exp\left[-0.0256S_d\left(1-\frac{S_i}{100}\right)\right]\right\}\times\left[\frac{S_i}{C_i+S_i}\right]^{0.3}\\&\times\left\{1.0-\frac{0.25C_0}{C_0+\exp(3.72-2.95C_0)}\right\}\\&\times\left\{1-\frac{\left[0.7\left(1-\frac{S_d}{100}\right)\right]}{\left\{1-\frac{S_d}{100}+\exp\left[-5.51+22.9\left(1-\frac{S_d}{100}\right)\right]\right\}}\right\}\end{aligned} \tag{5-18}$$

式中，S_d为砂粒质量分数（%）；S_i为粉粒质量分数（%）；C_i为黏粒质量分数（%）；C_0为有机碳质量分数（%）。

5）坡度坡长因子 LS

采用土壤流失方程中的坡长指数公式进行计算：

$$LS=\left(\frac{l}{22.1}\right)^m(0.085+0.045\theta+0.0025\theta^2) \tag{5-19}$$

式中，l 为坡长；θ 为坡度；m 为坡长指数，满足：

$$m=\begin{cases}0.30 & \theta\geqslant 22.5^\circ\\0.25 & 17.5^\circ\leqslant\theta<22.5^\circ\\0.20 & 12.5^\circ\leqslant\theta<17.5^\circ\\0.15 & 7.5^\circ\leqslant\theta<12.5^\circ\\0.10 & \theta<7.5^\circ\end{cases} \tag{5-20}$$

6）植被覆盖因子 C

该因子利用坡面产沙量与植被覆盖度之间的数学关系进行计算：

$$C=\begin{cases}1 & c=0\\0.658-0.3436\lg c & 0<c<78.3\%\\0 & c>78.3\%\end{cases} \tag{5-21}$$

式中，c 为流域年均植被覆盖度。

7）泥沙输移比

相关研究表明，其值与年降水量可近似用下列回归方程表示：

$$\lambda_{XF}=0.0654\,e^{0.0011P_u} \tag{5-22}$$

式中，P_u为年平均降水量。

对于每个栅格单元的泥沙输移比值，根据栅格单元到最近河道的距离与高程差对平均泥沙输移比进行加权获取。

（1）径流系数及产污浓度。径流系数由下垫面不透水率估算，其取值利用 GIS 工具并结合相关研究确定。白洋淀流域不同土地利用类型的下垫面不透水率及对应的径流系数见表 5-2。除农用地外的土地类型径流产污浓度主要参考海河流域参数，并通过对比区域的下垫面情况校正后确定（李悦昭，2021）。

表 5-2　不同土地利用类型的下垫面不透水率及产污浓度

土地利用类型	面积/km²	比例/%	I_u	R_{V_u}	径流产污浓度/(mg/L)		
					氮	磷	COD
水田	16.38	0.05	75	0.725	–	–	–
旱田	2409.09	6.82	15	0.185	–	–	–
林地	9015.88	25.52	35	0.365	1.10	0.08	2.70
草地	7470.98	21.15	10	0.140	1.01	0.11	2.25
果园	12694.80	35.94	20	0.230	–	–	–
湿地	2.21	0.01	55	0.545	1.00	0.07	2.53
城镇	3366.16	9.53	30	0.320	1.99	0.16	5.62
农村	162.37	0.46	40	0.410	1.63	0.10	3.27
水域	187.88	0.53	100	0.950	0	0	0

（2）输出系数。输出系数包括 3 类，其中生活输出系数对应农村人口产生的污染，畜禽养殖输出系数对应牲畜生长产生的污染，种植输出系数对应农作物种植产生的污染。参考海河流域及白洋淀相关研究并结合流域情况进一步校正，对农村生活、畜禽养殖和种植的污染输出系数取值见表 5-3。

表 5-3　氮磷、COD 污染输出系数

污染物	污染输出系数							
	农村生活污染/[kg/(人·a)]	畜禽养殖/[kg/(头·a)]				种植/[kg/(km²·a)]		
		大牲畜	猪	羊	家禽	水田	旱地	菜地
氮	4.28	3.50	2.50	1.70	0.28	26.37	19.85	21.36
磷	0.14	0.07	0.12	0.03	0.00001	2.00	4.08	3.74
COD	5.24	21.90	12.5	4.49	1.17	25.47	11.84	20.76

（3）土壤可侵蚀因子 K。通过查询中国土壤数据库，获得白洋淀流域土壤类型及对应土壤参数（表 5-4）。利用 ARCGIS 10.2 绘制 K 因子图（图 5-3）。

表 5-4　土壤粒径分布及可侵蚀因子

土壤类型	S_d/%	S_i/%	C_i/%	C_0/%	K
棕灰土	36.94	36.56	25.3	90.3	0.234
杏黄土	60.88	23.56	10.8	0.84	0.246
二合淡黄土	54.6	18.2	12.8	0.98	0.233
怀来灰石土	0	19.93	9.2	1.67	0.352
厚黑碴土	47.81	12.83	25.3	5.68	0.164
潮淤土	0	37.6	27	1.77	0.331
湿黑泥田	42.26	41.2	16.5	1.67	0.256

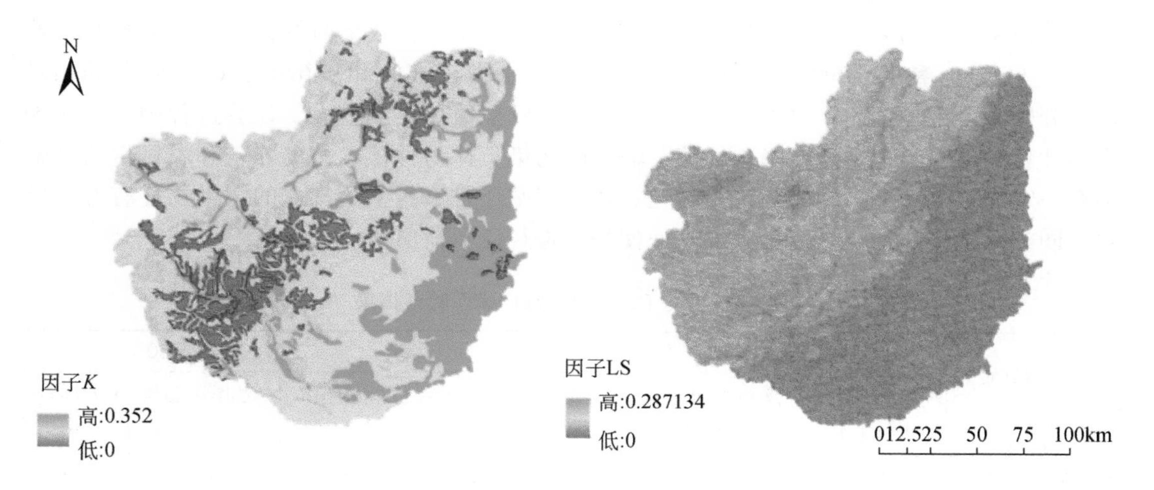

图 5-3　因子 K 和因子 LS 空间分布

（4）水土保持因子 P。该因子指采取水土保持措施后土壤流失量与顺坡种植时土壤流失量的比值，其范围在 0～1，通常不采取任何水土保持措施的自然植被和坡耕地的 P 值取 1，水土保持措施越好，P 值越小。本研究中，对比该流域内不同土地利用类型采取的水土保持措施确定取值（表 5-5）。

表 5-5　不同土地利用类型水土保持因子

项目	水田	旱田	林地	草地	果园	湿地	城镇	农村居民点	水域
P	0.3	0.45	1	0.8	0.6	0.45	0.35	0.5	0

（5）污染物背景浓度。不同土地利用类型下吸附态氮、磷、COD 背景浓度值通过文献调研，结合研究区实际情况确定，见表 5-6。

表 5-6　研究区吸附态污染物背景浓度　（单位：g/kg）

污染物	水田	旱田	林地	草地	果园	湿地	城镇	农村居民点	水域
氮	3.81	0.81	1.32	0.52	1.06	0.45	1.02	0.81	0
磷	0.81	0.77	0.63	0.28	0.34	0.22	0.34	0.28	0
COD	6.51	3.24	4.53	3.21	4.02	2.87	3.78	3.87	0

3. 模型验证

选择中唐梅、北河店水文站 2017 年的水文水质资料，以唐河、南拒马河流域作为模拟计算区域，根据相关模型及对应参数，计算出氮、磷、COD 负荷模拟值，并与实测值进行对比验证。结果见表 5-7。

从模型模拟结果与实测结果的比较可以看出，模型拟合效果尚好，氮负荷的相对误差分别为 11.25% 和 12.36%，磷负荷的相对误差分别为 8.16% 和 9.67%，COD 负荷的相对误差分别为 14.31% 和 6.53%。从绝对值上看，模拟值比实测值大。计算过程中，PLOAD 模型计算的不同土地类型在降雨径流下输出的污染负荷与种植、畜禽养殖和农村生活污染会有一定的重复计算，因为无论是种植、畜禽养殖还是农村生活排放的污染物均有可能导致不同类型下垫面径流浓度增大，从而使得土地径流负荷值增大。

表 5-7　氮、磷、COD 负荷模型验证结果

水文站	流域面积/km^2	年均降水量/mm	年均径流量/亿 m^3	总氮			总磷			COD		
				实测值/(t/a)	模拟值/(t/a)	相对误差/%	实测值/(t/a)	模拟值/(t/a)	相对误差/%	实测值/(t/a)	模拟值/(t/a)	相对误差/%
中唐梅	3480	548.2	1.25	1052.03	1170.39	11.25	10.72	11.59	8.16	1330.63	1521.07	14.31
北河店	9700	527.4	1.95	261.24	232.51	12.36	9.50	8.66	9.67	1961.57	1841.31	6.53

5.2.2　流域氮磷、COD 污染负荷

1. 点源污染负荷

通过查阅 2018 年河北省重点企业名录，并收集相关排污信息，共获得 271 家与研究流域关联的规模以上工业企业，主要集中于白洋淀淀区附近。经计算，工业企业排放废水的氮、磷、COD 负荷分别为 4065.12t/a、97.85t/a 和 5382.02t/a。城镇污水主要根据地区统计年鉴确定人口数，并根据排污申报数据和文献调研确定人均产污当量系数和污水处理率，经计算，氮、磷、COD 负荷分别为 3217.28t/a、408.21t/a 和 26051.03t/a。总的来说，除氮外，城镇污水带来的污染负荷较多。由于点源污染的结果主要来源于资料收集，排放数据的可靠性、准确性对计算结果存在较大影响。

2. 不同土地利用类型径流污染负荷

基于 PLOAD 模型计算不同土地利用类型输出的溶解态污染负荷。其中入河系数通常用来表征污染物向流域出口移动与迁移过程中的损失，与降雨产流率和径流系数有关。从不同土地利用类型输出的溶解态氮负荷来看，氮负荷总量为 1734.26t/a，其中城镇和农村的贡献较大，城镇输出的氮负荷达 461.50t/a，占 26.62%；农村负荷量为 484.33t/a，占 27.92%，这主要受人类活动影响。磷负荷输出总量为 120.81t/a，与氮负荷贡献类似，城镇、农村比例较大，分别为 35.36t/a 和 28.31t/a，贡献比例分别达到了 29.27% 和 23.44%。COD 负荷输出总量为 9635.28t/a，其中城镇、农村比例分别为 30.91% 和 23.04%。从子流域空间分布看，唐县唐河、易县北易水和涞源县拒马河纳入氮、磷、COD 负荷较大。

3. 农村污染负荷

运用输出系数法分别估算农村生活、畜禽养殖和种植所带来的污染负荷量。参考相关文献，确定各来源污染的入河系数。农村生活污染的氮、磷、COD 入河系数分别为 0.03、0.01 和 0.02；畜禽养殖的氮、磷、COD 入河系数为 0.05；种植的氮和 COD 入河系数为 0.05、磷入河系数为 0.03。结果表明，农村生活污水带来的溶解态氮、磷、COD 负荷分别为 4085.20t/a、534.51t/a 和 17505.28t/a；畜禽养殖带来的氮、磷、COD 负荷分别为 3584.74t/a、520.35t/a 和 48139.04t/a；种植带来的氮、磷、COD 负荷分别为 8437.32t/a、999.44t/a 和 1342.27t/a。

4. 吸附态污染负荷

利用土壤侵蚀模型各因子计算方法，分别计算出降雨侵蚀动力因子（R）、土壤可侵蚀因子（K）、坡度坡长因子（LS）、植被覆盖因子（C）和水土保持因子（P），并利用 GIS 工具生成各因子图，进而计算出不同土地利用类型下的土壤侵蚀量。最后利用固态污染物负荷方程计算出吸附态氮磷污染负荷（表 5-8）。吸附态氮总流失量为 6691.56t/a，流失量较大的土地类型为旱田、林地、草地和水田，流失量分别为 1844.19t/a、1420.61t/a、1305.52t/a 和 1208.50t/a，流失比例分别为 27.56%、21.23%、19.51% 和 18.06%；吸附态磷总流失量为 1192.16t/a，流失较大的土地类型为旱田和林地，流失量分别为 354.25t/a 和 268.84t/a，流失比例分别为 29.71% 和 22.55%；吸附态 COD 总流失量为 2673.56t/a，流失较大的土地类型为水田和旱田，流失量分别为 628.29t/a 和 574.82t/a，流失比例分别为 23.51% 和 21.50%。需要说明的是土壤侵蚀模型参数繁杂，该模型估算的吸附态污染负荷可能存在一定的偏差，这需要在以后的研究中，通过小区实验进一步优化参数，获得更为精准的计算结果。

表 5-8　吸附态氮磷、COD 负荷

土地利用类型	氮/(t/a)	磷/(t/a)	COD/(t/a)
水田	1208.50	214.03	628.29

续表

土地利用类型	氮/(t/a)	磷/(t/a)	COD/(t/a)
旱田	1844. 19	354. 25	574. 82
林地	1420. 61	268. 84	352. 91
草地	1305. 52	229. 03	323. 50
果园	234. 87	14. 60	262. 01
湿地	157. 26	13. 20	227. 25
城镇	411. 54	20. 40	134. 48
农村居民点	109. 07	77. 81	170. 30
水域	0. 00	0. 00	0. 00
合计	6691. 56	1192. 16	2673. 56

从空间分布角度看，唐县唐河氮、磷和 COD 流失量较大，分别为 937. 02t/a、185. 40t/a 和 426. 62t/a，占整个流域范围污染负荷量的 14. 00%、15. 55% 和 15. 96%；其次为阜平县沙河，其氮、磷和 COD 流失量分别为 829. 09t/a、160. 56t/a 和 355. 73t/a。根据土壤侵蚀方程，*K* 因子、LS 因子分别由区域下垫面的土壤类型和地形特征决定，它们随区域空间变化而变化；*C* 因子、*P* 因子则主要与土地覆盖管理和水土保持措施等人类土地管理活动有关；*R* 因子反映了流域降雨时空分布差异导致的土壤流失变化，其年际变化主要是由于年降水量和降雨强度等水文条件改变造成的。考虑到小流域的水文条件因素基本类似，因此，非点源氮磷污染负荷的空间分布主要受流域内土地利用类型和人为活动的影响。

5. 2. 3 流域氮、磷、COD 污染来源解析

综合考虑溶解态及吸附态氮、磷、COD 负荷，每年排入白洋淀流域的非点源氮负荷大约为 24533. 07t/a，其中溶解态非点源氮负荷为 17841. 52t/a，吸附态氮负荷为 6691. 55t/a，贡献比例分别为 72. 72% 和 27. 28%；非点源磷负荷大约为 3367. 26t/a，其中溶解态磷负荷为 2175. 11t/a，吸附态磷负荷为 1192. 15t/a，其贡献比例分别为 64. 59% 和 35. 41%；非点源 COD 负荷大约为 79295. 46t/a，其中溶解态 COD 负荷为 76621. 87t/a，吸附态 COD 负荷为 2673. 59t/a，其贡献比例分别为 96. 63% 和 3. 37%。

对流域非点源氮贡献最大的污染源主要为种植，其贡献比例为 34. 39%；其次为土壤侵蚀，贡献比例为 27. 28%；农村生活和养殖的贡献比例分别为 16. 65% 和 14. 61%；径流对非点源氮的贡献较小，为 7. 07%。对流域非点源磷贡献较大的污染源主要为土壤侵蚀，贡献比例达到 35. 40%；其次为种植，贡献率为 29. 68%；农村生活和畜禽养殖贡献为 15. 87% 和 15. 45%；径流的贡献比例为 3. 59%。对流域非点源 COD 贡献较大的污染源主要为畜禽养殖，贡献比例达到 60. 71%；其次为农村生活和径流，贡献率分别为 22. 01% 和 12. 15%；种植和土壤侵蚀的贡献较小，均在 4% 以下。综合来看，种植和土壤侵蚀为影响流域非点源氮、磷的重要污染源，养殖和农村生活为影响非点源 COD 的重要污染源，

属于需要优先控制非点源。

综合考虑点源和非点源污染，核算出的氮、磷、COD 污染负荷及其比例见表 5-9。可以看出，白洋淀流域氮、磷和 COD 负荷分别为 31815.47t/a、3873.32t/a 和 110728.52t/a，其中对流域氮、磷和 COD 污染负荷影响较大的主要为非点源污染，其贡献比例分别达到 77.11%、86.93% 和 71.61%。

表 5-9　流域氮磷、COD 污染负荷及其来源解析结果

污染物来源		氮		磷		COD	
		污染负荷/(t/a)	比例/%	污染负荷/(t/a)	比例/%	污染负荷/(t/a)	比例/%
点源	工业排放	4065.12	12.78	97.85	2.53	5382.02	4.86
	城镇污水	3217.28	10.11	408.21	10.54	26051.03	23.53
非点源	农村生活	4085.20	12.84	534.51	13.80	17505.28	15.81
	畜禽养殖	3584.74	11.27	520.35	13.43	48139.04	43.47
	种植	8437.32	26.52	999.44	25.80	1342.27	1.21
	径流	1734.26	5.45	120.81	3.12	9635.28	8.70
	土壤侵蚀	6691.55	21.03	1192.15	30.78	2673.59	2.41
合计		31815.47	100	3873.32	100	110728.51	100

对氮污染而言，贡献较大的污染源为种植和土壤侵蚀，贡献率分别为 26.52% 和 21.03%，累计贡献率为 47.55%；对磷污染贡献较大的污染源则为土壤侵蚀和种植，贡献率分别为 30.78% 和 25.80%，累计贡献率为 56.58%；对 COD 污染贡献较大的污染源则为畜禽养殖和城镇污水，贡献率分别为 43.47% 和 23.53%，累计贡献率为 67.00%。综合来看，种植、畜禽养殖、土壤侵蚀和城镇污水是影响白洋淀流域氮、磷、COD 污染物的核心污染来源，属于优先控制源。

5.3　入淀河流沉积物重金属生态风险及其来源解析

5.3.1　方法原理

1. 改进的生态风险评价指数

首先采用地累积指数（Muller，1969）[$I_{geo}=\log_2(C_i/1.5B_i)$] 和单项污染指数 [$PI=C_i/C_{io}$] 对研究区各重金属的累积程度和污染程度进行评价，采用内梅罗综合污染指数 [$NIPI=0.5\sqrt{I_{Avg}^2+I_{Max}^2}$] 评估综合污染水平，同时应用富集因子法 [$EF=(C_i/C_{ref})_{sample}/(C_i/C_{ref})_{background}$] 识别环境系统中的重金属元素的人为扰动情况。式中，C_i 为样品中重金属元素实测含量；B_i 为各元素的地球化学背景值；C_{io} 为重金属含量的评价标准；I_{Avg} 和 I_{Max} 分别为单项污染指数的平均值和最大值；C_{ref} 为参比元素（选择较稳定的 Mn 元素）的含量。污染等级评价指标见表 5-10。

表 5-10　污染评价指标与污染程度对照表

单项污染指数	内梅罗综合指数	污染程度	富集因子	富集程度
PI≤0.7	NIPI≤0.7	安全	EF<2	轻微富集
0.7<PI≤1	0.7<NIPI≤1	警戒限	2≤EF<5	中度富集
1<PI≤2	1<NIPI≤2	轻污染	5≤EF<20	显著富集
2<PI≤3	2<NIPI≤3	中污染	20≤EF<40	强烈富集
PI>3	NIPI>3	重污染	EF≥40	极强富集

进一步采用改进的生态风险评价方法（modified potential ecological risk index，MRI）辨识河流沉积物中重金属的生态风险。与潜在生态风险指数（potential ecological risk index，RI）相比，MRI 不但考虑了元素含量及其生态及环境效应，还兼顾考虑了人类活动以评估一个地点的污染程度。在改进的生态风险评价方法中，应用富集因子作为基本计算单位。

$$\mathrm{MRI} = \sum E_{\mathrm{r}}^{i} = \sum T_{\mathrm{r}}^{i}\mathrm{EF}_{i} \tag{5-23}$$

式中，EF 为富集因子；E_{r}是给定金属的单项潜在生态风险因子；T_{r}是金属的毒性响应因子。本研究以 Hakanson 标准化重金属毒性系数为评价依据对 As、Cd、Cr、Cu、Ni、Pb 和 Zn 等 7 种重金属进行风险评价。

2. 正定矩阵因子分解源解析模型

正定矩阵因子分解法（PMF）是以因子分析法为基础开发出的一种受体模型，在大气、水体、土壤、沉积物等多种环境介质中得到较广应用（Norris et al.，2014）。PMF 模型对因子载荷和源成分贡献进行了非负约束，以保证源成分谱和源贡献率的重要物理意义。模型中分解了受体样品浓度数据矩阵，并根据最小二乘法不断进行限定和迭代计算使目标函数 Q 最小化，其定义如下：

$$x_{ij} = \sum_{k=1}^{p} g_{ik} f_{kj} + e_{ij} \tag{5-24}$$

$$Q = \sum_{i=1}^{n} \sum_{j=1}^{m} \left(\frac{e_{ij}}{u_{ij}}\right)^2 \tag{5-25}$$

式中，x_{ij}为样品 i 中元素 j 的含量；g_{ik}为源 k 对样品 i 的贡献；f_{kj}为源 k 中元素 j 的含量；e_{ij}为残差矩阵；μ_{ij}为样品 i 中元素 j 含量的不确定性。

受体样本浓度数据的不确定性值（Ucn）计算方法为

$$\mathrm{Ucn} = \sqrt{(\mathrm{EF}\times \mathrm{concentration})^2 + (0.5\times \mathrm{MDL})^2} \tag{5-26}$$

$$\mathrm{Ucn} = 5/6\times \mathrm{MDL} \tag{5-27}$$

式中，MDL 为浓度检测限；EF 为不确定参数；concentration 为浓度。可依据具体情况选择计算方法。

PMF 模型不确定性分析包括自举法（bootstrap，BS）、扰动法（displacement，DISP）、

自举-扰动法（bootstrap-displacement，BS-DISP）。分析使用 EPA PMF5.0 软件。

3. 重金属生态风险来源解析方法

对河流沉积物中重金属的环境风险来源进行解析，是进一步为环境评价、治理提供依据的重要步骤。生态风险源解析模型的构建思路是，将源解析结果中不同来源的重金属构成纳入生态风险模型中，定量计算源特定风险。在生态风险计算模型的选取上，使用一种新的风险评估方法，该方法主要用来评价环境中重金属的综合生态风险，考虑了毒性反应因子来区分金属的效应，并消除了金属数量对累积风险的影响，将富集因子作为参数结合内梅罗生态风险指数的计算思路对生态风险指数进行了修正。在该方法的基础上，将由 PMF 计算得到的不同污染源的重金属构成数据带入生态风险计算模型，对每一个污染源分别计算其带来的特定风险，以便更好地识别生态风险的来源（李悦昭，2021；Li et al.，2020a，2020b）。公式如下：

$$\mathrm{mEr}_i^k=\mathrm{Tr}_i\times\mathrm{EF}_i^k=\mathrm{Tr}_i\times\frac{C_i^k/B_i}{C_\mathrm{r}^k/B_\mathrm{r}} \tag{5-28}$$

$$\mathrm{mNIER}^k=\sqrt[2]{0.5\times[(m\mathrm{Er}_{\mathrm{Avg}}^k)^2+(m\mathrm{Er}_{\mathrm{Max}}^k)^2]} \tag{5-29}$$

式中，C_i^k、C_r^k为 PFM 计算得到的污染源 k 中元素 i 的含量和参比元素含量；B_i、B_r为元素 i 和参比元素的背景浓度；Tr_i为元素 i 的毒性反应因子；EF_i^k为源 k 中元素 i 的富集因子；mEr_i^k为源 k 中元素 i 的生态风险指数；$\mathrm{mEr}_{\mathrm{Avg}}^k$、$\mathrm{mEr}_{\mathrm{Max}}^k$为污染源 k 中所有元素的风险指数的平均值和最大值；mNIER^k为源 k 的内梅罗综合生态风险。分级标准见表 5-11。

表 5-11　生态风险分级标准

mEr/mNIER	风险程度
≤40	低风险
(40，80]	中等风险
(80，160]	强风险
(160，320]	很强风险
>320	极强风险

进一步，在研究区重金属污染和风险评价的基础上，针对源解析结果进行生态风险分析，各污染来源的风险贡献如下：

$$C_j^k=\mathrm{Frct}_j^k\times C_j \tag{5-30}$$

$$\sum_{k=1}^{p}\mathrm{Frct}_j^k=1 \tag{5-31}$$

式中，C_j^k、Frct_j^k分别为来自污染源 k 的第 j 个样本中金属元素的浓度和贡献；C_j为第 j 个样本的测量浓度；p 为污染源数量。

5.3.2 入淀河流及其受纳湖泊沉积物重金属污染风险特征

1. 重金属分布特征

在府河沉积物中，Cd、Cu、Fe、Pb 和 Zn 的浓度平均值全部超过背景值，其中 Cd、Zn、Cu 各达到背景值的 8.22 倍、4.18 倍和 3.51 倍（表 5-12）。有 32.4% 的 Cd 元素和 48.6% 的 Zn 元素的单项污染程度在轻污染及以上，而 Cu 和 Pb 元素仅在个别点有污染，其他元素的单项污染指数均不超标。Cd、Zn、Cu 和 Pb 元素的含量整体跨度很大，最大值均超过《土壤环境质量 农用地土壤污染风险管控标准（试行）》（GB 15618—2018）的不同污染风险筛选值。综合来看，府河沉积物中的 Cd、Zn、Cu 和 Pb 元素浓度较大，其中 Cd 元素浓度超标最严重，对比已有相关研究，结果较为一致。与国内主要流域重点河流情况相比，府河的 Cd 元素含量仅仅略低于松花江，Zn、Cu 和 Pb 元素含量超过其他河流。

表 5-12 沉积物重金属元素含量统计 （单位：mg/kg）

区域	项目	Cd	As	Cr	Co	Cu	Fe	Ni	Mn	Pb	Zn	V
府河	最大值	4.35	9.99	86.4	16	780	3.99×10^4	49.9	1270	166	1312	97.2
	最小值	0.09	1.86	33.1	9	18.9	2.28×10^4	19.7	396	16.8	73.7	60
	平均值	0.8	6.03	58.3	11.6	80.8	3.06×10^4	29.6	609	44.8	328	74.4
	中值	0.35	6.06	58.2	11.6	50	3.04×10^4	28.9	549	32.9	246	72.4
	标准偏差	0.97	2.07	15.1	2.05	129	4.42×10^3	6.94	186	34.9	274	9.29
	变异系数/%	1.22	0.34	0.26	0.18	1.6	0.14	0.23	0.3	0.78	0.84	0.12
	偏态系数	2.22	0.1	0.24	0.58	4.82	0.36	0.68	1.41	1.98	1.51	0.58
受纳湖体	最大值	1.73	16.1	78.5	15.7	154	3.88×10^4	111	925	48.9	366	118
	最小值	0.096	4.56	35.9	7	24.9	1.83×10^4	20.3	420	16.8	67.2	56.8
	平均值	0.4	8.96	57.7	11.9	44.9	3.06×10^4	35.1	655	25.1	127	83.9
	中值	0.3	8.25	58.6	11.7	37.5	3.07×10^4	28.7	621	23.6	105	82.7
	标准偏差	0.33	3.26	8.93	2	29.1	4.97×10^3	21.8	141	6.53	65.4	14.6
	变异系数/%	0.81	0.36	0.15	0.17	0.65	0.16	0.62	0.22	0.26	0.51	0.17
	偏态系数	2.69	1.02	−0.34	−0.16	2.93	−0.55	3.19	0.58	2	2.12	0.11
标准 1		0.3	30	250	—	150	—	60	—	80	200	—
标准 2		0.6	30	300	—	200	—	100	—	140	250	—
背景值		0.097	14.2	72.6	16.7	23	2.82×10^4	34.1	616	25.1	78.4	80.1

注：标准 1 和标准 2 为风险筛选值为 $pH\le5.5$ 和 $6.5<pH\le7.5$ 下的污染物浓度标准；背景值为河北省 C 层土壤元素背景值算数平均值。

受纳湖体中，除 Co、Cr、Fe 外所有元素均呈正偏态分布，其中 Cu 元素含量在 24.9 ~ 154mg/kg，与太湖及鄱阳湖相比，含量存在一定差异。与区域土壤背景值相比，除 As、

Co和Cr外的元素含量均值全部超过背景值。依据国家土壤环境质量中不同污染风险筛选值标准，有15%样品中的Cd元素处于轻微污染。对比府河与其受纳湖体的重金属含量情况，不难看出，府河整体的重金属含量较受纳湖体高。对已识别出存在污染的Cd、Zn、Cu和Pb元素的含量，府河的值均达到受纳湖体的2倍以上，最大值更是达到3～5倍，污染情况明显更严重（李悦昭等，2020）。

根据采样点的位置，对上游、中游（城区）和下游的代表性重金属元素Cd、Cu、Pb和Zn进行空间分析。总体上，下游为重点污染区，除Cu外，另外3个重金属均呈现显著的浓度积累。4种污染物中，Cd和Zn污染较重，下游明显超标。根据野外调查和文献研究，上游采样点分布于西大洋水库出水口起30km左右的河段，由于水库出水水质较好，且沿路污染较少，重金属含量不大。水流经过约80km的河道后，进入保定市城区，污染浓度略有上升，但均低于标准值，主要由于河流大部分穿越市中心，且是保护治理措施较好的景观河流，污染程度较低。下游河流从清远县到湖泊长约50km，沿途分布有来自企业、污水处理厂、城市雨污排水口等的污水口，并且存在农田和养殖场的污染，加之上游蓄积明显增加了污染浓度，水质较差。此外，入口附近污染浓度有所下降，这可能与入口的大表面积和一定的湖泊调节作用有关。

2. 重金属污染特征

利用地累积指数法进一步辨析府河及其受纳湖体沉积物中重金属的环境特征。可以看出，府河沉积物中仅Cd、Cu、Zn元素存在累积性污染，其中Cd、Zn元素达到中等污染水平（$1<I_{geo}\leqslant2$）。另外从地累积指数分级频率来看，受Cd、Cu、Zn、Pb元素污染的样品比例分别达到40.54%～86.49%（表5-13）。根据内梅罗综合污染指数（NIPI）结果分析，半数以上的点污染水平达轻度污染以上，个别达重度污染水平。基于NIPI指数的特性，该结果受污染超标严重的Cd元素影响较大。应用富集因子法分析，除Cd、Cu、Zn元素外，其他重金属元素均处于轻微富集水平（EF<2），其中Cd元素达到显著富集水平（5≤EF<20）。由于我国北方地区干旱缺水，为缓解农用水紧缺状况，保定市采用污水灌溉的农田面积10年内增长了约1000hm^2，而府河部分河段为污水渠道，主要接收工农业和生活产生的废水，进行污灌后，污灌土地存在重金属积累，以Zn、Cu、Cd、Pb为主，可见Cd、Zn、Cu和Pb一直是府河的主要污染元素。

表5-13　入淀河流沉积物重金属的地累积指数和富集因子污染程度分布（单位：%）

元素	I_{geo}						EF			
	无（$I_{geo}\leqslant0$）	轻-中等（$0<I_{geo}\leqslant1$）	中等（$1<I_{geo}\leqslant2$）	中等-强（$2<I_{geo}\leqslant3$）	强（$3<I_{geo}\leqslant4$）	强-极强（$4<I_{geo}\leqslant5$）	轻微（EF<2）	中度（2≤EF<5）	显著（5≤EF<20）	强烈（20≤EF<40）
As	100	0	0	0	0	0	100	0	0	0
Cd	13.5	32.4	21.6	5.4	18.9	8.1	16.2	40.5	35.1	8.1
Co	100	0	0	0	0	0	100	0	0	0
Cr	100	0	0	0	0	0	100	0	0	0
Cu	32.4	35.1	27.0	0	2.7	2.7	43.2	48.6	5.4	2.7

续表

元素	I_{geo}						EF			
	无 ($I_{geo} \leqslant 0$)	轻-中等 ($0<I_{geo} \leqslant 1$)	中等 ($1<I_{geo} \leqslant 2$)	中等-强 ($2<I_{geo} \leqslant 3$)	强 ($3<I_{geo} \leqslant 4$)	强-极强 ($4<I_{geo} \leqslant 5$)	轻微 (EF<2)	中度 (2≤EF<5)	显著 (5≤EF<20)	强烈 (20≤EF<40)
Fe	100	0	0	0	0	0	100	0	0	0
Mn	97.3	2.7	0	0	0	0	97.3	2.7	0	0
Ni	100	0	0	0	0	0	100	0	0	0
Pb	59.5	24.3	13.5	2.7	0	0	78.4	16.2	5.4	0
V	100	0	0	0	0	0	100	0	0	0
Zn	32.4	16.2	24.3	24.3	2.7	0	43.2	21.6	35.1	0

注：因数据修约，分项加和可能不等于100。

受纳湖体中，仅Cd和Cu元素有累积性污染，其中Cd元素达到中度累积水平（$1<I_{geo} \leqslant 2$），而Cu达到轻-中度累积水平（$0<I_{geo} \leqslant 1$）。从地累积指数分级频率来看，仅Cd、Cu、Zn元素存在累积。依据内梅罗综合污染指数分析，有28.5%的点达警戒限，其中仅有1个点达中度累积。富集因子法分析结果显示，大部分的元素均处于轻微富集水平（EF<2），仅Cd元素达中度富集水平（2≤EF<5）。受纳湖体的重金属累积程度较府河而言，污染元素一致，而污染累积程度较轻。

3. 重金属风险特征

进一步应用改进的生态风险指数来对府河及其受纳湖体沉积物中重金属的潜在生态风险进行评价，结果见表5-14。结果表明，府河中Cd元素的单项风险因子达轻微以上水平（Er≤40），其中有16.22%的样品达到很强风险水平（160<Er≤320），有27.03%的样品达到极强风险水平（Er>320），主要原因可能为Cd元素在沉积物中的含量较高，且其具有较高的毒性系数。府河的综合潜在生态危险指数均值为311.81，处于强风险水平（300≤MRI≤600）。对受纳湖体来说，Cd元素的单项风险因子达到轻微以上水平（Er≤40）。综合来看，府河及其受纳湖体的主要生态风险污染物为Cd元素。相对地，府河沉积物中处于较高的单项风险等级的样品数更多且污染程度更强，生态风险也更高。综合来说，由于府河长时间接收各类污废水水量大并且时间长，其沉积物中的生态风险显著高于受纳湖体。

表5-14　入淀河流重金属不同生态风险等级样品比例　（单位：%）

等级	As	Cd	Cr	Cu	Ni	Pb	Zn	MRI
轻微（Er≤40）	100	16.22	100	94.59	100	100	43.24	43.24
中等（40<Er≤80）	0	13.51	0	2.70	0	0	21.62	21.62
强（80<Er≤160）	0	27.03	0	0.00	0	0	16.22	16.22
很强（160<Er≤320）	0	16.22	0	2.70	0	0	18.92	18.92
极强（Er≤320）	0	27.03	0	0.00	0	0	0.00	0.00

注：因数据修约，分项加和可能不等于100。

4. “河–湖”沉积物重金属差异分析

利用 t 检验，对府河和下游湖体沉积物中重金属的地球化学特征和生态风险进行差异分析，主要包括单项污染指数、地累积指数、内梅罗综合指数、富集因子和潜在风险指数。结果表明，府河及其受纳湖体的地累积指数的方差和均值差异均不显著（$p>0.05$），可以认为该系统受到相似的人为来源污染。单项污染指数、内梅罗综合指数、富集因子和潜在风险指数的方差差异均显著（$p<0.05$），其中单项污染指数和富集因子的均值差异均不显著（$p>0.05$），表明府河及其受纳湖体的污染程度和富集情况总体较接近，但有部分重金属的污染程度差异较大（主要为 Cd 元素）。对重金属污染和风险情况的空间分布进行识别可知，受纳湖体沉积物重金属的内梅罗综合指数及潜在生态风险指数的空间分布比较相似，但方差与均值的差异较大。受纳湖体的西北部污染和风险程度最严重，该位置为府河入淀口，可以认为是主要的污染负荷输入通道。

5.3.3 入淀河流沉积物重金属生态风险源解析

1. 重金属污染来源识别

应用 PMF 模型对河流沉积物重金属的来源进行识别。各元素的信噪比（S/N）均在 4.7 以上，符合模型计算要求。在应用该模型之前，采用主成分分析来确定因子的数量，结果表明，3 个因子解释了总方差的 96.7%，能够提供最有意义的信息来描述初始数据集。在 Robust 模式下设置不同因子数（2～4）运行，其中由 2 因子向 3 因子时残差比（Q_{robust}/Q_{true}）下降明显，且当因子数继续增加后降幅较小。因此，确定最佳因子数为 3。对结果进行旋转运算，运算后因子共线性问题有所降低。

采用 BS、DISP 和 BS-DISP 法捕捉随机误差和因子旋转不确定性。DISP 结果中，Q 的下降幅度在 1% 以内，表明得到的 Q 是全局最小值，且不存在因子交换，表明源解析结果误差较小，源谱的各个因子定义明确。污染来源的 BS 结果显示，各因子的匹配度均在 90% 以上。BS-DISP 结果表明存在因子交换，可能源于个别因子的主要载荷不够稳定，也可能是样本量及其代表性有待加强。综合不确定性分析结果可知，源解析结果有较高的可靠性。

从图 5-4 可以看出，因子 1 负责总方差的 78.6%，主要包括 Cr、As、Ni、Mn、Co、Fe 和 V，这些元素在河流沉积物的污染水平较低。以往研究表明，环境中的 Co、Ni、Fe 和 V 一般来自岩石和土壤母质风化侵蚀的自然输入。在府河沉积物中，100% 的 As 样品、100% 的 Co 样品、81.1% 的 Cr 样品、78.4% 的 Ni 样品、73.0% 的 V 样品和 60.0% 的 Mn 样品浓度低于其相应的背景浓度。因此，因子 1 可能是受成土母质影响的自然来源（自然源）。

因子 2 占总方差的 12.2%，是 Zn 元素的主要来源，另外对 Cr、Cu 和 Ni 以及除了 Cd 外的其他元素有一定贡献。研究表明，河流中游市区段的 Zn、Cr、Ni 和 Cu 元素浓度显著高于上游（$p<0.05$），表明城市活动（如工业和生活污水）可能是这些金属在环境中的主

要来源。之前的研究也表明，城市活动中包括电镀、金属表面处理和其他与金属相关的行业，车辆排放、污水污泥和道路径流都可能是环境中 Zn 元素的来源。因此，因子 2 可能为城市活动污染源（城市源）。

因子 3 对 Cd 的贡献较大，对 Pb、Cu 和 Zn 的贡献较小。基于地累积指数和富集因子等地球化学分析，这 4 种元素被确定为河流沉积物中与人类活动相关的主要污染物，表明该因子也具有人为源的特征。多项研究表明，农业活动中施用化肥和杀菌剂增加了环境中 Cd、Zn 和 Cu 的浓度。磷肥中含有 Cd，而在水果、农作物和蔬菜中的一些杀菌剂中，通常含有 Cu 和 Zn。最近的一项研究还证明，该地区沉积物中的 Cd 和 Zn 与总磷显著相关，表明这些金属很可能来自农业活动。另外，尽管河流下游和中游的 Cu 和 Zn 没有显著差异（$p>0.05$），其在中游市区的浓度水平显著高于上游（$p<0.05$），这表明该因子也与城市活动有关。此结果也与之前的研究结果相同，该地区的 Cd、Pb 和 Zn 可能与铅蓄电池厂、化纤厂和金属生产厂的工业废水有关。因此，因子 3 可能是工业和农业活动的混合源（混合源）。

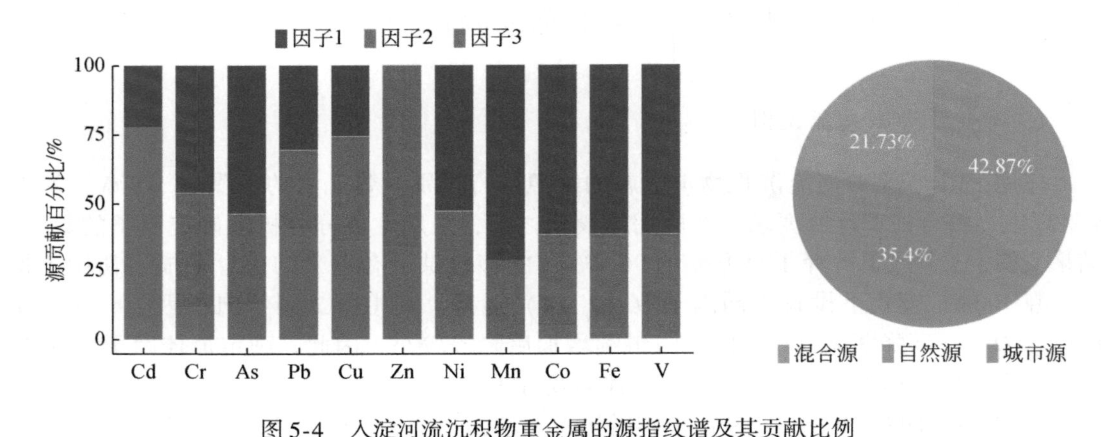

图 5-4　入淀河流沉积物重金属的源指纹谱及其贡献比例

2. 重金属“源特异”生态风险

基于 PMF 计算出的污染来源解析结果，从重金属总量（测量浓度）和确定的污染来源（城市源、自然源和混合源）分别评估由重金属造成的不同来源生态风险。将源解析结果带入生态风险模型进行计算，根据表 5-15 可知，除 Cd 和 Cu 以外，其他大部分金属对河流沉积物中的栖居生物均无生态效应。相反，从生态风险值可以看出，由于环境中的高浓度和高毒性反应因子，约有 70.27% 的 Cd 样本处于强风险水平以上（mEr>80）。其中，43.24% 的 Cd 样本处于很强风险水平及以上（mEr>160）。值得注意的是，已有研究利用包括风险评估准则和生物可用性金属指数等方法对该地区的研究结果也类似，即 Cd 在该区域具有中等生物风险（李悦昭，2021）。

通过分析不同来源 Cd 带来的生态风险，可以看出，城市源和混合源中单项潜在生态风险因子在强风险水平（80<mEr≤160）以上的样本所占比例分别为 35.14% 和 29.74%（表 5-15）。相对的，城市活动在强风险水平（80 < mEr ≤ 160）所占的比例较高

(29.73%)，而混合的工业和农业活动带来了很强风险（160<mEr≤320）(16.22%) 和极强风险（mEr>320）(8.11%)，表明 Cd 的高风险与人为来源息息相关。多项调查也证明了 Cd 在受人类活动影响的水生环境中的生态风险较高。需要关注的是，之前的研究显示，1943 ~2012 年保定市的生态风险指数与人均国内生产总值（GDP）之间存在显著的关系，进一步证实了人类活动的增加对环境的影响。

表 5-15　入淀河流沉积物重金属“源特异”生态风险等级　　(单位:%)

		低风险	中等风险	强风险	很强风险	极强风险
重金属总量	As	100.00	0.00	0.00	0.00	0.00
	Cd	5.41	24.32	27.03	13.51	29.73
	Co	100.00	0.00	0.00	0.00	0.00
	Cr	100.00	0.00	0.00	0.00	0.00
	Cu	94.59	2.70	0.00	2.70	0.00
	Mn	100.00	0.00	0.00	0.00	0.00
	Ni	100.00	0.00	0.00	0.00	0.00
	Pb	100.00	0.00	0.00	0.00	0.00
	V	100.00	0.00	0.00	0.00	0.00
	Zn	100.00	0.00	0.00	0.00	0.00
自然源	Cd	40.54	37.84	10.81	10.81	0.00
	Cu	100.0	0.00	0.00	0.00	0.00
城市源	Cd	54.05	10.81	29.73	5.41	0.00
	Cu	97.30	2.70	0.00	0.00	0.00
混合源	Cd	59.46	10.81	5.41	16.22	8.11
	Cu	94.59	2.70	2.70	0.00	0.00

进一步，针对源解析结果分别计算改进的内梅罗指数值（mNIER），以评估每个采样点的所有重金属带来的总体风险（图 5-5）。mNIER 值范围在 22.7 ~ 860.6，平均值为

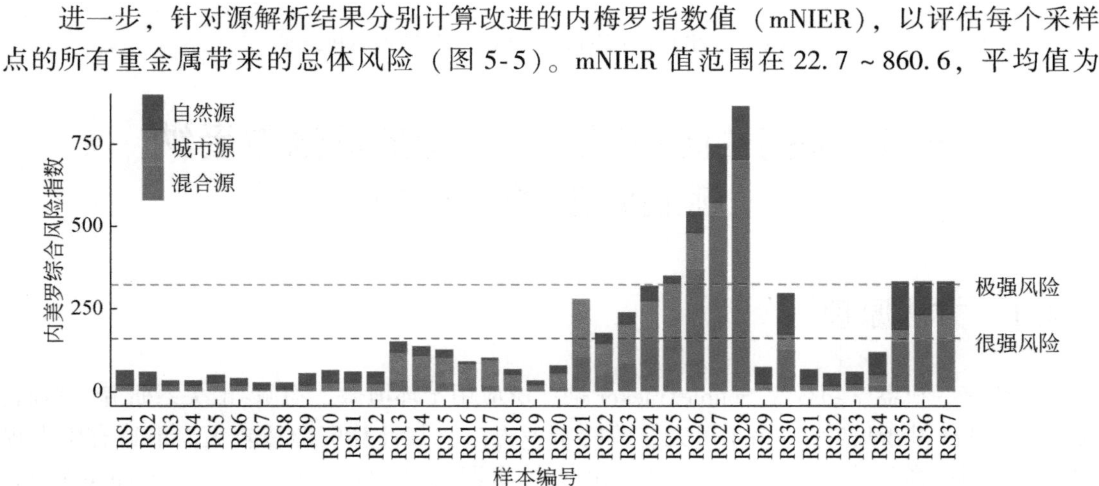

图 5-5　入淀河流沉积物重金属综合生态风险分布

137.7，污染水平在中等风险、强风险、很强风险和极强风险的样品比例分别达 35%、16%、14% 和 19%。重要的是，大约 33% 的样本中 mNIER 值高于 160，这意味着河流沉积物中所有的重金属都构成了高生态风险。相对而言，下游的整体生态风险水平显著高于上游和中游（$p<0.05$）。Cd 在河流沉积物中的分布在很大程度上解释了这一结果，证实了 Cd 对整体环境生态风险的贡献。

3. 重金属生态风险来源解析

一般来说，识别重金属在环境中造成生态风险的潜在来源，是实施源头控制和预防措施的基本前提。特别是，面向污染源的污染物风险评估对于制定针对性的风险防控战略至关重要，因为不同污染源的风险程度因其浓度和毒性反应因子的不同而不同。在本研究中，在大多数采样点，混合源和城市活动对综合生态风险的影响比例较高。相对而言，城市活动在中等风险水平（24.3%）和强风险水平（16.2%）中所占比例较高，而农业和工业混合源在很强风险水平（8.1%）和极强风险水平（8.1%）中所占比例较高（图 5-6）。整体而言，对不同污染源的生态风险评价表明，Cd 是作用于河流沉积物的重要风险因子，主要来源于由城市、工农业活动，与以往的研究结果一致。

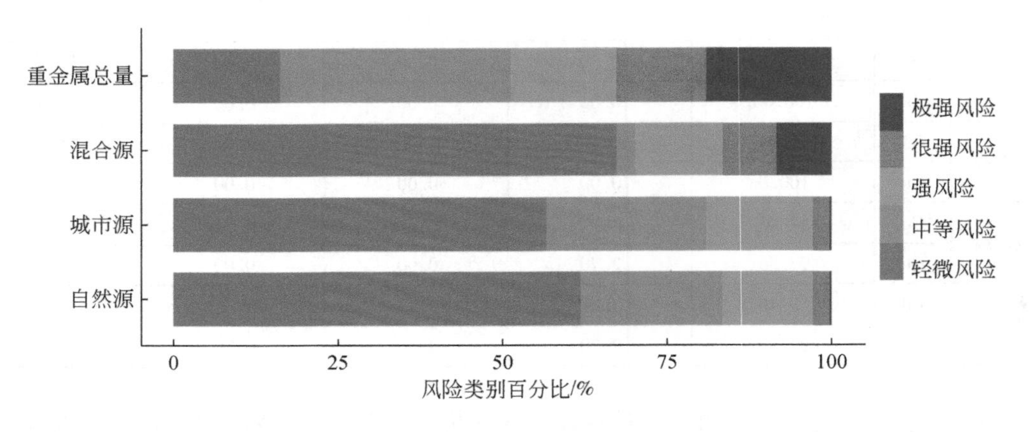

图 5-6　入淀河流沉积物重金属生态风险源解析结果

5.4　基于抗性指纹谱的入淀河流与受纳湖泊源汇关系辨析

5.4.1　方法原理

近年来，机器学习模型 SourceTracker 被广泛应用于环境微生物源-汇关系研究。然而，SourceTracker 基于贝叶斯-马尔可夫链蒙特卡罗方法，其计算资源量较大。最近有学者提出了一种新的微生物溯源方法——最大化微生物源跟踪工具（FEAST），与 SourceTracker 相比，FEAST 是一种高效的基于期望最大化的方法，其在计算效率上有明显优势。本小节介绍利用 FEAST 模型和抗性基因指纹谱辨析入淀河流及其受纳湖泊源汇关系（Chen et al., 2020）。

1. 原始测序数据预处理

使用 Readfq 软件对每个宏基因组数据集中的原始序列进行筛选，以去除超过 40 个核苷酸质量低于 38 的序列、不明确的核苷酸超过 10 个的序列、与适配器序列重叠超过 15bp 的序列。

2. 宏基因组组装与开放阅读框预测

在质量控制之后，使用 MegaHit 软件（v1. 1. 2）对每个样本的质控后序列用默认参数重新组装。然后，使用 MetaProdigal 软件（v2. 6. 3）以参数 '－p meta' 将组装的长于 500bp 的重叠群用于预测。最后，使用 CD-HIT 软件（v4. 6. 8）对开放阅读框（ORF）集合进行聚类，以超过 90% 较短的 ORF 长度 95% 同源性为标准（设置为－c0. 95，－G0，–aS0. 9，–g1，–d0），并将预测的大于 100bp 核苷酸的非冗余 ORF 用于后续分析（章雨欣，2022）。

3. 抗性基因分类注释

抗性基因（ARG）的参考数据库是 HMD-ARG 数据库（http://www. cbrc. kaust. edu. sa/HMDARG/）。用 DIAMOND（v2. 0. 9）软件将预测的 ORF 序列与 HMDARG 数据库进行比对。当预测的 ORF 序列在参考数据库中具有 60% 以上的相似度，并且查询覆盖率超过 70% 时，将其标注为含 ARG 的 ORF。为了便于比较，将标注的 ORF 的覆盖率归一化到单位宏基因组数据集，单位为×/GB，然后通过计算相同 ARG 类型或子类型的覆盖率之和来获得相同 ARG 类型或子类型的覆盖率，计算公式如下：

$$\text{coverage}(\times/\text{Gb}) = \sum_{1}^{n} \frac{N_{\text{mapped reads}} \times L_{\text{reads}} / L_{\text{ARG-like ORF}}}{S} \tag{5-32}$$

式中，n 代表属于该 ARG 类型或亚型的已注释 ORF 的数量；$N_{\text{mapped-reads}}$ 表示映射至 ARG 的 ORF 数量；L_{reads} 代表序列长度；$L_{\text{ARG-like-ORF}}$ 为 ARG 的 ORF 序列长度；S 为测序样本数据大小。

4. 移动基因元件注释

移动基因元件（MGE）的参考数据库是 MGE 数据库（https：//github. com/KatariinaParnanen/MobileGeneticElementDatabase）。该 MGE 数据库包含 2706 个非冗余序列，属于超过 270 种不同的基因类型，包括质粒、整合酶、转座酶和插入序列。预测的 ORF 序列与相应数据库的比对、标注和分类注释过程同 ARG。

5. 微生物群落分类注释

宏基因组序列的分类注释使用一种新的宏基因组分类器 Kaiju（v1. 6. 3），其中，序列通过 Burrows-Wheeler 变换在蛋白质水平上搜索 progenome 数据库的最大精确匹配。此外，通过投票机制确定了携带 ARG 的重叠群（ACC）的分类，即如果超过 50% 的类 ARG 的 ORF 归属于同一个分类单元，则 ACC 被分配到对应的界/门/纲/目/科/属/种（章雨欣，2022）。

6. 统计分析

应用 t 检验、曼–惠特尼（Mann-Whitney）U 检验、相关分析、线性回归、普鲁克（Procrustes）分析、非度量多维标度（NMDS）分析、主坐标分析（PCoA）、Adonis 检验和冗余分析（RDA）等方法来测试“河–湖”系统中基因（ARGs/MGEs/crAssphage）的差异和相关性，所有统计检验均在 $p<0.05$ 时具有显著性。通过计算 ARG 之间的所有可能的成对斯皮尔曼（Spearman）相关系数（Spearman 的 $\rho>0.7$，$p<0.01$）构建相关矩阵，通过网络分析来探索 ARG 的共现性，使用 Gephi 软件（v0. 9. 2）可视化相关网络。

5. 4. 2　入淀河流微生物群落特征

在河流沉积物中共检测到 49 个细菌门和 6 个古菌门。革兰氏阴性菌群中有 5 个优势菌门，其中含量最大的细菌门是变形菌门（53. 55% ~62. 21%），其次是拟杆菌门（6. 72% ~24. 65%）、厚壁菌门（1. 82% ~6. 92%）、放线菌门（2. 12% ~5. 51%）和疣微菌门（1. 095% ~5. 42%），其余微生物类群相对丰度均小于 2. 00%。古菌中以广古菌属（0. 24% ~5. 22%）、全古菌属（0. 02% ~0. 35%）和古菌属（0. 03% ~0. 12%）为主，其余 3 种古菌门相对丰度均小于 0. 01%。值得注意的是，不同河段的微生物群落分布存在显著差异（Adonis 检验，$p<0.01$）。其中，变形菌门在上游丰度较高，平均值为 67. 99%，中游与下游的丰度分别为 57. 72% 和 61. 56%。厚壁菌门在中游丰度较高，达 6. 23%，上游和下游丰度分别为 2. 05% 和 3. 64%。绿弯菌门在中游丰度 2. 48%，高于上游（0. 65%）和下游（1. 72%）。拟杆菌门在中游丰度达 13. 31%，而上游和下游都在 12% 以下。

在属和种水平上，分别鉴定出 1476 个属和 4950 个种。平均而言，硫杆菌属（*Thiobacillus*）（0. 38% ~4. 84%）、伏隔念珠菌属（*Candidatus Accumulibacter*）（0. 79% ~2. 22%）、十氯单胞菌属（*Dechloromonas*）（0. 41% ~2. 83%）、无气单胞菌属（*Anaerolinea*）（0. 05% ~3. 07%）和假单胞菌属（*Pseudomonas*）（0. 89% ~2. 00%）为主要细菌属，主要隶属于变形菌门和氯莱西门。在古菌群落中，甲烷菌属（*Methanoregula*）（0. 01% ~1. 64%）、甲烷蓟（*Methanothrix*）（0. 01% ~1. 5%）和甲醇菌属（*Methanolinea*）（0. 001% ~0. 50%）居前 3 位。值得注意的是，典型的粪便细菌（如粪杆菌属、拟杆菌和链球菌）主要分布在河流的中游，这可能归因于中游的采样点主要分布在保定市区，接收了大量的城市污水。另外，在菌种水平上，通过与细菌病原数据库（$n=538$）对比，共鉴定出 340 余种人类致病菌（HBPs）。

在群落生态学中，多样性指数的统计分析较为常见，而反映微生物群落的丰度和多样性的指数也较多。其中 ACE 指数和 Chao1 指数用于表示群落丰富度，指数越大证明群落的丰富度越高。Shannon 指数和 Simpson 指数用来表示群落的多样性，其中 Shannon 指数与群落多样性正相关，Simpson 指数与群落多样性负相关，其物种组成就更加均匀。

对府河沉积物群落的 α 多样性计算。ACE 指数的平均值在中游为 5186.69，下游为 5125.50，相较上游的 4970.66 较高。相似的，Chao1 指数的平均值在中游（5203.54）和下游（5110.11）比上游高（4869.67）。ACE 指数和 Chao1 指数均用来表示微生物群落的丰富度，府河中游流经城区，下游经过农田和养殖区域，有污水流入，微生物群落的丰富度较高。其中，点 S28 的 ACE 指数和 Chao1 指数最高，达 5600；而点 S31 的 ACE 指数和 Chao1 指数最低，在 4000 以下（其他点相应值均在 4600 ~ 5600）。点 S28 为府河流入其受纳湖体最大水面线的第一个点，该点在补水前无水面，而点 S31 为距点 S28 最近的微生物点，在短距离上微生物丰度产生了显著下降。Shannon 指数均值在下游为 7.21，上游和中游分别为 7.04 和 6.95，整体差距不大。Simpson 指数在全河段差距不大。据此辨识微生物群落的多样性可知，两个指数得到的结果较一致（李悦昭，2021）。

5.4.3 抗生素抗性基因指纹谱特征

在该“河-湖”系统中共检测出 24 大类 ARG，对大多数临床上重要的抗生素具有抗药性，见图 5-7。一方面，大多数 ARG 类型由河流和湖泊生态型所共有，而湖中缺少部分抗性基因，这可能表明在河流沉积物运输过程中 ARG 的衰减。另一方面，对肽抗性的基因仅存在于湖泊中，这表明白洋淀 ARG 的来源较复杂。

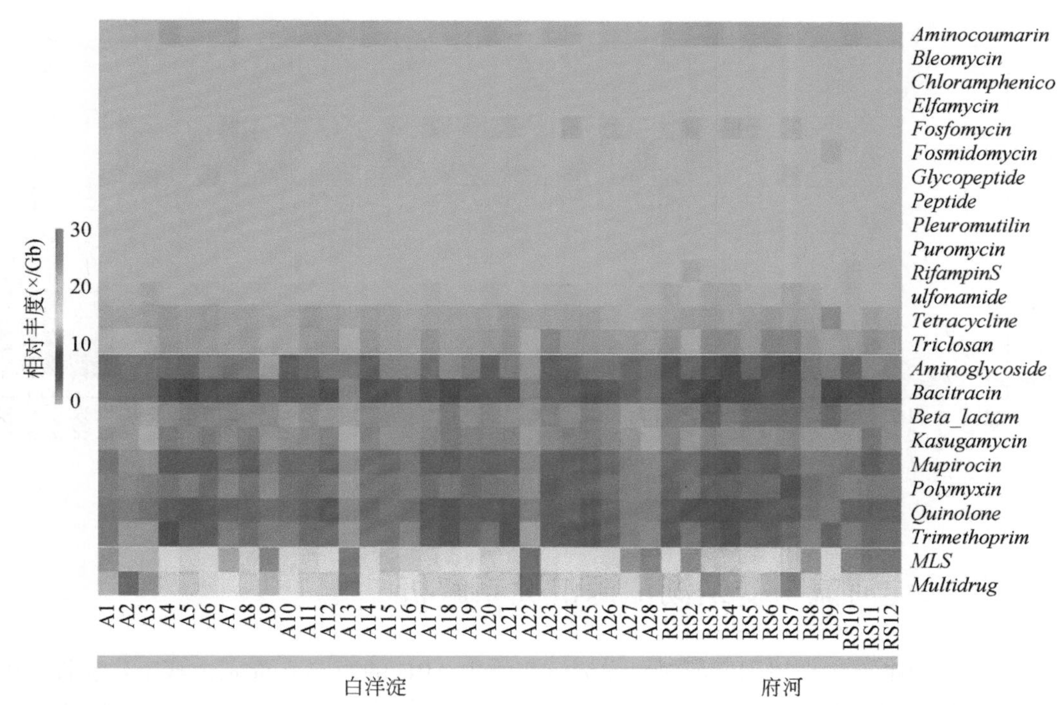

图 5-7　入淀河流及其受纳湖泊沉积物中抗性基因类型

就相对丰度而言，Pearson 相关分析显示大环内酯-林可酰胺-链霉菌素（MLS）、多药、莫匹罗星、多粘菌素、喹诺酮和甲氧苄啶抗性基因的覆盖率与总 ARG 密切相关（r^2 = 0.818 ~ 0.958，p<0.01），占 ARG 覆盖率的 70.1% ~ 78.5%。同时，多药被认为是最丰富的 ARG 类型，占 ARG 总覆盖率的 25.7% ~ 36.0%，这与先前的研究一致，即多药耐药性基因是水生环境中最多样化和最主要的 ARG 类型。关于多样性，共鉴定了 510 种 ARG 亚型，其中大多数类型未在该地区和其他河流或湖泊中鉴定出来。值得注意的是，检测到一些新兴的 ARG，包括 *mcr*-1（质粒介导的基因对大肠菌素具有抗性）、*qacB*（耐甲氧西林金黄色葡萄球菌的相关基因）、*tetX*（多种移动遗传元件介导的基因对四环素和替加环素有抗性），以及一系列与碳青霉烯类耐药的肠杆菌科相关的基因（*ccrA*、*FEZ*-1、*OXA* 型、*VIM* 型和 *GES* 型）（Chen et al., 2020）。

新发现的噬菌体“*crAssphage*”能够代表人类粪便和污水中最丰富的病毒，被用于追踪污水污染对沉积物中 ARG 的影响（Chen et al., 2019）。如图 5-8 所示，在沉积物中广泛检测到了噬菌体（50%），这意味着该地区普遍存在污水污染。值得一提的是，*crAssphage* 的丰度与 ARG 的覆盖率呈正相关（线性回归，p<0.05）[图 5-9（a）]，这表明 ARG 与污水污染相关。相对而言，与湖泊样品相比，河流沉积物的 *crAsspahge* 发生率和丰度明显更高（Mann-Whitney U 检验，p<0.05）[图 5-9（b）]。通常，城市人口稠密会导致大量污水废水和大量人类抗生素的使用，以及农业中促进剂的使用。尽管污水处理厂可以去除大部分耐药菌和抗生素残留，但持续排放大量污水会释放大量细菌，将 ARG 带入环境。

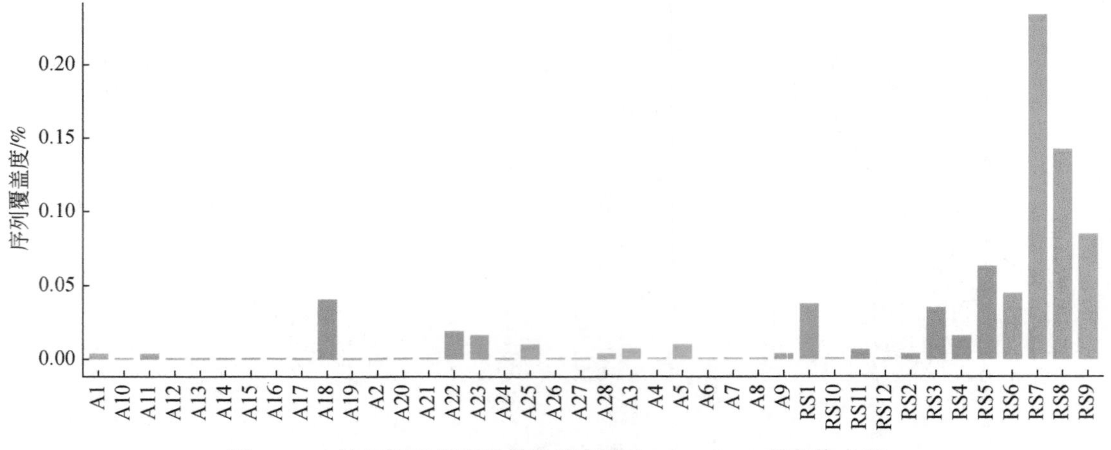

图 5-8　入淀河流及其受纳湖泊沉积物中 *crAssphage* 噬菌体丰度

5.4.4　入淀河流与受纳湖泊源汇关系解析

应用 FEAST 方法来识别府河对白洋淀沉积物中 ARG 的影响。首先，基于代表性 ARG 亚型的特征同时进行 SourceTracker 和 FEAST 分析，其中无法分配给潜在来源的物种/基因被指定为未知类别，这与汇中存在本地细菌和未考虑的其他来源有关。在这项研究中，沉积物样品中含有大量的本地生物细菌，为 Source-Tracker 未知来源解析带来了困难，而

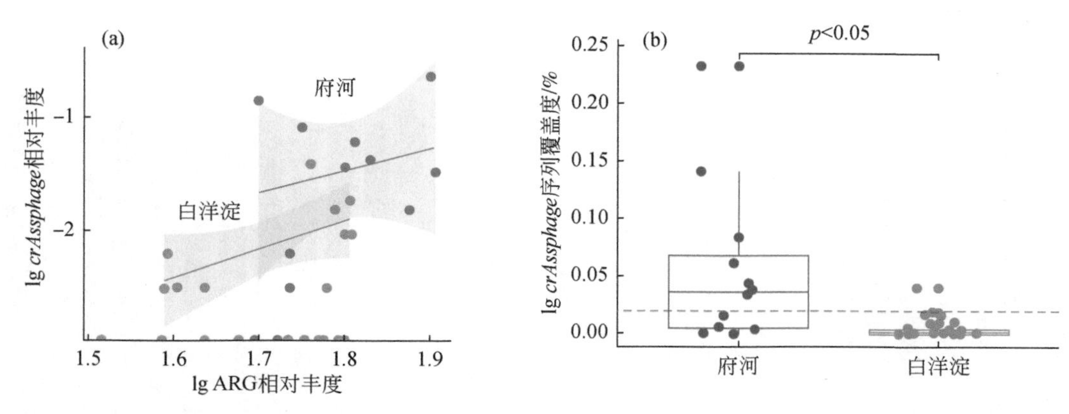

图 5-9　ARG 与 *crAssphage* 相关性（a）及源汇 *crAssphage* 丰度比较（b）

FEAST 考虑每个来源的未知相对丰度，并可以调整其估计值以增加未知来源的贡献，以减少可变性。此外，使用 LEfSe 过滤河流和湖泊之间沉积物中的高度差异性 ARG，共获得 11 种 ARG 亚型（图 5-10）。其中，*bacA* 被认为是细菌固有的，因为它在原始生态位中被大量检测到，并且在 153 属中也发现了它的同源物。然而，湖中的其他 5 种高度差异性 ARG（*KsgA*、*mfd*、*tetPB* 和 *arnC*）通常与该地区广泛使用的抗生素（即喹诺酮、四环素和大环内酯）有关，在很大程度上与其他来源相关联，例如湖中的水产养殖产量。

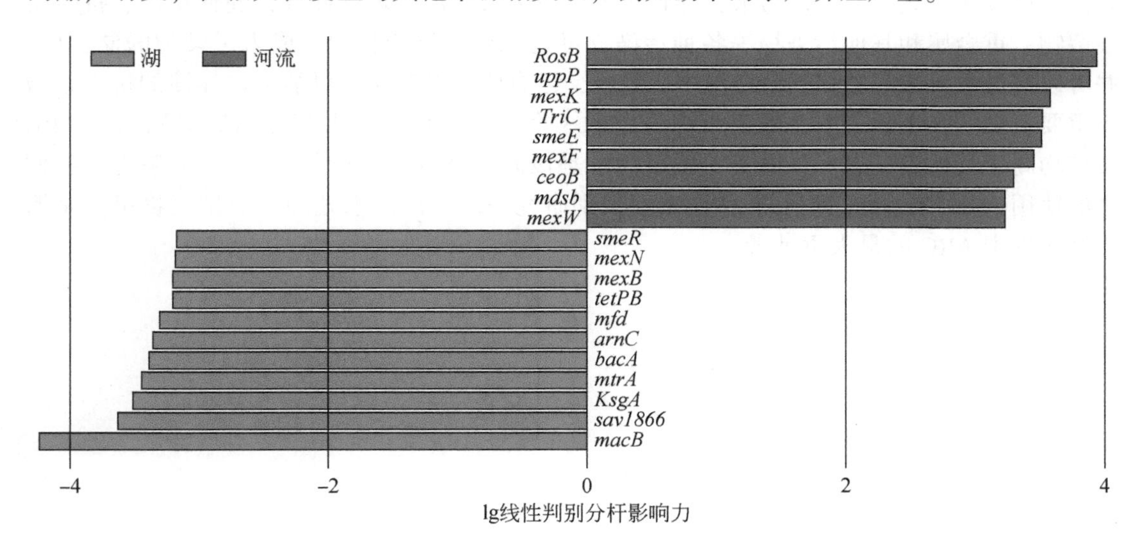

图 5-10　入淀河流及其受纳湖泊沉积物中特异性 ARG

排除可能与白洋淀本地细菌群落有关的 6 个高度差异性 ARG（*bacA* 和 6 个 MDR），再次进行 FEAST-LEfSe 分析，结果预测的未知比例无明显下降（图 5-11）。如图 5-11 所示，府河的负荷输送是白洋淀沉积物中 ARG 的主要来源（82.0% ~89.2%），而未知来源则占 10.8% ~18.0%。有趣的是，河流沉积物的相对贡献与其对 MGEs 的覆盖率呈正相关（线性回归，$p<0.05$），这表明 ARG 在河流中的运输很大程度上与 MGEs 促进的遗

传流动有关。

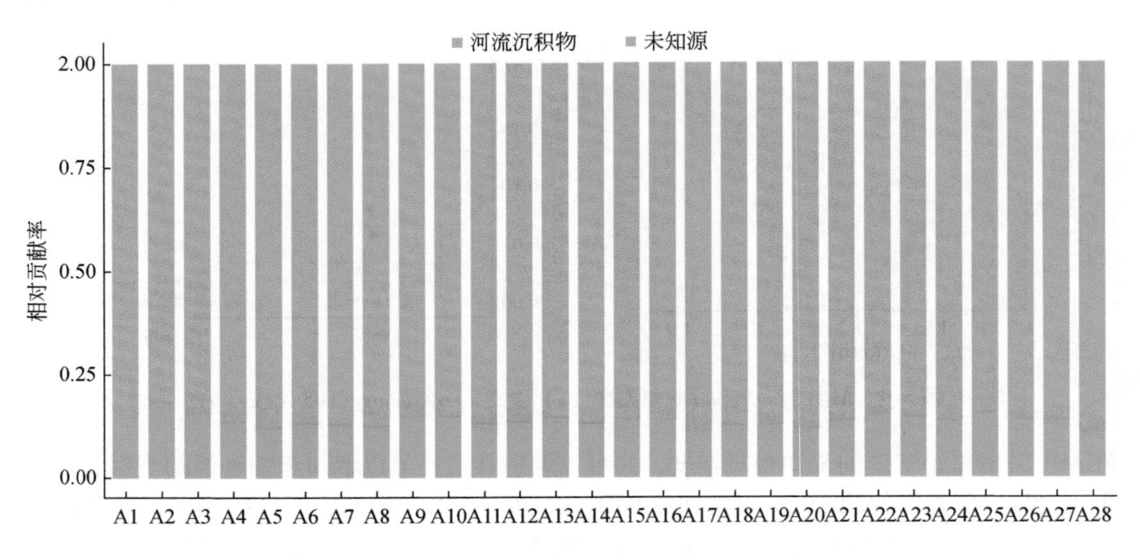

图 5-11　入淀河流及其受纳湖泊源汇关系解析结果

总体而言，计算结果与该地区的环境条件一致。府河流经保定市，居民人数超过 200 万，并持续接收大量的城市污水，导致污染负荷输入河流环境。此外，粪便细菌、抗生素残留物、重金属和其他污染物等各种污染物可能积聚在沉积物中，成为污染物的储存库，并可以通过水流一起转移到白洋淀中。另外，已有研究发现府河可能为白洋淀的抗生素做出重要贡献。在本研究中，保定市内分布的 3 个河流采样点对大部分湖泊沉积物的 ARG 贡献均高于其他点，进一步证实了城市污水是该湖中 ARG 的重要来源。该结果也与我们之前使用 SourceTracker 进行的 ARG 来源识别研究一致，即污水处理厂的排放物可能是河流沉积物中 ARG 的最大贡献者。

第6章　白洋淀上游河流水环境风险评估

本章对白洋淀上游河流水环境风险进行评估，主要内容分为非突发性水环境风险分析和突发性水环境风险分析两个部分，研究包括上游河流水环境风险形成机制、水环境风险评估方法以及水环境风险评估结果，以此为依据，深入分析了白洋淀现有补水线路可能存在的水环境风险。

6.1　上游河流水环境风险形成机制分析

6.1.1　风险识别和评估的内涵

水环境风险识别是指在风险事故发生之前，运用各种方法体系判断可能出现的各种水环境风险，分析和预测风险事故发生的潜在原因及范围，提前进行防范。水环境风险识别主要包括3个方面：风险源、风险因子和风险受体（孙滔滔等，2018）。

风险源是指对生态环境产生不利影响的一种或多种化学的、物理的或生物的风险来源。从形态来看，水环境风险源可以分为固定源、移动源及流域（面）源。固定源主要包括工业企业、加油站、污水处理厂等，风险主要形式在于泄漏事故、工业废水偷排乱排。移动源主要包括沿岸行驶的货车相撞或侧翻入水中、河流中运货船舶货物泄露等交通运输泄漏。流域（面）源主要包括居民区、农业区、畜禽养殖等产生的面源污染，主要通过地表径流或地下渗漏进入水体，具有范围大、持续时间长的特点。

风险受体即评价重点或受害对象（受体），顾名思义，水环境风险受体是水环境。本研究的水环境主要是地表水环境。

风险因子是最终造成水体风险的污染物，流域水环境中的污染物以氮磷、重金属和有机物为代表。我国约49%的河流、湖泊存在着由流域沉积物中的有机污染物、氮磷无机污染物以及重金属等引起的环境风险。固定源的主要风险因子包括有毒有害化学物质，移动源主要风险因子以石油类和有毒有害化学物质为主，而流域（面）源的主要风险因子包括氮磷营养元素、重金属、微生物等（刘晓辉等，2016）。

6.1.2　风险污染物指标及风险源选择

白洋淀上游河流水环境风险评价的主要目的在于更好服务于白洋淀淀区水质控制，因此对白洋淀淀区水质进行分析，明确主要的污染物指标，进而合理选择风险源。根据白洋淀国控断面采蒲台、光淀张庄、南刘庄、圈头、烧车淀5个断面的水质数据，采用熵权法对该5个断面的水质进行评估，选取溶解氧、高锰酸盐指数、总氮（TN）、总磷（TP）、化学需氧量（BOD）、生化需氧量（COD）、氨氮（NH_4^+-N）、石油类、挥发酚等9个污染指标作为评价影响因素，白洋淀5个断面的观测值见表6-1，得到各指标的熵权值见表6-2。

表6-1　白洋淀5个国控断面水质评价指标的观测值　　（单位：mg/L）

断面名称	溶解氧	高锰酸盐指数	TN	TP	BOD	COD	NH_4^+-N	石油类	挥发酚
采蒲台	8.876	7.749	1.371	0.087	4.227	35.027	0.326	0.0086	0.0002
光淀张庄	8.349	6.287	1.066	0.073	3.550	25.809	0.288	0.0095	0.0002
南刘庄	7.439	5.745	7.445	0.367	3.936	23.873	2.341	0.0177	0.0006
圈头	9.525	7.258	1.240	0.058	4.073	32.273	0.329	0.0082	0.0003
烧车淀	8.329	6.035	1.127	0.063	3.573	26.573	0.270	0.0095	0.0005

表6-2　水质评价指标的熵权值

指标	溶解氧	高锰酸盐指数	TN	TP	BOD	COD	NH_4^+-N	石油类	挥发酚
熵权值	0.045	0.066	0.187	0.161	0.071	0.065	0.196	0.118	0.091

可以看到，白洋淀5个国控断面的污染指标中NH_4^+-N、TN、TP对水质的影响作用位列前三，NH_4^+-N、TN、TP是农业面源污染的主要污染指标，NH_4^+-N也是工业企业排放的重要污染物指标，其次是石油类污染，白洋淀边上的雁翎油田、景观船只、餐饮业、食品加工业、洗车行业等排放的含油废水等均可能是石油类污染的来源。

因此白洋淀上游河流水环境风险来源主要考虑两部分：一是非突发性水环境风险，主要指面源污染以及点源日常排放产生的影响，该部分可考虑污染物的综合影响以及NH_4^+-N、TN、TP单一污染指标的风险；二是突发性水环境风险，包括工业企业的环境风险物质突发泄漏、非常规排放等原因造成的污染。

6.1.3　风险形成的过程因素

风险源作用于风险受体需经过一系列过程，河流水环境风险主要受到河流特性、自然地理及社会发展条件、水污染治理能力等多因素影响，河流特性可以直接反映河流水资源与水环境现状、河流水质现状以及河流自身对于污染物迁移的影响，对河流水环境风险的最终评估具有重要影响；自然地理及社会发展条件是水环境风险的间接驱动要素（张彦等，2019）。在流域的发展过程中，人类的社会经济活动起主导作用，污染源距离风险受体的距离也间接影响了风险的衰减情况；水污染治理能力则影响污染物产生到排放的过程；这些因素均对水环境风险形成起到重要作用，属于过程因素。

6.2 上游河流水环境风险评估方法

6.2.1 非突发性水环境风险评估方法

非突发性水环境风险通常不会引起人们注意，与突发性水环境风险相比，具有同样的破坏性且难以预测。非突发性水环境风险的存在主要由于人们在执行环境规划时，允许污染物进入水体，而水体混合之后的浓度在一定程度上可能超过环境容量，一旦水体受不确定性因素影响时，其自净能力会发生变化，水体污染物的浓度可能超过环境容量而造成污染的事故。水环境风险评价中较为复杂的便是非突发性水环境风险评估，由于不同风险源的累加效果对水环境造成的影响存在区别，量化表征此影响更为困难，但其对于环境保护和环境问题决策有重要意义。

1. 数据来源

研究区域内各县区的人口数量、GDP、人口自然增长率、耕地面积、化肥施用量（折纯量）、畜禽养殖量、工业废水排放达标率、城镇生活污水集中处理率、城镇垃圾收集率、农村人口数量等数据主要来自各地区统计年鉴或经济统计年鉴；水质数据主要源自《保定市国、省控水环境质量月报》《保定市主要河流跨界断面水质》等政府网站的公布数据以及实地增补的监测数据（2021 年 3 月）；节能环保支出数据主要来自于政府网站公布的一般公共预算决算支出表；畜禽粪便排泄系数、农村人体粪尿产生系数、农村人均生活污水产生系数、农村卫生厕所普及率、农村畜禽粪污资源化利用率、化肥综合利用率、农村生活污水处理率、流域种植业、畜禽养殖业以及农村生活源污染物的入河系数等数据源自中国农村统计年鉴、中国畜牧兽医年鉴、中国城乡建设统计年鉴以及其他参考文献；工业废水相关数据源自省生态环境厅或县市生态环境局。年鉴数据年份为 2018 年，其他数据为 2020 年。

2. 风险评估单元划分

收集白洋淀流域 DEM 数据，并利用 ArcGIS 中的水文分析模块划分白洋淀子流域，同时考虑流域内的行政区划、水功能区划以及《水污染防治行动计划》（即“水十条”）的要求，对白洋淀子流域的边界范围进行修正（刘明喆等，2019）。子流域划分后，将白洋淀上游入淀河流，按照县区分成若干个河段单元，同时参考白洋淀各子流域的控制范围，以及各个县区的行政边界，划分每个河段单元的流域控制范围，最终生成 24 个水环境风险评价单元，以“河流名称–县级行政区名称”的方式命名评价单元。

具体的河段单元划分情况如下（潴龙河和萍河因常年断流，不纳入研究范围）。

孝义河补水路线：孝义河–高阳段、孝义河–蠡县段、孝义河–博野段、孝义河–安国段、孝义河–曲阳段和孝义河–定州段；

府河：府河–莲池段和府河–清苑段；

漕河：漕河-满城段、漕河-易县段和漕河-徐水段；

瀑河：瀑河-易县段和瀑河-徐水段；

中易水河—南拒马河—白沟引河：中易水河—南拒马河—白沟引河-易县段、中易水河—南拒马河—白沟引河-定兴段和中易水河—南拒马河—白沟引河-容城段；

唐河：唐河-浑源段、唐河-灵丘段、唐河-唐县段、唐河-清苑段、唐河-涞源段、唐河-望都段、唐河-定州段和唐河-安新段。

3. 风险指标选取原则

白洋淀上游入淀河流水环境风险评价指标的选取遵循下列原则。

1）科学性原则

指标体系的科学性是确保评价结果准确合理的基础。评估活动是否科学，很大程度上依赖其指标、标准、程序等方面是否科学。因此，设计白洋淀上游河流水环境风险评价指标体系时要考虑到风险评价指标结构整体的合理性，从不同侧面反映水环境风险现状。

2）全面性原则

该指标体系是对白洋淀上游河流水环境风险进行综合评估，该指标体系的设计必须充分考虑到各统计指标的差异，在设计过程中应该充分考量到各风险来源，在具体指标选择上，必须为各个风险共有的指标含义，统计口径和范围尽可能保持一致，以保证指标的可比性。

3）代表性原则

代表性原则亦即综合性原则，即每个指标的选取力求能综合反映水环境风险的具体情况，而不仅仅只反映一个局部或具体方面。白洋淀上游河流水环境风险有关的指标需进行筛选，所精选的系列指标要科学地反映水环境风险水平。

4）方便性原则

方便性原则即所选取的白洋淀上游入淀河流水环境风险指标的数据必须易于搜集和计算，以减少主观臆断的误差。构建水环境风险指标体系和评价标准，必须在满足监测与评价目的的前提下尽可能采用相对成熟和公认的指标，以便于评价结果的比较与应用。要适宜于经常性动态监测，指标体系要简单明了，指标不能太多，换算不能太复杂，以保证评价判定及其结果交流的准确性和高效性。

4. 风险评估指标体系建立

水环境风险评价指标体系的建立是进行水环境风险评价的前提和基础。考虑到风险沿河流方向的传递性和累积性，把一条河流相邻两个河段中的上游河段看作下游河段的潜在风险来源之一，在遵循科学性、全面性、代表性、方便性等原则基础上，从风险源、河流特性、自然地理及社会发展条件、水污染治理能力等因素出发，构建了考虑河流上游河段对下游河段影响的水环境风险评价体系，如表6-3。

表 6-3　河流水环境风险评价指标体系

目标层	准则层	因素层	方案层	指标层	单位
河流水环境风险评价指标体系A	风险源 B_1	本河段控制范围内面源污染 C_1	种植业污染 D_1	单位耕地面积化肥施用量 E_1	kg/hm^2
			畜禽养殖业污染 D_2	畜禽粪便排泄量 E_2	万 t
			农村生活源污染 D_3	农村生活污水排放量 E_3	万 m^3
				农村人体粪尿排放量 E_4	万 t
		本河段控制范围内点源污染 C_2	工业废水 D_4	单位 GDP 工业废水排放量 E_5	t/万元
		相邻上游河段的水环境风险影响 C_3	风险值 D_5	相邻上游河段的风险值 E_6	分
			距离 D_6	到相邻上游河段的距离 E_7	km
	河流特性 B_2	断面 C_4	水质 D_7	河流水质现状 E_8	类
				河流水功能区达标率 E_9	%
			流量 D_8	多年平均年排水量或径流深×流域面积 E_{10}	亿 m^3
	自然地理及社会发展条件 B_3	社会发展 C_5	人口特征 D_9	人口数量 E_{11}	万人
				人口自然增长率 E_{12}	‰
			经济水平 D_{10}	人均 GDP E_{13}	万元
		自然地理 C_6	污染源位置 D_{11}	污染源到白洋淀的距离 E_{14}	km
	水污染治理能力 B_4	初级控制机制 C_7	排污达标 D_{12}	工业废水排放达标率 E_{15}	%
			污水处理 D_{13}	城镇生活污水集中处理率 E_{16}	%
			垃圾收集 D_{14}	城镇垃圾收集率 E_{17}	%
		刺激控制机制 C_8	风险管理投资 D_{15}	环境保护投资指数 E_{18}	%

1）风险源子系统

风险源的有效识别是水环境风险评价的前提和基础。风险源子系统中选择单位耕地面积化肥施用量、畜禽粪便排泄量、农村生活污水排放量、农村人体粪尿排泄量作为面源污染的评价指标。其中，单位耕地面积化肥施用量反映研究区域种植业污染程度，畜禽粪便排泄量反映研究区域畜禽养殖业污染程度，农村生活污水排放量、农村人体粪尿排泄量反映研究区域农村生活源污染程度（张彦等，2019）。选取单位 GDP 工业废水排放量作为点源污染的评价指标。此外，在河流下游河段水环境风险评价中，还需考虑来自相邻上游河段的水环境影响，因此将相邻上游河段的风险值及其到相邻上游河段的距离也作为下游河段污染的评价指标。

2）河流特性子系统

河流特性可以直接反映河流水资源与水环境现状，也是水环境评价系统的重要组成部分。以河流水质现状、河流水功能区达标率直接反映河流水环境现状，多年平均年排水量或径流深×流域面积直接反映河流水资源现状以及其对污染物浓度及污染物迁移的影响。对于补水线路的河流需考虑补水量的影响。

3）自然地理及社会发展条件子系统

自然地理及社会发展条件是水环境风险的间接驱动要素，在流域发展过程中，人类的社会经济活动起主导作用。选取人口数量、人口自然增长率和人均 GDP 作为社会发展的评价指标，其中人口数量、人口自然增长率反映研究区域人口规模和变化情况，人均 GDP 反映研究区域经济发展水平的高低。选取污染源到白洋淀的距离指标反映研究区域内污染物迁移至白洋淀的衰减作用。

4）水污染治理能力子系统

水污染治理能力是河流水环境污染防治和风险管理的主要驱动要素。采用工业废水排放达标率反映工业点源污染控制和治理水平，采用城镇生活污水集中处理率反映研究区域内城镇生活污水集中收集处理设施的配套程度，采用城镇垃圾收集率反映研究区域内对城镇生活垃圾的处理能力，采用环境保护投资指数即环保投资占 GDP 比例以反映研究区域对环境保护投入的重视程度，该指标衡量环境保护与经济发展协调关系，一般认为当环境保护投资占 GDP 比例达到1% ~1.5%时，可以控制环境污染恶化的趋势；当该比例达到2% ~3%时，环境质量可有所改善。环保投资数据主要包括环境保护管理事务、环境监测与监察、污染防治、退耕还林、污染减排等方面的支出，这些方面的支出为水环境风险管理与污染防治提供了基础。

对于单一污染物 NH_4^+-N、TN、TP 的水环境风险评价指标体系与水环境综合风险评价指标体系大致相同，仅在风险源子系统指标层更改为 NH_4^+-N、TN、TP 的污染物入河量，不再赘述。

5. 风险评估指标权重的确定

美国运筹学家 Saaty 在 20 世纪 70 年代提出的层次分析法（AHP）是一种定量与定性分析相结合的决策分析方法。利用 AHP 方法，可以将复杂问题分解为若干层次和若干因素，计算出参评因素的相互关联度和隶属关系，通过两两比较，构造比较矩阵，确定层次中各因素的相对重要性，通过构造判断矩阵，确定各因素的权重，从而为决策方案的选择提供依据。

传统 AHP 的判断矩阵定量评价值采用 Saaty 提出的 1 ~9 标度方法。当评价体系中指标较多时，迭代次数较多、运算量大，且判断矩阵很可能因一致性较差（甚至不具有一致性）而导致计算出的权重值可靠性低。因此，本次运用改进层次分析法（IAHP），采用三标度（0，1，2），对指标进行两两比较，建立比较矩阵，进而确定判断矩阵。IAHP 的三标度含义为：0 表示 C_i不如 C_j重要，1 表示 C_i和 C_j同等重要，2 表示 C_i比 C_j重要（C_i、C_j均为评价指标）。IAHP 具有自调节功能，无需一致性检验，与传统 AHP 方法相比，标度值具有合理性和良好的判断传递性，在比较判断过程中提高了准确性。

利用 IAHP 计算风险评估指标权重的步骤如下：

（1）邀请水环境专家填写调查问卷，基于调查问卷的结果，建立比较矩阵 $\boldsymbol{A}$。比较矩阵 $\boldsymbol{A}$ 建立后建立最优传递矩阵 $\boldsymbol{B}$、把最优传递矩阵 $\boldsymbol{B}$ 转化为一致性矩阵 $\boldsymbol{C}$，并将矩阵 $\boldsymbol{C}$ 作为判断矩阵，计算公式见式（6-1）和式（6-2）。

$$B_{ij} = \frac{1}{n}\sum_{k=1}^{n} a_{ik} + a_{kj} \tag{6-1}$$

$$C_{ij} = \exp(B_{ij}) \tag{6-2}$$

（2）根据判断矩阵 $\boldsymbol{C}$ 计算该层各元素关于其上层某元素的优先权重，称为层次单排序。判断矩阵 $\boldsymbol{C}$ 中的最大特征值对应的特征向量作为该层 n 个元素的相对权重值，计算公式见式（6-3）。

$$\boldsymbol{CX} = \lambda_{\max}\boldsymbol{X} \tag{6-3}$$

式中，$\boldsymbol{X}=[X_1, X_2, \cdots, X_n]^{\mathrm{T}}$ 为特征向量，作为该层次 n 个元素的相对权重向量；$\lambda_{\max}$ 为判断矩阵 $\boldsymbol{C}$ 的最大特征值。

（3）将最下层指标所求的层次单排序的权重值与对应的上一层指标的层次单排序的权重值逐一相乘，得到底层所有终极指标相对于最高层指标的权重值。

采用 MATLAB 软件编写代码进行计算，得到水环境综合风险评估指标权重，见表 6-4，TN、TP、NH_4^+-N 等单一污染物水环境风险评价指标权重与综合风险评估指标权重仅在准则层为风险源的情况下有所差别，具体取值见表 6-5。

表 6-4　河流水环境综合风险评价指标权重

目标层	准则层	因素层	方案层	指标层	单位	起始河段权重	其他河段权重
河流水环境风险评价指标体系	风险源	本河段控制范围内面源污染	种植业污染	单位耕地面积化肥施用量	kg/hm^2	0.1280	0.1148
			畜禽养殖业污染	畜禽粪便排泄量	万 t	0.0657	0.0590
			农村生活源污染	农村生活污水排放量	万 m^3	0.0247	0.0221
				农村人体粪尿排放量	万 t	0.0091	0.0081
		本河段控制范围内点源污染	工业废水	单位 GDP 工业废水排放量	t/万元	0.2276	0.1048
	河流特性	相邻上游河段的水环境风险影响	风险	相邻上游河段的风险值	分	–	0.1069
			距离	到相邻上游河段的距离	km	–	0.0393
	自然地理及社会发展条件	断面	水质	河流水质现状	类	0.0895	0.0895
				河流水功能区达标率	%	0.0329	0.0329
			流量	多年平均年排水量或径流深×流域面积	亿 m^3	0.0450	0.0450
	水污染治理能力	社会发展	人口特征	人口数量	万人	0.0146	0.0146
				人口自然增长率	‰	0.0054	0.0054
			经济水平	人均 GDP	万元	0.0543	0.0543
		自然地理	污染源位置	污染源到白洋淀的距离	km	0.0273	0.0273
		初级控制机制	排污达标	工业废水排放达标率	%	0.0418	0.0418
			污水处理	城镇生活污水集中处理率	%	0.0214	0.0214
			垃圾收集	城镇垃圾收集率	%	0.0110	0.0110
		刺激控制机制	风险管理投资	环境保护投资指数	%	0.2018	0.2018

表 6-5　河流水环境 TN、TP、NH_4^+-N 风险评价指标权重

目标层	准则层	因素层	方案层	指标层	单位	起始河段	其他河段
						权重	权重
河流水环境风险评价指标体系	风险源	本河段控制范围内面源污染	面源污染	面源污染 TN、TP、NH_4^+-N 污染量	t	0.2276	0.2041
		本河段控制范围内点源污染	工业废水	工业废水 TN、TP、NH_4^+-N 污染量	t	0.2276	0.1048
		相邻上游河段的水环境风险影响	风险	相邻上游河段控制范围内 TN 污染量	t	–	0.1069
			距离	到相邻上游河段的距离	km	–	0.0393

6. 风险评估指标分级标准

各评价指标划分等级标准的依据是：

（1）各指标建立分级标准时，率先采用国家标准或者省、市标准规定的界限值；

（2）有关研究领域的参考文献较多时，可以参照文献中指标的分级标准，并结合研究区域的实际情况来对指标的评价等级进行划分；

（3）当没有国家、省市标准或者相关的参考文献分级数据可以参考的情况下，可以使用韦伯–费希纳定律来计算指标的分级标准界限值。

韦伯–费希纳定律是1860年德国的物理、心理学家费希纳在其导师韦伯的研究成果上建立起来的，是一项描述心理量和物理量之间关系的定律。它可以将人的感觉量化。该定律可以避免人为划分指标等级的主观性，客观确定指标标准限值，能够反映评价指标各个评价等级之间的突变特性，该定律的表达式见式（6-4）：

$$k = a\log c \tag{6-4}$$

式中，k 是人体产生的反应量；a 是韦伯常数；c 是客观环境刺激量。

将韦伯–费希纳定律应用到水环境风险评估中，假设 c 是影响水环境风险的外部因素即风险评价指标；把人体产生的反应量 k 视为评价指标对水环境风险的影响程度，将式（6-4）两侧进行差分变换，可得公式（6-5）：

$$\Delta k = a(\Delta c/c) \tag{6-5}$$

该式表明当影响水环境风险的外部因素 c 即评价指标值呈等比变化时，对水环境风险的影响程度呈等差变化。若将指标 i 划分为 5 个等级，则可推导得到指标 i 任意两个等级 n、m 之间的关系如公式（6-6）所示：

$$\frac{C_{in}}{C_{im}} = a_i^{n-m}(n, m = 1, \cdots, 6) \tag{6-6}$$

当 $m=0$ 时，式（6-6）可以表达为

$$a_i = (c_{in}/c_{i0})^{1/6} \tag{6-7}$$

式中，a_i是指标 i 在同一等级上下界限的比值；C_{in}是指标 i 的最大值；C_{i0}是指标 i 的最小值。

以水环境综合风险评价指标体系为例，对风险源子系统、河流特性子系统、自然地理

及社会发展条件子系统、水污染治理能力子系统内各评价指标等级进行划分。

1）风险源子系统

（1）单位耕地面积化肥施用量。国际上公认的化肥使用安全上限为 225kg/hm^2，保定市近 10 年来的化肥施用强度平均超过 450kg/hm^2，最高时可达 600kg/hm^2，其中保定市竞秀区和莲池区的化肥施用强度更是达到 1000kg/hm^2，参考白洁等（2020）研究成果，并结合流域的实际情况，采用等距划分法，划定指标的分级标准为：Ⅰ级，小于 250kg/hm^2；Ⅱ级，250 ~ 450kg/hm^2；Ⅲ级，450 ~ 650kg/hm^2；Ⅳ级，650 ~ 850kg/hm^2；Ⅴ级，大于 850kg/hm^2。

（2）畜禽粪便排泄量。该指标尚无国家或省市的相应标准且相关参考文献缺乏，因此采用韦伯-费希纳定律来划分指标等级标准。收集并计算研究区域各县区畜禽粪便排泄量数据，其最大值为 129.2 万 t，最小值为 3.8 万 t，利用公式并结合流域的实际情况，划定指标的分级标准为：Ⅰ级，小于 3.8 万 t；Ⅱ级，3.8 万 ~ 12.3 万 t；Ⅲ级，12.3 万 ~ 39.8 万 t；Ⅳ级，39.8 万 ~ 129.1 万 t；Ⅴ级，大于 129.1 万 t。

（3）农村生活污水排放量。该指标尚无国家或省市的相应标准且相关参考文献缺乏，因此采用韦伯-费希纳定律来划分指标等级标准。研究区域各县区其最大值为 320.3 万 m^3，最小值为 22.4 万 m^3，结合流域的实际情况，划定指标的分级标准为：Ⅰ级，小于 22.4 万 m^3；Ⅱ级，22.4 万 ~ 54.3 万 m^3；Ⅲ级，54.3 万 ~ 131.9 万 m^3；Ⅳ级，131.9 万 ~ 320.3 万 m^3；Ⅴ级，大于 320.3 万 m^3。

（4）农村人体粪尿排放量。该指标尚无国家或省市的相应标准且相关参考文献缺乏，因此采用韦伯-费希纳定律来划分指标等级标准。研究区域各县区其最大值为 20.0 万 t，最小值为 1.4 万 t，结合流域的实际情况，划定指标的分级标准为：Ⅰ级，小于 1.4 万 t；Ⅱ级，1.4 万 ~ 3.4 万 t；Ⅲ级，3.4 万 ~ 8.2 万 t；Ⅳ级，8.2 万 ~ 20.0 万 t；Ⅴ级，大于 20.0 万 t。

（5）相邻上游河段的风险值。该指标等级划分参考本研究风险评估等级划分以及已有文献（唐登勇等，2019），划定最终的分级标准为：Ⅰ级，0 ~ 1 分；Ⅱ级，1 ~ 2 分；Ⅲ级，2 ~ 3 分；Ⅳ级，3 ~ 4 分；Ⅴ级，4 ~ 5 分。

（6）到相邻上游河段的距离。该指标尚无国家或省市的相应标准且相关参考文献缺乏，因此采用韦伯-费希纳定律来划分指标等级标准。研究区域各县区其最大值为 53.7km，最小值为 14.2km，结合流域的实际情况，划定指标的分级标准为：Ⅰ级，大于 53.7km；Ⅱ级，34.4 ~ 53.7km；Ⅲ级，22.1 ~ 34.4km；Ⅳ级，14.3 ~ 22.1km；Ⅴ级，小于 14.3km。

（7）单位 GDP 工业废水排放量。该指标尚无国家或省市的相应标准且相关参考文献缺乏，因此采用韦伯-费希纳定律来划分指标等级标准。研究区域各县区其最大值为 52.91t/万元，最小值为 0t/万元，结合流域的实际情况，划定指标的分级标准为：Ⅰ级，小于 1t/万元；Ⅱ级，1 ~ 4t/万元；Ⅲ级，4 ~ 14t/万元；Ⅳ级，14 ~ 52t/万元；Ⅴ级，大于 52t/万元。

2）河流特性子系统

（1）河流水质现状。该指标分级采用国家标准《地表水环境质量标准 GB3838－2002》，依据地表水水域环境功能和保护目标，按功能高低将水质依次划分为Ⅰ ~ Ⅴ级，其中劣Ⅴ类水和Ⅴ类水都划分成Ⅴ级。

（2）河流水功能区达标率。2010 年全国重要江河湖泊水功能区水质达标率仅为 46%，2014 年则上升到 65% 左右，而国家在《水利改革发展“十三五”规划》提出到 2020 年，全国主要江河湖泊水功能区水质达标率要提高到 80% 以上的目标，结合流域的实际情况，采用等距划分法，划定指标的分级标准为：Ⅰ级，100%；Ⅱ级，80% ~100%；Ⅲ级，60% ~80%；Ⅳ级，40% ~60%；Ⅴ级，小于 40%。

（3）流量（多年平均年排水量或径流深×流域面积）。该指标尚无国家或省市的相应标准且相关参考文献缺乏，因此采用韦伯–费希纳定律来划分指标等级标准。收集研究区域内各河流数据，其最大值为 4.72 亿 m^3，最小值为 0.09 亿 m^3，结合流域的实际情况，划定指标的分级标准为：Ⅰ级，大于 5.0 亿 m^3；Ⅱ级，1.3 亿 ~5.0 亿 m^3；Ⅲ级，0.3 亿 ~1.3 亿 m^3；Ⅳ级，0.09 亿 ~0.3 亿 m^3；Ⅴ级，小于 0.09 亿 m^3。

3）自然地理及社会发展条件子系统

（1）人口数量。该指标尚无国家或省市的相应标准且相关参考文献缺乏，因此采用韦伯–费希纳定律来划分指标等级标准。研究区域各县区其最大值为 71.5 万人，最小值为 3.4 万人，结合流域的实际情况，划定指标的分级标准为：Ⅰ级，小于 3.4 万人；Ⅱ级，3.4 万 ~9.4 万人；Ⅲ级，9.4 万 ~25.9 万人；Ⅳ级，25.9 万 ~71.5 万人；Ⅴ级，大于 71.5 万人。

（2）人口自然增长率。该指标尚无国家或省市的相应标准且相关参考文献缺乏，因此采用韦伯–费希纳定律来划分指标等级标准。研究区域各县区其最大值为 10.6‰，最小值为–9.9‰，结合流域的实际情况，划定指标的分级标准为：Ⅰ级，小于–9.9‰；Ⅱ级，–9.9‰ ~3.1‰；Ⅲ级，3.1‰ ~3.8‰；Ⅳ级，3.8‰ ~10.6‰；Ⅴ级，大于 10.6‰。

（3）人均 GDP。该指标尚无国家或省市的相应标准且相关参考文献缺乏，因此采用韦伯–费希纳定律来划分指标等级标准。研究区域各县区其最大值为 5.0 万元，最小值为 1.1 万元，结合流域实际情况，划定指标的分级标准为：Ⅰ级，大于 5.0 万元；Ⅱ级，3.1 万 ~5.0 万元；Ⅲ级，1.9 万 ~3.1 万元；Ⅳ级，1.1 万 ~1.9 万元；Ⅴ级，小于 1.1 万元。

（4）污染源距离河流的距离。该指标尚无国家或省市的相应标准且相关参考文献缺乏，因此采用韦伯–费希纳定律来划分指标等级标准。收集研究区域污染源的相关数据，通过 GIS 确定最大值为 273km，最小值为 8km，结合流域的实际情况，划定指标的分级标准为：Ⅰ级，大于 273km；Ⅱ级，87 ~273km；Ⅲ级，27 ~87km；Ⅳ级，8 ~27km；Ⅴ级，小于 8km。

4）水污染治理能力子系统

（1）工业废水排放达标率。从 2008 年起，流域内的主要城市–保定市的工业废水排放达标率就已达到 95% 以上，该数值一直保持上升趋势。国务院颁发的《全国资源型城市可持续发展规划（2013–2020 年）》要求，到 2020 年，要实现工业废水排放完全达标。结合流域的实际情况，划定指标的分级标准为：Ⅰ级，100%；Ⅱ级，95% ~100%；Ⅲ级，90% ~95%；Ⅳ级，80% ~90%；Ⅴ级，小于 80%。

（2）城镇生活污水集中处理率。2010 年，河北省的城镇生活污水集中处理率达到 80%；到 2019 年底，河北省主要城市的城镇生活污水集中处理率为 95%，县城的污水处理率为 90%。我国“十三五”规划中提出，到 2020 年底，我国的城镇生活污水集中处理率要达到 95% 以上。参考国家以及河北省的相关标准，结合流域的实际情况，划定指标的分级标准为：Ⅰ级，100%；Ⅱ级，95% ~ 100%；Ⅲ级，90% ~ 95%；Ⅳ级，85% ~ 90%；Ⅴ级，小于 85%。

（3）城镇垃圾收集率。2015 年河北省的城镇垃圾收集率达到 90%，同时河北省《生态环境保护“十三五”规划》中明确要求，截止到 2020 年底，全省城市垃圾收集率要达到 95%，县城达到 90%。参考国家以及河北省的相关标准，结合流域的情况，划定指标的分级标准为：Ⅰ级，100%；Ⅱ级，95% ~ 100%；Ⅲ级，90% ~ 95%；Ⅳ级，85% ~ 90%；Ⅴ级，小于 85%。

（4）环境保护投资指数（环保投资占 GDP 比例）。根据国际经验，当治理环境污染的投资占 GDP 的比例达 1% ~ 1.5% 时，环境恶化的趋势可控制；当该比例达到 2% ~ 3% 时，环境质量可有所改善。发达国家在 20 世纪 70 年代环境保护投资占 GDP 的比例已达 2%。2016 年我国的环保投资占 GDP 比重为 1.24%，到 2020 年则上升至 1.45%。参考国际的相关标准以及白洁等（2020）、张彦等（2019）的研究成果，结合流域的实际情况，划定指标的分级标准为：Ⅰ级，大于 3%；Ⅱ级，2% ~ 3%；Ⅲ级，1% ~ 2%；Ⅳ级，0.5% ~ 1%；Ⅴ级，0 ~ 0.5%。

河流非突发性水环境综合风险评价指标分级标准见表 6-6。TN、TP、NH_4^+-N 的指标分级标准划定与综合指标分级标准划定方法一致，主要差别在于风险源子系统，因此将单一污染物（TN、TP、NH_4^+-N）水环境风险评价指标分级标准中的风险源部分列于表 6-7 ~ 表 6-9。

表 6-6　河流非突发性水环境综合风险评价指标分级标准

子系统	指标	单位	类型	评分标准				
				0 ~ 1 分	1 ~ 2 分	2 ~ 3 分	3 ~ 4 分	4 ~ 5 分
风险源	单位耕地面积化肥施用量	kg/hm^2	正向	0 ~ 250	250 ~ 450	450 ~ 650	650 ~ 850	≥850
	畜禽粪便排泄量	万 t	正向	0 ~ 3.8	3.8 ~ 12.3	12.3 ~ 39.8	39.8 ~ 129.1	≥129.1
	农村生活污水排放量	万 m^3	正向	0 ~ 22.4	22.4 ~ 54.3	54.3 ~ 131.9	131.9 ~ 320.3	≥320.3
	农村人体粪尿排放量	万 t	正向	0 ~ 1.4	1.4 ~ 3.4	3.4 ~ 8.2	8.2 ~ 20.0	≥20.0
	单位 GDP 工业废水排放量	t/万元	正向	0 ~ 1	1 ~ 4	4 ~ 14	14 ~ 52	≥52
风险源	相邻上游河段的风险值	分	正向	0 ~ 1	1 ~ 2	2 ~ 3	3 ~ 4	4 ~ 5
	到相邻上游河段的距离	km	负向	≥53.7	34.4 ~ 53.7	22.1 ~ 34.4	14.3 ~ 22.1	0 ~ 14.3
河流特性	河流水质现状	类	正向	Ⅰ	Ⅱ	Ⅲ	Ⅳ	Ⅴ/劣Ⅴ
	河流水功能区达标率	%	负向	100	80 ~ 100	60 ~ 80	40 ~ 60	0 ~ 40
	多年平均年排水量或径流深×流域面积	亿 m^3	负向	≥5.0	1.3 ~ 5.0	0.3 ~ 1.3	0.09 ~ 0.3	0 ~ 0.09
自然地理及社会发展条件	人口数量	万人	正向	0 ~ 3.4	3.4 ~ 9.4	9.4 ~ 25.9	25.9 ~ 71.5	≥71.5
	人口自然增长率	‰	正向	≤-9.9	-9.9 ~ -3.1	-3.1 ~ 3.8	3.8 ~ 10.6	≥10.6
	人均 GDP	万元	负向	≥5.0	3.1 ~ 5.0	1.9 ~ 3.1	1.1 ~ 1.9	≤1.1
	污染源到河流的距离	km	负向	≥273	87 ~ 273	27 ~ 87	8 ~ 27	0 ~ 8

续表

子系统	指标	单位	类型	评分标准				
				0~1分	1~2分	2~3分	3~4分	4~5分
水污染治理能力	工业废水排放达标率	%	负向	100	95~100	90~95	80~90	≤80
	城镇生活污水集中处理率	%	负向	100	95~100	90~95	85~90	≤85
	城镇垃圾收集率	%	负向	100	95~100	90~95	85~90	≤85
	环境保护投资指数	%	负向	≥3	2~3	1~2	0.5~1	0~0.5

注："正向型指标"是指数值越大，所带来的水环境风险越大；"负向型指标"是指数值越小，所带来的水环境风险越大。

表 6-7　河流非突发性水环境 TN 污染物风险评价指标分级标准

子系统	指标	单位	类型	评分标准				
				0~1分	1~2分	2~3分	3~4分	4~5分
风险源	面源污染产生的 TN 污染物入河量	t	正向	≤115.6	115.6~286.9	286.9~712.4	712.4~1769.2	≥1769.2
	工业废水产生的 TN 污染物入河量	t	正向	≤1	1~6.4	6.4~41.2	41.2~264.6	≥264.6
	相邻上游河段控制范围内污染源产生的 TN 污染物入河总量	t	正向	≤115.6	115.6~293.1	293.1~743.7	743.7~1886.9	≥1886.9
	到相邻上游河段距离	km	负向	≥53.6	34.4~53.6	22.1~34.4	14.3~22.1	0~14.3

表 6-8　河流非突发性水环境 TP 污染物风险评价指标分级标准

子系统	指标	单位	类型	评分标准				
				0~1分	1~2分	2~3分	3~4分	4~5分
风险源	面源污染产生的 TP 污染物入河量	t	正向	≤17.9	17.9~50.0	50.0~139.8	139.8~390.8	≥390.8
	工业废水产生的 TP 污染物入河量	t	正向	≤1	1~2.5	2.5~6.4	6.4~16	≥16
风险源	相邻上游河段控制范围内污染源产生的 TP 污染物入河总量	t	正向	≤17.9	17.9~50.1	50.1~140.2	140.2~392.4	≥392.4
	到相邻上游河段距离	km	负向	≥53.6	34.4~53.6	22.1~34.4	14.3~22.1	0~14.3

表 6-9　河流非突发性水环境 NH_4^+-N 污染物风险评价指标分级标准

子系统	指标	单位	类型	评分标准				
				0~1分	1~2分	2~3分	3~4分	4~5分
风险源	面源污染产生的 NH_4^+-N 污染物入河量	t	正向	≤5.7	5.7~14.0	14.0~34.9	34.9~87.0	≥87.0

续表

子系统	指标	单位	类型	评分标准				
				0～1 分	1～2 分	2～3 分	3～4 分	4～5 分
风险源	工业废水产生的 NH_4^+-N 污染物入河量	t	正向	≤0.02	0.02～0.4	0.4～8.9	8.9～196	≥196
	相邻上游河段控制范围内污染源产生的 NH_4^+-N 污染物入河总量	t	正向	≤5.7	5.7～19.7	19.7～69.3	69.3～243	≥243
	到相邻上游河段距离	km	负向	≥53.6	34.4～53.6	22.1～34.4	14.3～22.1	0～14.3

7. 风险评估指标分级标准

白洋淀上游入淀河流水环境风险综合评分值的计算采用综合指数加权求和法，即用各评估指标的评分值与其权重相乘并求和来反映河流水环境风险大小，其数学表达式为

$$R = \sum_{i=1}^{n} S_i W_i \tag{6-8}$$

式中，R 为水环境风险综合评分值；S_i 为各评价指标的评分值；W_i 为各评价指标的权重值；i 为各评价指标；n 为评价指标的个数。

河流水环境风险综合评分值的计算结果越大，水环境风险程度越大，反之越小。河流水环境风险综合评分值分级见表 6-10。

表 6-10　河流水环境风险综合评分值分级

级别	风险类别	评分值	风险描述
Ⅰ	无风险或者可接受风险	(0，1]	风险产生概率极低或破坏性极弱
Ⅱ	低风险	(1，2]	需要约束用水行为来防范风险
Ⅲ	中风险	(2，3]	风险发生或者潜在存在造成一定损害
Ⅳ	高风险	(3，4]	风险极易发生并造成极大破坏
Ⅴ	极高风险	(4，5]	风险发生频繁且造成不易恢复性破坏

6.2.2　突发性水环境风险评估方法

1. 研究方法

突发性水环境污染事故不同于一般的环境污染，其没有固定的排放方式和排放途径，发生突然、来势凶猛，瞬间排放大量污染物，对环境造成破坏，给人民生命与生产安全构成巨大威胁。因此，研究白洋淀流域突发性水污染风险具有重要的理论和现实意义。

2018 年 1 月，环境保护部印发了《行政区域突发环境事件风险评估推荐方法》，涉及的风险分析方法主要包括环境风险指数计算法、网格化环境风险分析法以及典型突发环境

事件情景分析法。网格化环境风险分析法是基于风险场理论和环境风险受体易损性理论建立的区域环境风险分析方法。本研究中突发性水环境风险则以该方法为研究手段，对白洋淀流域及上游入淀河流开展突发水污染风险评估，分析其区域内部风险分布特征，以期为白洋淀流域和上游入淀河流的生态环境管理提供基础数据和理论支撑。

以 2017 年为基准年，利用环境统计数据、DEM 数据和基础地理数据，引入地理信息系统空间分析法，利用 ArcGIS 的创建渔网（create fishnet）功能将白洋淀流域划分为1km×1km 的网格，并对其进行编号，共划分网格 32994 个。

2. 网格突发性水环境风险场强度计算

风险因子在水环境空间中形成某种分布格局是风险危害发生的前提，这种分布格局称为“水环境风险场”。在实际风险评价中，更关注对风险受体能产生危害的能力，即水环境风险场的强度。水环境风险主要通过水系（或流域）扩散，采用线性递减函数构建水环境风险场强度计算模型，假定最大影响范围为 10km（可根据评估区域地理水文特征适当调整）（周欢等，2019）。区域内某一个网格的水环境风险场强度可表示为

$$E_{x,y}=\begin{cases}\sum_{i=1}^{n}Q_i P_{x,y} & 0\leqslant l_i\leqslant 1\\ \sum_{i=1}^{n}\left(1-\frac{l_i}{10}\right)Q_i P_{x,y} & 1<l_i\leqslant 10\\ 0 & l_i>10\end{cases}\tag{6-9}$$

式中，$E_{x,y}$为某一个网格的水环境风险强度；Q_i为第 i 个风险源环境风险物质最大存在量与临界量的比值；$P_{x,y}$为风险场在某一个网格出现的概率，一般可取 $10^{-6}/a$（可根据评估区域风险源特征适当调整）；l_i为网格中心点与风险源的距离；n 为风险源的个数。

为便于各网格水环境风险场强度比较，对研究区域内各网格的水环境风险场强度进行标准化处理，公式如下：

$$E_{x,y}=\frac{E_{x,y}-E_{\min}}{E_{\max}-E_{\min}}\times 100\tag{6-10}$$

式中，$E_{x,y}$为某一个网格的水环境风险场强度；$E_{\max}$为研究区网格的最大水环境风险场强度；$E_{\min}$为研究区网格的最小水环境风险场强度。

3. 风险源环境风险物质最大存在量与临界量的比值计算

各风险源水环境风险物质最大存在量与临界量的比值（Q）计算方法如下。

当企业只涉及一种风险物质时，该物质的最大存在量与临界量的比值，即为 Q；当企业存在多种风险物质时，则按式（6-11）计算：

$$Q=\frac{q_1}{Q_1}+\frac{q_2}{Q_2}+\cdots+\frac{q_n}{Q_n}\tag{6-11}$$

式中，q_1，q_2，…，q_n为每种风险物质的最大存在量，t；Q_1，Q_2，…，Q_n为每种风险物质的临界量。

以生态环境部 2010 年在全国范围内开展的“重点行业企业环境风险及化学品调查”

数据及河北省、北京市、山西省等其他区域调查数据为基础，筛选与 2015 年环境统计数据中相对应的企业，得到流域内各个行业类别（平均值）的环境风险物质等数据见表 6-11。以这些企业的 Q 值为基础，基于行业类别、企业规模等参数，推导出流域内其他企业的 Q 值，即其他企业 Q 值取与其具有相同企业规模、相同行业已有企业 Q 值的平均值。

表 6-11　各个行业类别（平均值）的环境风险物质等数据

序号	风险源类型	典型企业的注册规模/万元	环境风险物质名称	环境风险物质最大存在量/t	环境风险物质临界量/t	比值
1	化学原料和化学制品制造业	1000	硫酸	400	10	40
2	造纸和纸制品业	600	硫酸	0.3	10	0.03
			油类物质	0.18	2500	0.000072
3	纺织业	1000	连二亚硫酸钠	0.029	5	0.0058
			乙酸	0.065	10	0.0065
4	污水处理厂	8078	甲醇	5.329	10	0.5329
5	食品制造业	3000	氨水	2.236	10	0.2236
			甲醇	7.091	10	0.7091
6	金属制品业	1000	油类物质	110.32	2500	0.044128
			氨水	107	10	10.7
			液化石油气	2	10	0.2
			对水中生物具有毒性，有害影响长时间持续的慢性毒性物质	300	200	1.5
			CODcr 浓度≥10000mg/L 的有机废液	36	10	3.6
7	服务业	25417	油类物质	0.484	2500	0.0001936
			乙醇	0.202	500	0.000404
			盐酸	0.605	7.5	0.081
			氯酸钠	0.806	100	0.00806
8	皮革、毛皮、羽毛及其制品和制鞋业	2000	健康危险急性毒性物质（慢性毒性类别：类别 2、类别 3）	6.25	50	0.125
9	石油、煤炭及其他燃料加工业	1500	油类物质	14600	2500	5.84
10	酒、饮料和精制茶制造业	1200	氨水	1.037	10	0.1037
			硫酸	0.00216	10	0.000216
11	煤炭开采和洗选业	14260	油类物质	427.822	2500	0.171
12	专用设备制造业	1488	添加剂	1.674	50	0.033

续表

序号	风险源类型	典型企业的注册规模/万元	环境风险物质名称	环境风险物质最大存在量/t	环境风险物质临界量/t	比值
13	铁路、船舶、航空航天和其他运输设备制造业	2000	油类物质	1.304	2500	0.0005
			易燃液体	0.953	50	0.019
			丙酮	0.00048	10	0.000048
			乙醇	0.00048	500	0.00000096
			盐酸	0.000027	7.5	0.0000037
14	汽车制造业	5000	油类物质	6.45	2500	0.00258
			甲苯	0.375	10	0.0375
			二甲苯	4.375	10	0.4375
			硝酸镍	0.625	0.25	2.5
15	非金属矿物制品业	1000	油类物质	16.667	2500	0.00667
16	电力、热力生产和供应业	313972	油类物质	156.986	2500	0.063

选择污水排放量大、污染物潜在危害性大、所处位置敏感、政府重点监控的重点排污企业和污水处理厂等共254家进行分析，白洋淀流域重点排污点源分布图如图6-1所示。包括污水处理厂42家，纺织业82家，造纸和纸制品业59家，金属制品业8家，化学原料和化学制品制造业7家，食品制造业12家，服务业9家，皮革、毛皮、羽毛及其制品和

图6-1　白洋淀流域重点排污点源分布图

制鞋业7家，石油、煤炭及其他燃料加工业7家，酒、饮料和精制茶制造业8家，煤炭开采和洗选业1家，专用设备制造业1家，铁路、船舶、航空航天和其他运输设备制造业1家，汽车制造业4家，非金属矿物制品业5家，电力、热力生产和供应业1家。

4. 网格环境风险受体易损性计算

水环境风险受体易损性是指水环境风险受体对风险因子的敏感或脆弱程度，网格水环境风险受体易损性指数 $V_{x,y}$ 根据生态红线涉及的不同区域的敏感性确定，确定方法见表6-12。根据《河北省人民政府关于发布〈河北省生态保护红线〉的通知》，白洋淀流域无网格位于国家级和省级禁止开发区内，但西部地区处于生态红线以内，区域共划定生态保护红线内总面积17680.8km^2，占流域面积的57%。从风险受体分布研究来看，受体较为敏感的区域主要分布在白洋淀流域西北部地区。

表6-12　水环境风险受体易损性指数确定方法

指标	描述	分值
生态红线	网格位于国家级和省级禁止开发区内	100
	网格位于国家级和省级禁止开发区以外的生态红线内	80
	网格位于生态红线以外的区域	40

5. 网格突发水环境风险值计算与风险分区

网格环境风险值计算参考《行政区域突发环境事件风险评估推荐方法》（环办应急〔2018〕9号），具体公式如下：

$$R_{x,y}=\sqrt{E_{x,y}\times V_{x,y}} \tag{6-12}$$

式中，$R_{x,y}$ 为网格水环境风险值；$E_{x,y}$ 为网格水环境风险场强；$V_{x,y}$ 为网格水环境风险受体易损性指数。

基于《行政区域突发环境事件风险评估推荐方法》（环办应急〔2018〕9号），根据网格环境风险值的大小，将环境风险划分为4个等级：高风险（$R>80$）、较高风险（$60<R\leqslant 80$）、中风险（$30<R\leqslant 60$）、低风险（$R\leqslant 30$）（周夏飞等，2022）。

6. 上游河流突发水污染风险等级的确定

参考白洋淀流域网格突发水污染风险评估结果，结合白洋淀上游入淀河流各评估河段的流域控制范围，确定白洋淀上游入淀河流突发水污染风险分区结果。各评估河段的突发水污染风险等级确认原则：在各评估河段的流域控制范围内，若某一突发水污染风险等级A（A为网格水环境风险值计算中所涉及的高风险、较高风险、中风险或者低风险中的一种）所占控制区域的面积占比超过50%，则认定该河段突发水污染风险等级为A。

6.3 上游河流水环境风险评估结果

6.3.1 非突发性水环境风险评估结果

1. 水环境综合风险评估

计算得到不同风险评价指标的评分热力表，见表6-13，颜色越深代表风险评分值越高，对水环境越不利。可以看到，在风险评价指标中，风险得分较高的主要发生在单位耕地面积化肥施用量、河流水质现状、河流水功能区达标率、环境保护投资指数等几个指标上，其他指标仅有个别河段风险值较高。

河流水环境综合风险评估结果，见表6-14。总体上，白洋淀上游入淀河流总体风险分级为Ⅲ级，属于中风险区域；孝义河个别河段风险等级较高，为Ⅳ级，风险分布见图6-2。

表6-13　不同河段水环境风险评价指标的评分热力表

风险评价指标	孝义河						府河		漕河			瀑河		中易水河—南拒马河—白沟引河			唐河							
	曲阳段	定州段	安国段	博野段	蠡县段	高阳段	莲池段	清苑段	易县段	满城段	徐水段	易县段	徐水段	易县段	定兴段	容城段	浑源段	灵丘段	涞源段	唐县段	定州段	望都段	清苑段	安新段
单位耕地面积化肥施用量																								
畜禽粪便排泄总量																								
农村生活污水排放量																								
农村人体粪尿排放量																								
单位GDP工业废水排放量																								
上游河流的风险值																								
到上游河流的距离																								
河流水质现状																								
河流水功能区达标率																								
多年平均年排水量或径流深×流域面积																								
人口数量																								
人口自然增长率																								
人均GDP																								
污染源距离河流的距离																								
工业废水排放达标率																								
城镇生活污水集中处理率																								
城镇垃圾收集率																								
环境保护投资指数																								

表 6-14　入淀河流水环境风险综合评分值

序号	河段	风险综合评分值	风险类别	序号	河段	风险综合评分值	风险类别
1	中易水河—南拒马河—白沟引河-易县段	2.1	中风险	13	唐河-定州段	2.7	中风险
2	中易水河—南拒马河—白沟引河-定兴段	2.4	中风险	14	唐河-望都段	2.4	中风险
3	中易水河—南拒马河—白沟引河-容城段	2.2	中风险	15	唐河-清苑段	2.8	中风险
4	漕河-易县段	2.1	中风险	16	唐河-安新段	2.2	中风险
5	漕河-满城段	2.4	中风险	17	孝义河-曲阳段	2.2	中风险
6	漕河-徐水段	2.6	中风险	18	孝义河-定州段	3	高风险
7	瀑河-易县段	2.3	中风险	19	孝义河-安国段	3.1	高风险
8	瀑河-徐水段	2.6	中风险	20	孝义河-博野段	3.3	高风险
9	唐河-浑源段	2.4	中风险	21	孝义河-蠡县段	3	高风险
10	唐河-灵丘段	2.7	中风险	22	孝义河-高阳段	2.7	中风险
11	唐河-涞源段	1.8	低风险	23	府河-莲池段	2.7	中风险
12	唐河-唐县段	2.4	中风险	24	府河-清苑段	2.8	中风险

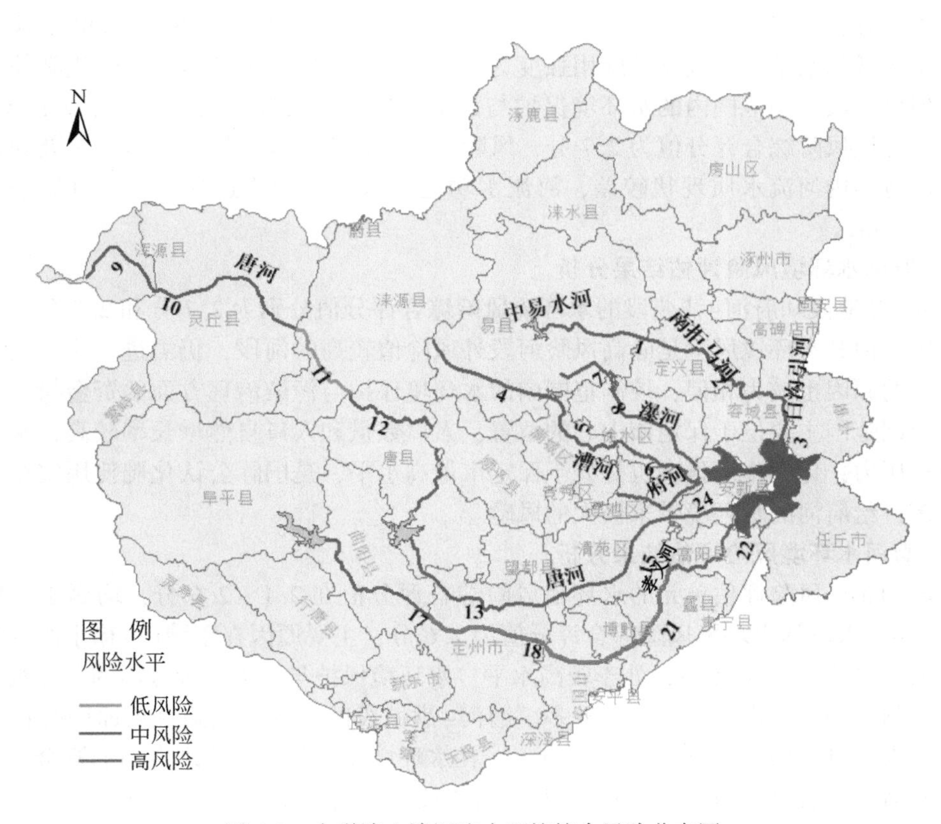

图 6-2　白洋淀入淀河流水环境综合风险分布图

1）孝义河水环境风险评估结果分析

孝义河的 6 个风险评估单元的水环境风险综合评分值在 2.2 ~3.3 分，风险等级为Ⅲ~Ⅳ级，属于中、高风险区域，入淀河流水环境高风险河段均位于孝义河。孝义河–定州段、孝义河–安国段、孝义河–博野段、孝义河–蠡县段的水环境风险综合评分值均超过 3 分，为高风险河段，主要原因在于在水环境保护与污染治理方面的资金投入相对不足、水质状况差、化肥施用量过多等。

孝义河–博野段属Ⅳ级风险区中综合评分值最高的河段，主要原因是孝义河–博野段的控制范围内水环境保护与污染治理方面的资金投入相对不足；其次，单位耕地面积化肥施用量为 848kg/hm^2，是国际公认化肥使用安全上限（225kg/hm^2）的 3 倍之多；同时孝义河–博野段的上游河段即孝义河–安国段的风险综合评分值较高，属于高风险区域，成为孝义河–博野段的潜在风险来源。孝义河–安国段和孝义河–蠡县段的水环境风险处于高风险区域的主要原因是该河段控制范围内水环境保护与污染治理方面的资金投入相对不足，河流水质现状差，河流水功能区达标率相对较低；孝义河–定州段的水环境处于高风险区域的主要原因还包括该河段控制范围内单位耕地面积化肥施用量很高，为 875kg/hm^2。

孝义河–曲阳段和孝义河–高阳段的水环境风险综合评分值均在 2 ~3 分，风险等级均为Ⅲ级，均属中风险区域。其中位于河流上游的孝义河–曲阳段的水环境风险综合评分值最低为 2.2 分，该河段控制范围内的重点监控工业企业数量较少，单位 GDP 工业废水排放量处于较低的水平，其次化肥施用强度为 331kg/hm^2，只是略微超过国际化肥使用安全上限。但该河段控制范围内的水环境保护与污染治理方面的资金投入相对不足；孝义河–高阳段水环境风险综合评分值为 2.7 分，风险等级为Ⅲ级，属中风险区域。主要原因是该河段控制范围内河流水质现状较差，河流水功能区水质也未能达标，人口自然增长率较高，为 7.36‰。

2）府河水环境风险评估结果分析

府河–莲池段和府河–清苑段的水环境风险综合评分值分别为 2.7 分和 2.8 分，属于中风险区域，但其水环境风险是除高风险河段外风险值较高的河段，仍需进一步防控，两者风险形成的原因也较为相似，控制范围内的水环境保护与污染治理方面的资金投入都相对不足；控制范围主要位于保定市中心的位置，人口数量和人口自然增长率较高，给水环境带来潜在压力；化肥施用强度也是处于保定市最高水平，是国际公认化肥使用安全上限的数倍之多，给府河的水环境带来极大的风险。

3）漕河水环境风险评估结果分析

漕河的 3 个风险评估单元的水环境风险综合评分值在 2.1 ~2.6 分，均属于中风险区域。漕河–徐水段的水环境风险综合评分值为 2.6 分，主要原因在于漕河–徐水段的控制范围内的人口自然长率为 10‰，处于较高水平；水环境保护与污染治理方面的资金投入相对不足；控制范围内的畜禽养殖数量较多。漕河–满城段的水环境风险主要原因是该河段控制范围内人口自然增长率较高，为 8.91‰，在水环境保护与污染治理方面的资金投入相对不足；漕河–易县段的水环境风险主要是畜禽粪便排泄量较高。

4）瀑河水环境风险评估结果分析

瀑河-徐水段的水环境风险主要来自于范围内的人口增长处于较高水平、在水环境保护与污染治理方面的资金投入相对不足、河段控制范围内的单位耕地面积化肥施用量较高，为 715kg/hm^2，是国际公认化肥使用安全上限的 3 倍之多；瀑河-易县段的水环境风险则主要由于河流水质现状及河流水功能区达标情况较差。

5）中易水河—南拒马河—白沟引河水环境风险评估结果分析

中易水河—南拒马河—白沟引河-易县段、定兴段和容城段的水环境属于中风险区域，中易水河—南拒马河—白沟引河-易县段和定兴段的水环境风险成因较为相似，这两个河段控制范围内面源污染都较为严重，畜禽养殖数量较多，农村人口占总人口的比重接近 80%，农村源污染物相对较高；中易水河—南拒马河—白沟引河-容城段的水环境风险主要源于该河段河流水质现状较差，河流水功能区也未能达标。

6）唐河水环境风险评估结果分析

唐河-涞源段的水环境属低风险区域，唐河-浑源段、唐河-灵丘段、唐河-唐县段、唐河-定州段、唐河-望都段、唐河-清苑段和唐河-安新段的水环境风险均属于中风险区域。

唐河-安新段的水环境风险属于中风险区域，主要原因是该河段控制范围内经济发展速度较慢，人均 GDP 很低，农村人口占比较多使得农村源污染较大；唐河-浑源段的水环境风险主要由于河段控制范围内水环境保护与污染治理方面的资金投入相对不足，同时人均 GDP 仅为 1.34 万元，无法为水环境治理投入较多资金；唐河-望都段的水环境风险主要源自河段控制范围内单位耕地面积化肥施用量较高，为 729kg/hm^2；唐河-唐县段的水环境风险综合成因是该河段控制范围内面源污染较为严重，单位耕地面积化肥施用量较高为 800kg/hm^2，畜禽养殖数量较多，农村人口占总人口的比重接近 80%，农村源污染物相对较高；唐河-定州段的水环境风险综合评分值为 2.7 分，主要原因是该河段控制范围内单位耕地面积化肥施用量较高，为 875kg/hm^2，同时人口自然增长率很高，为 7.96‰；唐河-灵丘段的水环境风险则主要是由于该区域内重点监控工业企业数量很多，导致单位 GDP 工业废水排放量相对较高，该河段控制范围内畜禽养殖数量较多；唐河-清苑段的水环境风险综合评分值为 2.8 分，主要风险来自河段控制范围内单位耕地面积化肥施用量较高，为 858kg/hm^2，水环境保护与污染治理方面的资金投入相对不足。

2. 水环境单一污染物风险评估

表 6-15 给出了 TN、TP 以及 NH_4^+-N 3 种污染物的水环境污染风险评估结果，可以看到单一污染物水环境风险与污染物综合风险具有较好的一致性。孝义河的定州段、安国段、博野段以及蠡县段处于高风险，唐河的涞源段为低风险河段，其他均为中风险河段。在中风险河段中，保定市区的满城段、徐水段、清苑段河流具有较高的风险评分值，应当更加注意其水环境风险防控。相应的原因与综合风险评估基本一致，而各单一指标的评分差别也可以看出不同河段不同指标的风险污染物倾向，例如满城段、徐水段、清苑段等河段的 TN 和 NH_4^+-N 评分值较 TP 更高。

表 6-15　河流水环境单一污染物风险评分热力表

序号	名称	TN 评分值	TP 评分值	NH_4^+-N 评分值	TN 风险类别	TP 风险类别	NH_4^+-N 风险类别
1	中易水河—南拒马河—白沟引河-易县段	2.9	2.8	2.9	中风险	中风险	中风险
2	中易水河—南拒马河—白沟引河-定兴段	2.8	2.5	2.7	中风险	中风险	中风险
3	中易水河—南拒马河—白沟引河-容城段	2.4	2.3	2.3	中风险	中风险	中风险
4	漕河-易县段	2.0	2.0	2.2	中风险	中风险	中风险
5	漕河-满城段	2.5	2.3	2.5	中风险	中风险	中风险
6	漕河-徐水段	2.6	2.4	2.7	中风险	中风险	中风险
7	瀑河-易县段	2.1	2.1	2.1	中风险	中风险	中风险
8	瀑河-徐水段	2.6	2.5	2.6	中风险	中风险	中风险
9	唐河-浑源段	2.1	2.0	2.3	中风险	中风险	中风险
10	唐河-灵丘段	2.5	2.7	2.5	中风险	中风险	中风险
11	唐河-涞源段	1.8	1.8	1.8	低风险	低风险	低风险
12	唐河-唐县段	2.3	2.3	2.4	中风险	中风险	中风险
13	唐河-定州段	2.5	2.4	2.6	中风险	中风险	中风险
14	唐河-望都段	2.2	2.2	2.2	中风险	中风险	中风险
15	唐河-清苑段	2.6	2.6	2.6	中风险	中风险	中风险
16	唐河-安新段	2.4	2.4	2.3	中风险	中风险	中风险
17	孝义河-曲阳段	2.5	2.3	2.6	中风险	中风险	中风险
18	孝义河-定州段	3.1	3.0	3.1	高风险	高风险	高风险
19	孝义河-安国段	3.4	3.4	3.5	高风险	高风险	高风险
20	孝义河-博野段	3.2	3.1	3.4	高风险	高风险	高风险
21	孝义河-蠡县段	3.2	3.3	3.3	高风险	高风险	高风险
22	孝义河-高阳段	2.8	2.9	2.9	中风险	中风险	中风险
23	府河-莲池段	2.3	2.2	2.4	中风险	中风险	中风险
24	府河-清苑段	2.8	2.7	2.9	中风险	中风险	中风险

6.3.2　突发水环境风险评估结果

1. 突发水环境风险场强度分布

白洋淀流域突发水污染风险场强度如图 6-3 所示。从风险场强度分布来看，风险场强度较高区域主要集中分布在保定市的满城区、蠡县、博野县以及石家庄市的新乐市等地区。保定市满城区风险场强度较高，主要是由于其周边造纸和纸制品企业较多所致；保定市蠡县风险场强度较高，主要是由于其周边纺织企业和造纸企业较多所致；保定市博野县风险场强度较高，主要是由于其周边分布着数家大型的化学原料和化学制品制造企业；石家庄新乐市风险场强度较高，则主要是由于其周边化工厂、食品加工厂、污水处理厂较多所致。中风险场强主要为较高风险场强的辐射区域。

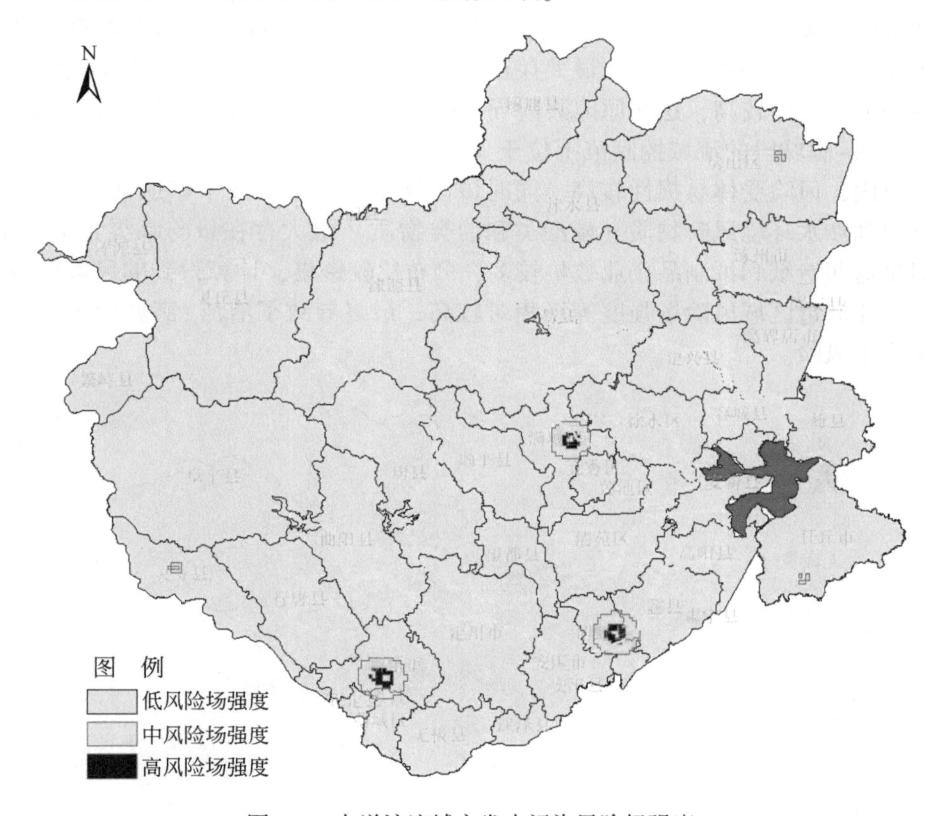

图6-3　白洋淀流域突发水污染风险场强度

2. 突发水污染风险评估结果

根据突发水污染风险评估计算方法，以水环境风险场理论及水环境风险受体易损性理论为基础，得到白洋淀流域突发水污染风险评估结果，其中较高风险区面积为 $2km^2$；中风险区面积为 $95km^2$，其他均为低风险区。

在白洋淀流域中，保定市的满城区、博野县以及石家庄市的新乐市等地风险源场强明显高于周边其他区域。主要由于这些地区重点监控废水排污企业个数较多，总计 69 家，占白洋淀流域重点监控废水排污企业的27.2%。从行业类型来看，保定市的博野县、满城区以及石家庄市的新乐市工业企业数量较多，主要以化学原料和化学制品制造业、造纸和纸制品业及纺织业为主，这些行业涉水环境风险物质使用、存储、转运量大，引发突发水污染事件的风险较高。

参考白洋淀流域突发水污染风险评估结果，并结合白洋淀上游入淀河流各评估河段的流域控制范围，最终确定白洋淀上游入淀河流突发水污染风险分区结果，如图 6-4 所示。在白洋淀上游入淀河流中，孝义河–博野段的突发水污染风险等级为高风险，漕河–满城段的突发水污染风险等级为中风险，其余河段的突发水污染风险等级均为低风险。孝义河-博野段的流域控制范围位于保定市的博野县境内，该区域虽然位于生态分布红线以外的区域，风险受体易损性较低，但是周边分布着数家大型的化学原料和化学制品制造企业，这些企业涉水环境风险物质（硫酸类）较多，且水环境风险物质最大存在量较高，计算得到这些化工企业的涉水环境风险物质最大存在量与临界量的比值（Q）远高于其他企业，相应的风险场强度等级较高，这些原因共同导致了孝义河-博野段的突发水污染风险等级为高风险。漕河-满城段的流域控制范围位于保定市的满城区境内，该区域大部分位于生态分布红线以内，风险受体易损性较高，同时该区域周边分布着数十家造纸和纸制品企业，虽然计算得到涉水环境风险物质（硫酸类和油类物质）最大存在量与临界量的比值（Q）较低，但是这些造纸和纸制品企业数量较多，分布比较密集，计算得到的风险源叠加作用影响下的企业周边区域风险场强度等级相对较高，最终导致了漕河-满城段的突发水污染风险等级为中风险。

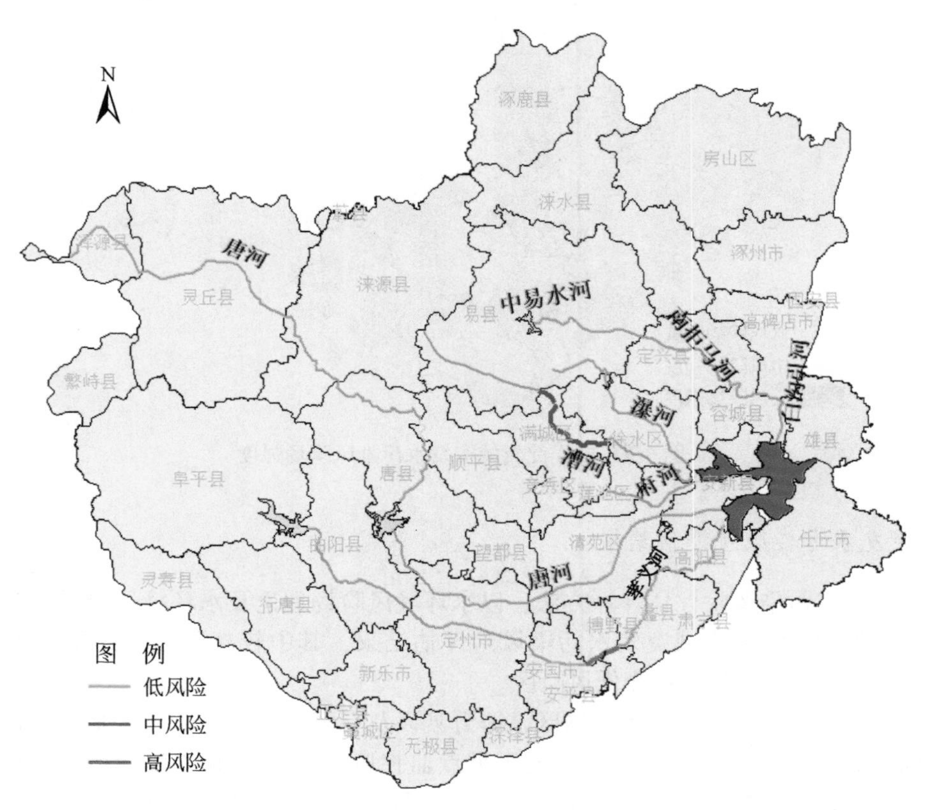

图 6-4　白洋淀入淀河流突发水污染风险

6.3.3　主要补水线路上水环境风险分析

已有补水线路中过白沟引河 2 条，过孝义河 1 条，过府河 1 条，过瀑河 1 条以及直接进入白洋淀的 1 条。白沟引河、孝义河、府河及瀑河的水环境风险对于补水水质会产生一定影响。

根据分析，孝义河-安国段、孝义河-博野段、孝义河-蠡县段非突发性风险为高风险，同时孝义河-博野段的突发性水污染风险等级为高风险，其对于王快水库—沙河总干渠—月明河—孝义河—白洋淀补水线路的水质影响需深入考虑，对于孝义河的治理投入仍需进一步加大，水质治理迫在眉睫。此外根据 2021 年 3 月对于该线路沙河总干渠定州段的水质检测也发现水体中的总磷较高，水质达到 V 类水，该区域的面源污染防控能力仍需进一步提升。

对于过府河的补水线路来说，补水线路水质较孝义河更有保障，但目前府河的非突发性水环境风险虽为中风险，但仍属于中风险评分较高的河流，若不加以严格防控，易发展为高风险河段。严控府河水质、防止水环境恶化，增加环保投入，对于王快水库—西大洋水库—唐河总干渠—黄花沟/一亩泉—府河—白洋淀补水线路水质具有重要意义。

瀑河突发性水环境风险低，非突发性水环境风险也处于中风险，但瀑河-徐水段的非突发水环境风险评分较高，水环境可能恶化导致总体风险增加。

中易水河—南拒马河—白沟引河目前非突发性水环境风险评分值综合风险较低，该补水线路综合水质风险不大，同时根据 2021 年 3 月对中易水河、南拒马河等河流水质检测结果也显示为Ⅱ类水，水质较好。但易县段以及定兴段的单一污染物风险评分值较高，单一污染物的水环境污染不容忽视。

第7章 基于水量平衡关系的白洋淀水位预测模型研发

上游河流生态补水最直接的目的是保障白洋淀水位目标，需要在建立生态补水与水位之间的动态定量关系的基础上对其调度进行优化。本章基于旬尺度白洋淀水量平衡模型，以生态补水为外部驱动力，研发不同水文气象情景下白洋淀水位的预测模型，为年度生态补水方案评估与优化提供技术支撑。

7.1 白洋淀水位预测模型原理

湖泊水量平衡关系根据出入湖水量之差计算时段内湖泊水量变化，由收入项与支出项组成。水量平衡收入项为湖面降水量、地表径流和生态补水流入湖水量等，支出项为湖面蒸发量、地表径流下泄水量、下渗量等。

旬尺度白洋淀水量平衡模型基于湖泊水量平衡关系对白洋淀年内蓄水量及水位变化进行动态演算（10天为时间步长）。首先，根据白洋淀水位-蓄水量关系由白洋淀初始水位推得白洋淀初始蓄水量，再由白洋淀水量平衡关系中各收支要素变化量推得本时段末即下时段初的白洋淀蓄水量。之后，根据水位-蓄水量关系由下时段初白洋淀蓄水量反推得到下时段的初始水位，根据白洋淀水位-水面面积关系由下时段初水位推得下时段初的白洋淀水面面积。最后，反推所得水位可用于计算下时段下渗量，反推所得面积可用于计算白洋淀下时段的降水量和水面蒸发量。重复上述过程，由水量平衡关系所得的每时段末白洋淀蓄水量均作为下时段初蓄水量，即可实现旬尺度水位水量变化的动态推演。白洋淀水量平衡关系概化示意图如图7-1所示。

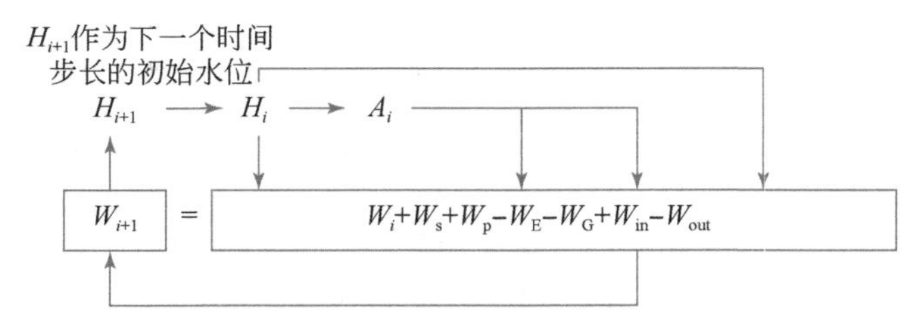

图7-1 白洋淀水量平衡关系概化示意图

W_i表示时段初蓄水量；H_i表示时段初水位；A_i表示时段初水面面积；W_{i+1}表示时段末蓄水量；H_{i+1}表示时段末水位；W_s表示人工补水量；W_p表示降水量；W_E表示总蒸发量，由水面蒸发量和植物蒸散发量组成；W_G表示下渗量，包括垂直入渗量和侧向渗漏量；W_{in}表示入淀水量，包括天然径流入淀量和污水处理厂中水入淀量；W_{out}表示出淀水量，为枣林庄闸下泄水量

7.2 关键过程参数化方案

7.2.1 白洋淀水位面积及水位水量关系概化

采用衷平等（2005）所提供的白洋淀水位-水面面积及水位-蓄水量的对应关系。水位水量关系采用最小二乘法进行非线性拟合。结果如图 7-2 所示，可得水位 H 与水量 W 关系符合二次函数关系：$W=0.4H^2-4.39H+12.07$（$R^2=0.998$）。

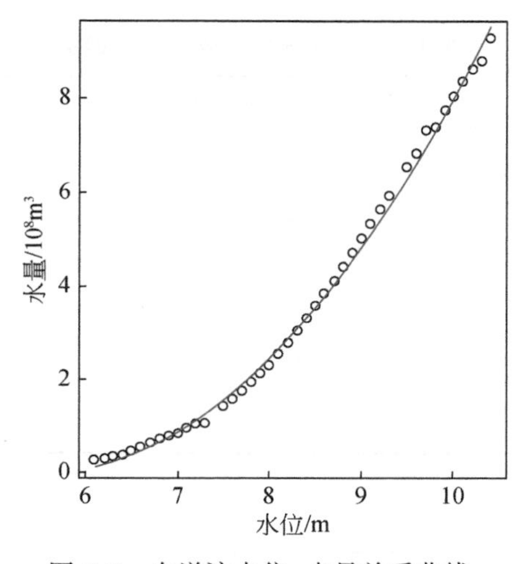

图 7-2 白洋淀水位-水量关系曲线

水位面积关系采用局部回归方法进行局部多项式回归拟合。局部多项式回归拟合是对两维散点图进行平滑的常用方法，基于加权最小二乘法对预测变量附近的数据子集进行线性或二次回归以估计响应变量，通过逐点运算得到拟合曲线，结果如图 7-3 所示。

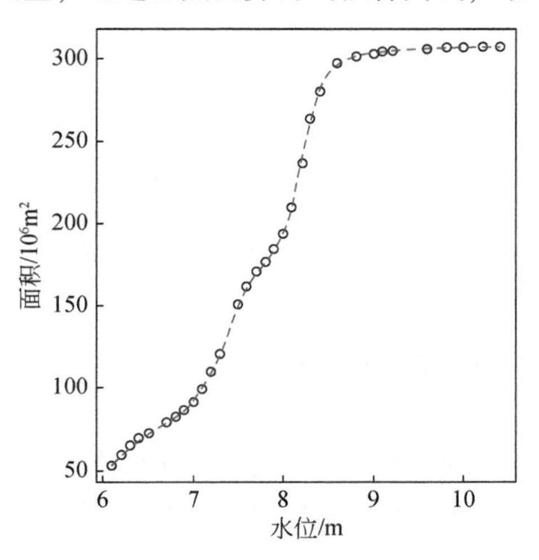

图 7-3 白洋淀水位-面积关系曲线

7.2.2 白洋淀水位下渗关系概化

下渗量包括侧渗量和垂直入渗量两部分。侧渗量是白洋淀堤防及周边渗漏量的总和。垂直入渗量与地下水埋深密切相关，随着含水层饱和，垂直入渗量也随之减少。如果连续多年未发生干淀，垂直入渗量可近似为 0（刘建芝和魏建强，2007）。考虑到白洋淀近年来未发生干淀现象，故不考虑垂直渗漏量，只考虑侧向渗漏量。渗漏量根据河北省水科所模拟实验成果估算，模拟实验成果如表 7-1 所示，水位–侧渗量关系曲线如图 7-4 所示，水位 H 与侧渗量 G 满足函数关系：$H=0.2625G+4.1693$（刘国强，2013；张英骏，2013）。

表 7-1 白洋淀水位与周边渗漏量关系

水位/m	周边渗漏量/(万 m^3/d)
4.9	0
6.0	1.62
6.5	3.48
7.0	5.63
7.3	6.49
8.5	11.15
9.0	13.07

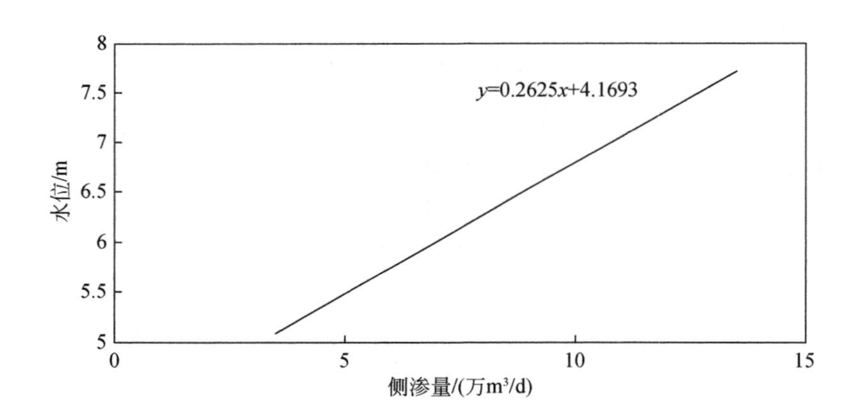

图 7-4 白洋淀水位–侧渗量相关曲线

7.2.3 白洋淀植物蒸散发量概化

白洋淀区植物类型包括挺水植物、沉水植物和浮水植物，挺水植物一直是白洋淀最主要的景观类型，其中芦苇是挺水植物最主要的植物类型。故将植物蒸散发量概化为芦苇蒸散发量（张敏等，2016）。

7.3 建模所使用数据

降水数据：选取 2009 ~ 2017 年中国气象数据网 - 中国地面气候资料日值数据集（V3.0）霸州站点降水数据。

蒸发数据：水面蒸发选取 2009 ~ 2017 年白洋淀枣林庄水文站点的逐日水面蒸发数据。

水位数据：基于白洋淀十方院站数据，选取 2009 ~ 2017 年的白洋淀日尺度水位数据。

污水处理厂排水数据：污水处理厂排放的中水入淀量也是白洋淀入淀水量的重要来源之一。保定市城区鲁岗污水处理厂、银定庄处理厂和溪源污水处理厂通过府河排入白洋淀，高阳县水处理厂通过孝义河排入白洋淀。根据 2011 ~ 2017 年河北省城镇污水处理厂运行情况整理总结 4 个污水处理厂历年排水量数据。

白洋淀入流和下泄流量数据：选取 2009 ~ 2017 年拒马河新盖房站和白洋淀十方院站的逐日平均流量数据。新盖房站流量反映了历年白洋淀入淀流量情况。白洋淀十方院站流量数据反映了历年白洋淀下泄流量情况。

7.4 参数化方案优选与模拟效果评价

7.4.1 参数化方案优选

模型中重点对两个参数进行了优选。首先，4 个污水处理厂排水在沿河道进入白洋淀的过程中，沿程存在渗漏补给地下水的情况，定义污水入淀系数（α）为污水入淀量与污水处理厂处理量的比值。其次，在生长季，挺水植物芦苇所覆盖水面蒸散发量大于纯水面水分蒸发量，因而定义蒸散发系数（β）为芦苇蒸散发量与水面蒸发量的比值。在文献调研的基础上，确定了 6 种模型参数化方案（表 7-2），通过模型模拟效果对比，对参数化方案进行优选。方案Ⅰ ~ 方案Ⅲ根据张英骏（2013）的研究对芦苇生长期进行设定，4 ~ 8 月为芦苇生长期，其中 4 月为芦苇发芽期，芦苇面积取 0.6 倍水面面积，其他月份芦苇面积为 152.6km^2。方案Ⅳ中，6 ~ 9 月为芦苇生长期，根据水分梯度对不同地表覆盖类型赋予权重，反映芦苇在这一时期的分布情况（王强等，2008），蒸散参数方案见表 7-3。方案Ⅴ和方案Ⅵ中，芦苇生长期均为 4 ~ 10 月。方案Ⅴ中，4 月为萌芽期，其余月份芦苇面积确定为 80km^2，而方案Ⅵ中，芦苇面积根据不同年份而变化（闫欣和牛振国，2019）（表 7-5）。方案Ⅴ和Ⅵ中的芦苇蒸散系数如表 7-4（Xu and Ma，2011）所示。

表 7-2 污水入淀系数和芦苇蒸散发系数参数化方案

方案	参数		蒸散发系数计算	
	α	β	芦苇面积	水面面积
Ⅰ	0.3	1.2	4 月：0.6×总水面面积；5 ~ 8 月：152.6km^2	总水面面积-芦苇面积
Ⅱ	0.3	2	4 月：0.6×总水面面积；5 ~ 8 月：152.6km^2	总水面面积-芦苇面积

续表

方案	参数		蒸散发系数计算	
	α	β	芦苇面积	水面面积
Ⅲ	0.5	2	4月：0.6×总水面面积；5～8月：152.6km^2	总水面面积-芦苇面积
Ⅳ	0.5	见表7-3	0.5×陆地面积+0.1×水陆过渡带+0.4×水面面积（6～9月）	
Ⅴ	0.5	见表7-4	4月：0.6×总水面面积；5～10月：80km^2	总水面面积-芦苇面积
Ⅵ	0.5	见表7-4	见表7-5	总水面面积-芦苇面积

表7-3　方案Ⅳ蒸散发系数设置

月份	陆地	水陆过渡带	水面
6	4.3	2.42	2.04
7	7.97	5.63	4.22
8	7.18	6.16	4.54
9	2.31	1.89	1.30

表7-4　方案Ⅴ与方案Ⅵ蒸散发系数设置

月份	芦苇蒸散发系数
4	1.65
5	2.88
6	3.42
7	3.73
8	3.29
9	3.02
10	2.45

表7-5　方案Ⅵ各年芦苇面积

年份	芦苇面积/km^2
2009	130.21
2010	111.53
2011	68.09
2012	68.09
2013	94.13
2014	101.04
2015	84.85
2016	90.20
2017	100.06

为了更直观地评价模拟结果的准确度，选用纳什效率系数（NSE）对模拟结果进行评价。

$$NSE = 1 - \frac{\sum_{i=1}^{n}(H_{obs,i} - H_{sim,i})^2}{\sum_{i=1}^{n}(H_{obs,i} - H_{obs,a})^2} \tag{7-1}$$

式中，$H_{obs,i}$、$H_{sim,i}$分别为时间步长 i 下的实测水位和模拟水位；$H_{obs,a}$为整个模拟期的平均实测水位；n 为模拟的时间步长总数。

除 NSE 指标外，还选取了绝对误差（AE）和相对误差（RE）两个指标进一步评估模型模拟结果的准确性。

$$AE = \left| \frac{\sum_{i=1}^{n}(H_{obs,i} - H_{sim,i})}{n} \right| \tag{7-2}$$

$$RE = \left| \frac{\sum_{i=1}^{n}\frac{H_{obs,i} - H_{sim,i}}{H_{obs,i}}}{n} \right| \tag{7-3}$$

7.4.2 模拟效果评价

6 种参数化方案模型评价结果如表 7-6 所示，2009～2017 年，不同年份间 NSE 数值变化范围较大。整体而言，2012～2013 年模型模拟效果相对较差，其次为 2016～2017 年。综合比对各参数化方案，方案 VI 既考虑到各年芦苇面积的差异，也考虑到各月蒸散发系数的差异，模拟效果比其他方案都好。此外，方案Ⅵ的 AE 值的变化范围最小，为 0.07～0.14m，RE 值的变化幅度也相对较小（0.8%～1.9%）。

表 7-6　参数化优化评价结果

方案	时期	NSE	AE/m	RE/%
方案Ⅰ	2009～2010 年	0.51	0.16	2.3
	2010～2011 年	0.67	0.13	1.8
	2011～2012 年	0.75	0.14	2.0
	2012～2013 年	0.55	0.10	1.2
	2013～2014 年	0.16	0.18	2.2
	2014～2015 年	0.64	0.07	1.0
	2015～2016 年	0.65	0.09	1.2
	2016～2017 年	-0.41	0.22	2.7
方案Ⅱ	2009～2010 年	0.94	0.06	0.9
	2010～2011 年	0.43	0.14	2.0
	2011～2012 年	0.76	0.14	1.8
	2012～2013 年	0.02	0.12	1.4

续表

方案	时期	NSE	AE/m	RE/%
方案Ⅱ	2013～2014 年	0.76	0.10	1.2
	2014～2015 年	0.72	0.09	1.1
	2015～2016 年	0.50	0.10	1.2
	2016～2017 年	0.58	0.13	1.6
方案Ⅲ	2009～2010 年	0.88	0.08	1.2
	2010～2011 年	0.78	0.10	1.5
	2011～2012 年	0.78	0.14	1.9
	2012～2013 年	0.16	0.13	1.6
	2013～2014 年	0.54	0.15	1.8
	2014～2015 年	0.81	0.06	0.7
	2015～2016 年	0.70	0.12	1.5
	2016～2017 年	0.24	0.18	2.2
方案Ⅳ	2009～2010 年	0.78	0.10	1.5
	2010～2011 年	0.51	0.15	2.2
	2011～2012 年	0.48	0.20	2.7
	2012～2013 年	-5.10	0.27	3.2
	2013～2014 年	-0.83	0.24	2.9
	2014～2015 年	-2.60	0.16	2.1
	2015～2016 年	-0.83	0.22	2.8
	2016～2017 年	-0.11	0.20	2.4
方案Ⅴ	2009～2010 年	0.85	0.10	1.4
	2010～2011 年	0.79	0.10	1.5
	2011～2012 年	0.77	0.14	1.9
	2012～2013 年	0.09	0.12	1.5
	2013～2014 年	0.72	0.12	1.4
	2014～2015 年	0.66	0.06	0.8
	2015～2016 年	0.67	0.11	1.3
	2016～2017 年	0.39	0.16	2.0
方案Ⅵ	2009～2010 年	0.79	0.10	1.5
	2010～2011 年	0.81	0.10	1.4
	2011～2012 年	0.76	0.14	1.9
	2012～2013 年	-0.06	0.13	1.5
	2013～2014 年	0.82	0.10	1.1
	2014～2015 年	0.61	0.07	0.8
	2015～2016 年	0.63	0.11	1.4
	2016～2017 年	0.53	0.14	1.7

为了进一步确认方案Ⅵ参数化方式的合理性，本研究绘制了 2009 ~ 2017 年白洋淀模拟水位和实测水位的对比图（图 7-5 ~ 图 7-12）。从图中可以看出，模拟水位与实测水位在这 8 年内变化趋势基本一致，仅在生态补水期和汛期水位变化幅度存在一定差异性，这可能是由于生态补水数据和汛期径流数据收集不全面所导致的。从整体的模拟效果看，方案Ⅵ能保证白洋淀水位模拟的准确性。

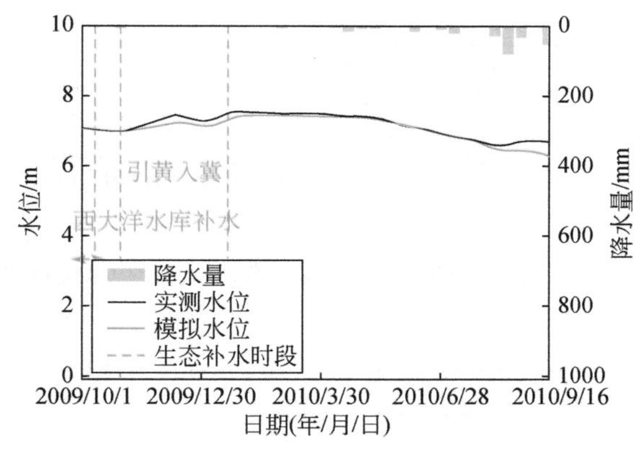

图 7-5　2009 ~ 2010 年白洋淀实测水位与模拟水位对比

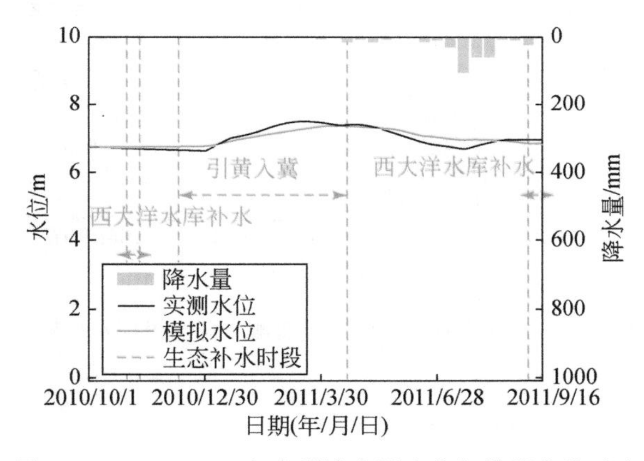

图 7-6　2010 ~ 2011 年白洋淀实测水位与模拟水位对比

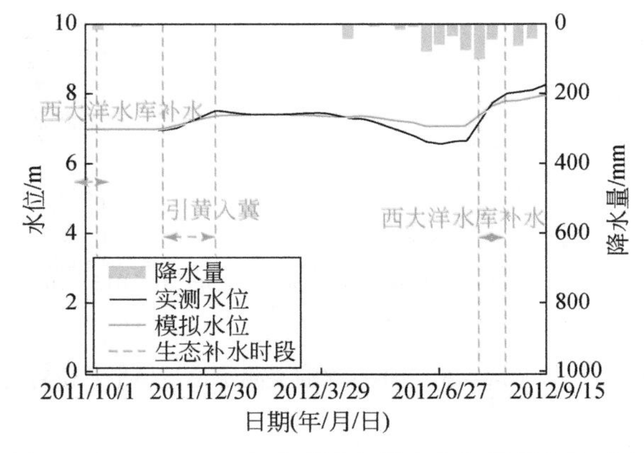

图 7-7　2011 ~ 2012 年白洋淀实测水位与模拟水位对比

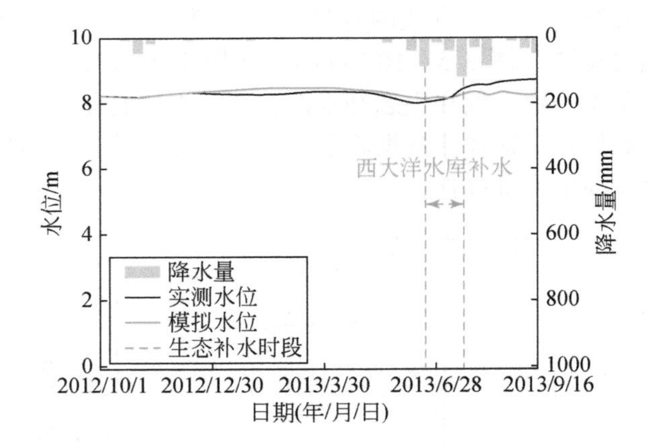

图 7-8　2012～2013 年白洋淀实测水位与模拟水位对比

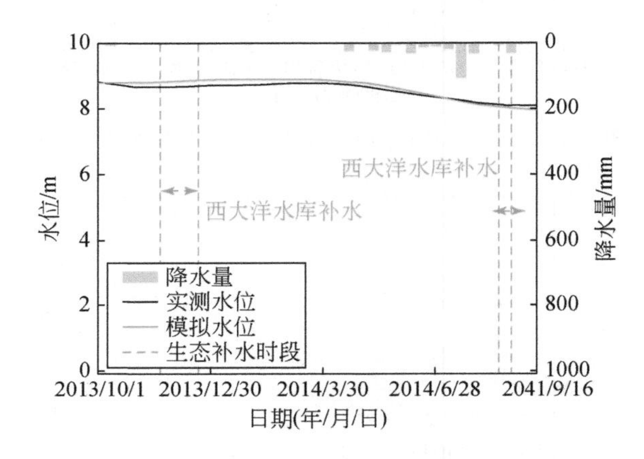

图 7-9　2013～2014 年白洋淀实测水位与模拟水位对比

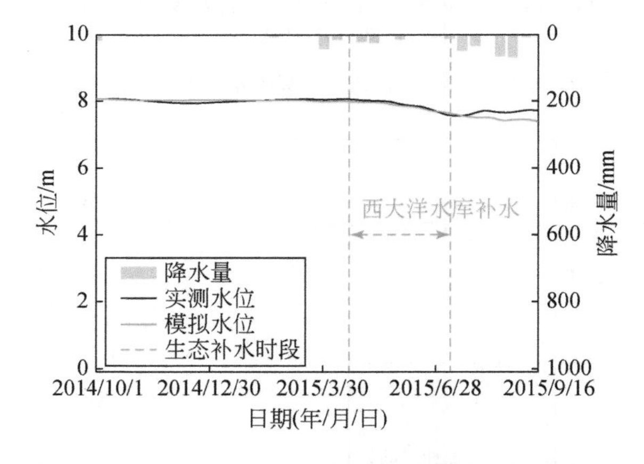

图 7-10　2014～2015 年白洋淀实测水位与模拟水位对比

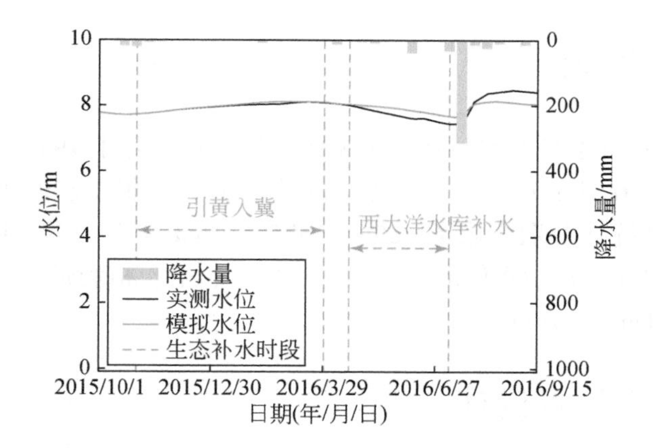

图 7-11　2015 ~ 2016 年白洋淀实测水位与模拟水位对比

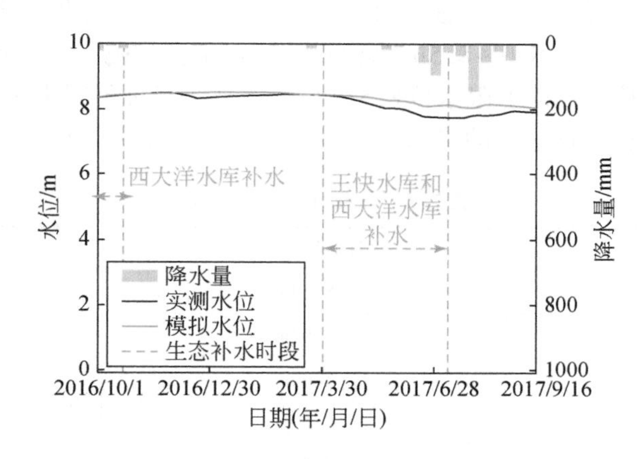

图 7-12　2016 ~ 2017 年白洋淀实测水位与模拟水位对比

7.5　气象水文数据频率分析与情景设计

为定量分析气象水文条件以及补水方案对于白洋淀年内水位变化的影响，本章基于旬尺度白洋淀水量平衡模型与降水、水位频率分析成果，结合文献调研成果、历年白洋淀补水记录与白洋淀生态环境治理和保护规划要求，设计了 9 种气象水文情景方案。

7.5.1　降水频率分析

鉴于模型时间尺度为旬尺度，将一年分为 36 旬，基于霸州站点 1959 ~ 2018 年的降水数据，将各旬的降水数据做频率分析。采用皮尔逊Ⅲ型曲线作为频率曲线，采用适线法估计统计参数，选取 $P=25\%$ 、50% 、75% 所对应的降水量值作为丰、平、枯水年的设计值，得到丰平枯场景各旬的设计降水量。

7.5.2 水位频率分析

由于选取每年10月1日的水位作为模型的初始水位，基于1950～2018年的白洋淀水位数据，将69年来10月1日的水位数据做频率分析。采用皮尔逊Ⅲ型曲线作为频率曲线，采用适线法估计统计参数。取 $P=25\%$、50%、75% 所对应的10月1日水位值作为丰、平、枯情景下白洋淀初始水位的设计值，得到丰、平、枯场景白洋淀初始水位设计值分别为8.69m、7.91m、7.19m。

7.5.3 气象水文情景设计

白洋淀近年来受人工补水影响，水位均保持在8m以上，平水年和枯水年的初始水位设计值已不符合实际情况。综合考虑《白洋淀生态环境治理和保护规划》制定目标与白洋淀近年来的水位现状，选取8.0～8.5m为白洋淀区正常水位范围。故选取设计丰水年汛后高水位8.69m、生态补水目标上限水位8.5m与生态补水目标下限水位8.0m为情景设定的初始水位，结合丰平枯3种场景的降水设计值，如表7-7所示，组合成9种气象水文情景。

表7-7 气象水文情景设定

情景	10月1日初始水位	降水情景
情景1	8.69m	丰
情景2	8.69m	平
情景3	8.69m	枯
情景4	8.50m	丰
情景5	8.50m	平
情景6	8.50m	枯
情景7	8.00m	丰
情景8	8.00m	平
情景9	8.00m	枯

第 8 章　白洋淀补水通道水量水质耦合模拟模型研发

如何降低污染物随上游河流生态补水进入白洋淀的负荷量，提升入淀水质是生态补水决策中需要考虑的一个重要维度。上游河流存在着部分河段河水渗漏补给地下水、河道底泥释放影响河水水质等流域特有问题，现有水质模型难以完全描述上述特殊过程。本研究自主开发了体现白洋淀上游河流特点的水动力+水质耦合模型，将模型应用于孝义河、府河、瀑河、拒马河-白沟引河补水线路模拟中，为上游河流生态补水调度与水污染防治集成方案的制定提供科学依据与技术支撑。

8.1　河流水动力与水质模型原理

白洋淀上游河流是季节性、河道窄浅的平原区河流，存在着渗漏严重、藻型富营养化的特征。本研究所构建的水环境模型是一个适合应用于类似白洋淀上游河流的一维稳态模型，可以模拟白洋淀流域河流 COD、氮磷污染物等水质指标时空动态变化。模型的建立基于河流为平直的枝状或者羽状水系、河道纵向和横向混合良好、明渠稳定非均匀流等假设。所构建白洋淀上游河流水环境数学模型基于质量守恒原理，在对水量的计算上采用水量平衡方程，对水质的计算采用平移弥散质量迁移方程。其中，求解水质的平移弥散质量迁移方程，须先给定河流水力学特征这一重要的边界条件。因此，数值模拟运算时的逻辑顺序为先求解河流水力学特征，后求解水质状态变量。另外，对于枝状或者羽状水系河流中的支流，需要指定模型内部的计算逻辑顺序，即先计算支流，而后将支流下游边界各要素值作为主干的点源，再对主干进行计算。

8.1.1　河流水动力过程模拟原理

1. 水力学特征计算理论

水力学特征，尤其是流速或水力停留时间，是影响河流水质变量受生化反应而导致质量迁移转化的最重要因素之一。构建水动力模型可以模拟河流水力学特征（水位、流速、流量等）时空场。水动力方程为水质模拟提供必要的边界条件。圣维南方程组为最常见的描述水流运动规律的偏微分方程组，由动量守恒和质量守恒方程组成。研究区河流进行以下假设后建立了圣维南方程组：水流为一维非恒定渐变流，流速在过水断面上均匀分布，过水断面处沿河道横向水位水平；河床属于定床，波面垂直加速度很小，动水压强符合静水压强规律；局部水头损失可忽略不计，沿程水头损失可采用恒定流的阻力公式计算得到，如曼宁公式和谢才公式；河道比降小于0.1（Habets et al.，1999；Bessar et al.，2020；Tu et al.，2021）。

圣维南方程组的动量守恒和质量守恒方程联立形式如下：

$$\frac{\partial Q}{\partial x}+\frac{\partial A}{\partial t}=q_1 \tag{8-1}$$

$$\frac{1}{\mathrm{g}}\left(\frac{\partial u}{\partial t}+u\frac{\partial u}{\partial x}\right)+\frac{\partial h}{\partial x}=i-J \tag{8-2}$$

式中，A 为过水断面面积，m^2；Q 为通过断面的流量，m^3/s；q_1 为旁侧入流量，m^3/s，正值为流入，负值为流出；i 为河道坡比；J 为水头损失坡降；g 为重力加速度；u 为断面流速，m/s；h 为水深，m；x 为断面位置，m；t 为时间，s。

各河段旁侧入流量q_1的计算方法为

$$q_1=Q_{\mathrm{in},i}-Q_{\mathrm{ab},i} \tag{8-3}$$

式中，$Q_{\mathrm{in},i}$为河段 i 点源和非点源的总旁侧入流量；$Q_{\mathrm{ab},i}$为河段 i 取水和蒸发、渗漏等的总旁侧出流量。数学描述所代表的概念如图 8-1 所示。

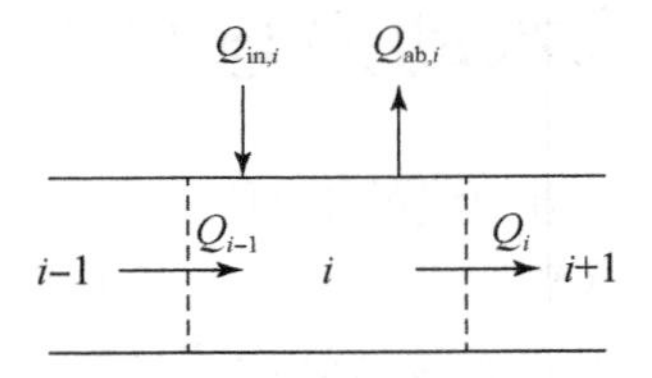

图 8-1 河段水量平衡

河段总旁侧入流量包括生态补水水源、再生水、降水形成的非点源等，源的总流入量计算方法为

$$Q_{\mathrm{in},i}=\sum_{j=1}^{\mathrm{psi}}Q_{\mathrm{ps},i,j}+\sum_{j=1}^{\mathrm{npsi}}Q_{\mathrm{nps},i,j} \tag{8-4}$$

式中，$Q_{\mathrm{ps},i,j}$为河段 i 的第 j 个点源流入量；psi 为河段 i 的点源总数；$Q_{\mathrm{nps},i,j}$为河段 i 的第 j 个非点源流入量；npsi 为河段 i 的非点源总数。

河段水量损失包括渗漏、水面蒸发、取水口取水等（王琴，2014；熊宇斐等，2017；李凯等，2019；张林，2021）。白洋淀流域渗漏严重，河道渗漏率通过吉林大学研究团队河床渗漏实验实测得到，乘以河段水面面积作为河段渗漏量。水面蒸发通过输入气象要素中的实际水面蒸发量来指定，乘以河段水面面积作为河段水面蒸发量。总流出量计算方法为

$$Q_{\mathrm{ab},i}=\sum_{j=1}^{\mathrm{pai}}Q_{\mathrm{pa},i,j}+\sum_{j=1}^{\mathrm{npai}}Q_{\mathrm{npa},i,j} \tag{8-5}$$

式中，$Q_{\mathrm{pa},i,j}$为河段 i 第 j 个点状损失流出量；pai 为河段 i 的点状损失总数；$Q_{\mathrm{npa},i,j}$为河段 i 的第 j 个非点状损失流出量；npai 为河段 i 的非点状损失总数。非点源和非点状损失被概化为线源，线源的流量以长度加权的方式分配到线源自起点至终点所涉及的所有河段。

2. 水力学特征求解方法

圣维南方程组形式是一阶拟线性双曲型偏微分方程组，给定初始条件和边界条件构成适定的情形，联解方程就可得出一维黏性不可压缩流体的时空状态。初始条件为某一起始时刻的水流状态，边界条件为所计算的水体的边界水流状态，如某一河段上、下游边界断面处的水位过程、流量过程或水位流量关系等（Gerbeau and Perthame，2001；Perthame and Simeoni，2001；Kurganov and Petrova，2007；Liang and Marche，2009）。

圣维南方程组一般只能通过数值计算获得近似解。常见的求数值解方法有有限差分法、特征线法、有限体积法、有限单元法、随机游走法等（卞振举和周雷漪，1991；宋新山和邓伟，2007；胡庆云和王船海，2011）。其中有限差分法的计算复杂度较小，应用较广泛。有限差分法的基本思想是将可行域概化为若干差分网格，用有限个离散点来替代连续的可行域，然后用差商代替方程中的导数，进而简化成包含有限个未知数的线性方程组，该方程组的解即可作为原方程组的离散近似解。根据离散格式的不同，有限差分法有显式和隐式之分（Correia et al.，1992）。

常见的显式差分法有 Lax 格式、逆风格式、蛙跳格式、Dufort-Frankel 格式、MacCormack 格式、TVD 格式等，显式差分法的稳定是有条件的，对计算步长的要求较高（Szymkiewicz，1996；Liu et al.，2015）。常见的隐式差分法有普莱斯曼（Preissmann）四点时空偏心格式和 Abbott 六点中心格式，隐式差分法的优点是具有较好的稳定性，计算精度高，时间步长可取较大值（Rashid and Chaudhry，1995；Szymkiewicz，1996；Meselhe and Holly，1997）。本研究采用目前较常用的 Preissmann 四点时空偏心格式求解。

8.1.2 河流水温变化模拟原理

模型采用简化的河流日平均温度模型，使用迭代法依次求解各河段末断面的水温，将其作为各河段的平均水温。简化的河流日平均温度模型考虑的过程主要有两个：水体与大气之间的热交换、旁侧入流的热量输入/出（Koch and Grünewald，2010；Saleh et al.，2013）。

1. 水体与大气之间的热交换

模型在计算水温时，假定河床是一个绝热体，它与水流之间不存在热交换，与水进行热交换的唯一介质是大气。大气与水的热交换主要有 3 种方式：辐射、蒸发和对流，其相应的传热量分别是φ_r、φ_e和φ_c。总的热交换量φ_0是辐射、蒸发和对流 3 种热交换量之和，即有：

$$\varphi_0(T)=\varphi_r+\varphi_e+\varphi_c \tag{8-6}$$

水体与大气通过辐射的热交换φ_r可以表示如下：

$$\varphi_r=I_s-R_1+G-R_2-S \tag{8-7}$$

式中，I_s为太阳短波对水面的辐射，W/m^2；R_1为水面对太阳辐射的反射，W/m^2，通常取$R_1=0.15\,I_s$；R_2为水面对大气长波的反射，W/m^2，通常取$R_2=0.03G$；G 为大气长波对水面的辐射，W/m^2；S 为水体发出的长波辐射，W/m^2。大气长波对水面的辐射 G 和水体发出的长波辐射 S 可以下式计算：

$$G=\sigma(0.848-0.249\times10^{-0.069E_L})(T_L+273)^4(1+0.17\omega^2) \tag{8-8}$$

$$S=0.97\sigma(T+273)^4 \tag{8-9}$$

式中，σ 为常数，取 $5.7\times10^{-8}W/(m^2\cdot K^4)$；$E_L$为空气中的水蒸气分压，mmHg，通常取水面上方 2m 处的实测值；T_L为空气温度,℃，通常取水面上方 2m 处的实测值；ω 为表征天空云量的系数，$0\leqslant\omega\leqslant1$；$T$ 为水温,℃。蒸发传热量φ_e采用下式计算：

$$\varphi_e=(C_1+C_2V_w^{C_3})(E_L-E_T) \tag{8-10}$$

式中，C_1为经验系数，取 0；C_2为经验系数，取 $11.64W/(m^2\cdot mmHg)$；C_3为经验系数，取 0.5；V_w为水面上 2m 处风速，m/s；E_T为水温 T 时的饱和蒸汽压，mmHg。对流传热量φ_c采用下式计算：

$$\varphi_c=\varphi_e\frac{1}{C_b}\frac{T-T_L}{E_T-E_L} \tag{8-11}$$

式中，C_b为系数，取 2.03K/mmHg。

2. 河流日平均温度模型

用简化的河流日平均温度模型计算各河段中的水温。根据河段初断面状态以及气象要素的日平均值，估算纵向长 x 的河段的末断面处的日平均水温（Chaudhry et al., 1983；Lap et al., 2007；Lindenschmidt, 2017）。

$$T(x)=T_h+\left[\frac{W}{\rho C_p(Q_h+q)}+\frac{q}{Q_h+q}(T_q-T_h)\right]\exp(-C_2x)+\frac{C_1}{C_2}(1-\exp(-C_2x)) \tag{8-12}$$

其中，

$$C_1=\frac{\varphi_0(T_h)}{\rho C_pHU} \tag{8-13}$$

$$C_2=-\frac{\frac{\partial\varphi_0}{\partial T}(T_h)}{\rho C_pHU} \tag{8-14}$$

$$\frac{\partial\varphi_0}{\partial T}(T_h)\approx\frac{\varphi_0(T_h+0.01)-\varphi_0(T_h)}{0.01} \tag{8-15}$$

式中，$T(x)$ 为末断面处的日平均水温,℃；x 为末断面距初断面的长度，m；U 为河段平均流速，m/s；H 为河段平均水深，m；T_h为河段本底水温,℃；Q_h为河段水量，m^3/s；T_q为热源流入处支流水温,℃；q 为热源流入处支流水量，m^3/s；W 为起始断面处进入的热源强度，J/s；φ_0为水体与大气之间的热交换，W/m^2。河流日平均温度模型代入水体与大气之间的热交换，计算公式如下：

$$T=T_e+(T_0-T_e)\exp\left(-\frac{K_{TS}x}{\rho c_pHU}\right) \tag{8-16}$$

$$T_e=T_d+\frac{H_s}{K_{TS}} \tag{8-17}$$

$$T_0 = T_h + \frac{Q_p(T_p - T_h)}{Q_h + Q_p} \tag{8-18}$$

$$T_d = 17.27 \frac{T_s}{237.7 + T_s} + \lg\left(\frac{R_H}{100}\right) \tag{8-19}$$

$$T = T_e + (T_0 - T_e)\exp\left(-\frac{K_{TS}x}{\rho c_p HU}\right) \tag{8-20}$$

$$K_{TS} = 15.7 + [0.515 - 0.00425(T_s - T_d) + 0.000051(T_s - T_d)^2](70 + 0.7W_z^2) \tag{8-21}$$

式中，T 为纵向长 x 的河段 i 的末断面的水温，℃；T_e为平衡温度，℃；T_0为纵向长 x 的河段 i 的初断面的水温（即河段 i 其旁侧入流之后的水温），℃；T_d为大气露点温度，℃，露点温度经验公式基于 Magnus-Tetens 近似法，把饱和水汽压视为温度的函数，此方法仅在 $0℃<T_s<60℃$ 且 $0℃<T_d<50℃$ 时有效（Dexter and Richard，2009）；K_{TS}为水气界面热交换系数，W/(m^2·℃)；T_h为河段 i 上游河段 $i-1$ 的末断面水温（水体本底水温），℃；T_p为旁侧入流水温，℃；Q_h为河段 i 上游河段 $i-1$ 的末断面流量，m^3/s；Q_p为旁侧入流的流量，m^3/s；x 为河段长度，m；T_s为水面空气温度（一般用水面 2m 高处实测值），℃；W_z为水面上 2m 处的风速，m/s；H_s为太阳短波辐射，W/m^2；ρ 为水的密度，10^{3}kg/m^3；c_p为水的比热，4200 J/(kg·℃)；H 为河段平均水深，m；U 为河段平均流速，m/s。驱动白洋淀上游河流水温的气象要素，获取自最邻近河流的中国国家级地面气象站数据，数据来源为“中国地面气候资料日值数据集（V3.0）”。

8.1.3 河流水污染物迁移转化过程模拟原理

基于平移弥散质量迁移方程，描述水中污染物质随时间和空间的动态变化。方程组考虑了包括对流和弥散的物理过程，以及生物作用下物质间的生化反应过程。把河流概化为由一系列完全混合反应器组成的系统，每一河段都是一个反应器，用平移和弥散过程把这些反应器联系在一起。通过把河流水系统表达为一系列河段构成的网络，用断面来描述和表征河段，河段的长度即为选定的空间坐标计算步长（Chapra et al.，2008）。模型使用平移弥散质量迁移方程描述任一水质变量的时间与空间变化情况，在方程中除平移和弥散项外还包括由化学、物理和生物作用引起的源汇项。对于河段 i 内任意水质变量的浓度 C_i，方程形式如下：

$$\frac{dC_i}{dt} = \frac{Q_{i-1}}{V_i}C_{i-1} - \frac{Q_i}{V_i}C_i - \frac{Q_{ab,i}}{V_i}C_i + \frac{E_{i-1}}{V_i}(C_{i-1} - C_i) + \frac{E_i}{V_i}(C_{i+1} - C_i) + \frac{W_i}{V_i} + S_i \tag{8-22}$$

式中，Q 为河段内的流量，m^3/d；V 为河段内水体的体积，m^3；E 为河流纵向离散系数，m^2/d；W 为水质变量的外部输入负荷，g/d；S 为内部源汇，g/(m^3·d)；对该方程各项源汇的表述如图 8-2 所示。

1. 水污染物生化反应概化

河段水污染物内部源汇 S 的计算采用动力学方程组。该方程组依据概化的物质分为 4 个子系统：浮游植物动力学子系统、磷循环子系统、氮循环子系统、溶解氧平衡子系统。

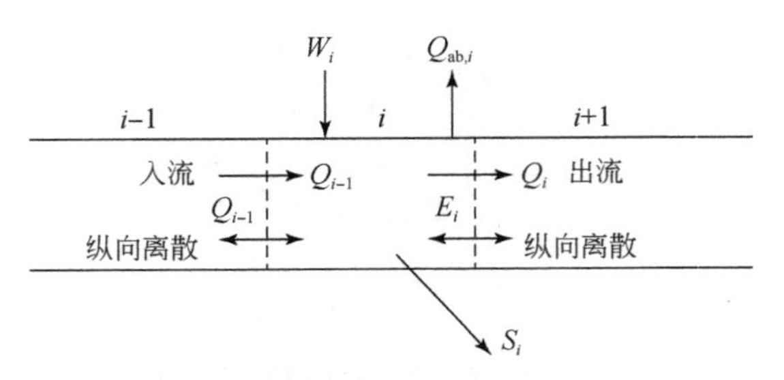

图 8-2　河段水质变量的质量守恒

这 4 个子系统描述了水中的浮游植物（αP）、有机磷（OP）、无机磷（IP）、有机氮（ON）、氨态氮（AN）、硝态氮（NN）、碳质生化需氧量（CBOD）、难生化降解化学需氧量（ICOD）、溶解氧（DO）9 种物质之间的反应和迁移转化（结构见图 8-3 与表 8-1）。除了这 9 种模型的状态变量之外，模型还对复合变量总氮（TN，mgN/L）、总磷（TP，mgP/L）、化学需氧量（COD，mgO_2/L）进行计算（郭劲松和龙腾锐，1994；王德明，2010；Grady Jr et al.，2011）：

$$TN = ON + AN + NN + A_{NC}\alpha P \tag{8-23}$$

$$TP = OP + IP + A_{PC}\alpha P \tag{8-24}$$

$$COD = \frac{15}{13}CBOD + ICOD + \left(\frac{32}{12} + \frac{16}{14}A_{NC} + \frac{40}{31}A_{PC} - A_{OC}\right)\alpha P \tag{8-25}$$

式中，A_{NC}为浮游植物中的氮碳比，mgN/mgC；A_{PC}为浮游植物中的磷碳比，mgP/mgC；A_{OC}为浮游植物中的氧碳比，mgO_2/mgC。

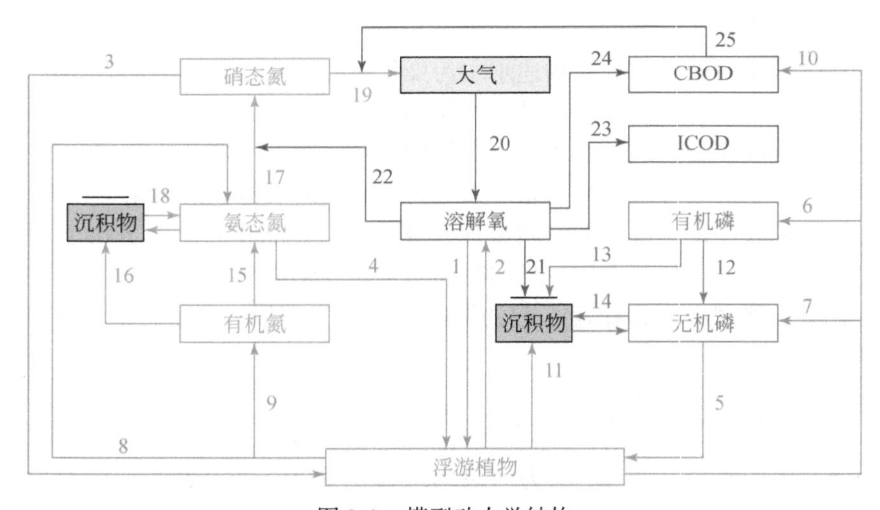

图 8-3　模型动力学结构

表 8-1　模型动力学过程

序号	过程	序号	过程
1	浮游植物呼吸作用耗氧	3	浮游植物生长吸收硝态氮
2	浮游植物光合释放氧气	4	浮游植物生长吸收氨态氮

续表

序号	过程	序号	过程
5	浮游植物生长吸收无机磷	16	有机氮沉降
6	浮游植物死亡转化为有机磷	17	氨态氮硝化为硝态氮
7	浮游植物死亡转化为无机磷	18	氨态氮在沉积物中沉降、再悬浮
8	浮游植物死亡转化为氨态氮	19	硝态氮反硝化作用脱离水柱
9	浮游植物死亡转化为有机氮	20	大气复氧
10	浮游植物死亡转化为碳质生化需氧量	21	沉积物耗氧
11	浮游植物沉降	22	硝化作用耗氧
12	有机磷矿化为无机磷	23	难生化降解化学需氧量还原耗氧
13	有机磷沉降	24	碳质生化需氧量还原耗氧
14	无机磷在沉积物中沉降、再悬浮	25	碳质生化需氧量被反硝化作用消耗
15	有机氮矿化为氨态氮		

2. 关键生化反应过程模拟方法

污染物内部源汇的动力学基础为概化的浮游植物光合和呼吸作用以及水体中微生物的硝化反硝化作用（Stumm and Morgan，2012）。浮游植物动力学子系统在水质模型中占有重要位置，直接影响其他几个子系统。浮游植物动力学子系统为了方便与其他子系统关联，浮游植物的量以浮游植物中碳元素的量计（饶群和芮孝芳，2001；韩菲等，2003）。浮游植物的源汇项由浮游植物生长率、死亡率和沉降率来描述。

磷循环子系统中存在两种形式的磷：有机磷、无机磷。浮游植物以无机磷为营养源来维持自身生长；同时通过内源呼吸作用及非掠食性死亡，浮游植物体内的磷又转化为有机磷和无机磷形式；有机磷再通过细菌的分解矿化作用转化为无机磷，重新开始循环。在水体中的溶解有机磷和悬浮颗粒之间还存在一个吸附与解吸过程，悬浮颗粒吸附溶解有机磷后沉降的过程也是磷的一个损失来源（Robson，2014）。

白洋淀上游河流表层沉积物基本理化性质由 2019 年采样实测获得，根据已有的对白洋淀地区的计算方法（杜奕衡等，2018；朱曜曜等，2018）进行匡算，得出静水状态下稳定释放至饱和后水土界面的氨态氮和磷酸盐浓度。对其在空间上进行线性插值，得出具有空间分异的白洋淀上游河流沉积物氮磷负荷值作为模型参数。

氮循环子系统中包含三种形式的氮：有机氮、硝态氮、氨态氮。氮循环子系统的动力学机理从根本上与磷循环子系统相似。浮游植物以氨态氮和硝态氮为营养源来维持自身生长；浮游植物内源呼吸和非掠食性死亡过程中，细胞体内的氮一部分转化为氨态氮形式，其余的转化为有机氮形式；有机氮在细菌的分解矿化作用下转化为氨态氮，有机氮颗粒部分的沉降导致了系统中部分氮的损失；氨态氮在硝化细菌和氧的硝化反应作用下转化为硝酸盐；在缺氧的近河流水固界面处或其他部位，硝酸盐还会通过反硝化作用转化为氮气脱离系统中的氮循环（Xia et al.，2018）。

溶解氧平衡子系统涉及了5种水质变量：浮游植物碳、氨态氮、碳质生化需氧量、难生化降解化学需氧量、溶解氧。溶解氧受到的作用是双重的，大气复氧和浮游植物生长期间光合作用释放出氧是氧气的来源，浮游植物的呼吸作用、排放废水和各类污染源中的有机物、还原性物质的氧化作用及硝化作用导致了氧气的消耗（Whitehead et al.，2009）。

8.2 上游河流概化与模型设置

8.2.1 补水线路河流空间离散化

河流离散化包括河道概化和断面概化，前者是指合理减少支流、将弯曲河道概化成直线河道并划分河段；后者是指将不规则断面概化处理成规则断面。河道概化使得真实情况下水力特性复杂的河道简化，为使简化后的河道不失真，在处理过程中遵守：在过水断面形状及大小发生突变处设置断面节点；保持河段长和比降不变；河段划分的长度尽量满足垂向和横向混合良好的假设。河道概化使用的数据来自于0.5m分辨率的谷歌卫星图像和30m分辨率的数字高程模型。

断面概化将不规则断面规则化为梯形断面，遵守处理前后流量模数基本一致、各断面的流量水位关系不发生较大变化的原则。采用中国科学院遗传与发育生物学研究所农业资源研究中心的多期声学多普勒流速剖面仪实测研究区断面数据，对断面水位与对应过水面积采样10组数对后，将数据带入梯形断面关系式回归得底宽与边坡系数：

$$A=mh^2+bh \tag{8-26}$$

式中，h 为水深，m；A 为实测河流断面形态对应水深下的过水面积，m^2；b 为底宽，m；m 为断面边坡系数，m/m。若河段无实测数据可推得底宽与边坡系数时，采用最邻近的两个有实测数据的河段经过空间线性插值赋值。研究区河流一维离散化成果的详细信息见表8-2。

表8-2 白洋淀上游河流河段划分

生态补水路线名称	河流实际水力关系	河流代称	河段数量/段	平均河段长度/m	河段坡比范围	河段糙率范围	河段底宽范围/m	河段边坡系数范围
安格庄补水路线	安格庄水库易水河南拒马河白沟引河白洋淀	AGZ	94	1089	0 ~ 0.0035	0.022 ~ 0.040	18 ~ 290	0.98 ~ 10.46
西大洋补水路线	干流：西大洋水库大水系分水闸黄花沟府河白洋淀	XDYM	57	1030	0.0001 ~ 0.0012	0.012 ~ 0.035	13 ~ 126	1.10 ~ 4.36
	支流：西大洋水库大水系分水闸一亩泉河汇入府河	XDYT	28	1002	0.0006 ~ 0.0007	0.015 ~ 0.020	11 ~ 48	1.55 ~ 7.87
王快补水路线	王快水库沙河总干渠月明河孝义河白洋淀	WK	166	1000	0 ~ 0.0160	0.020 ~ 0.040	22 ~ 134	0.82 ~ 9.90

8.2.2 补水线路河流水量水质边界条件

白洋淀上游河流水量水质输入从类型上划分，可以分为白洋淀生态补水水源输入和旁侧入流；从形态上划分，可以分为点源输入和非点源输入。基于流域基本情况调研、文献调查、资料收集及实时监测等数据资料，研究量化了补水路线河流外源污染负荷分布与输入河流的水质水量特征。

1. 点源负荷

水库下泄补水水源为白洋淀上游河流最大的点源输入，输入位置为补水路线河流最上游，水量水质数据来自于保定市水利局下属的安格庄水库管理处、西大洋水库管理处、王快水库管理处以及 2019 年河北省水功能区断面水质监测报告。

2019 年全流域实地调研显示补水路线河流截污措施实施较为彻底，城市污水基本全部接入污水处理厂处理，污水处理厂排水为流域主要的入河点源负荷，河流支流汇入次之。主要污水处理厂排污口位置见图 8-4，根据排污口溯源污水处理厂，根据环境统计数据对排污口入河水量和污染物浓度进行了设置。

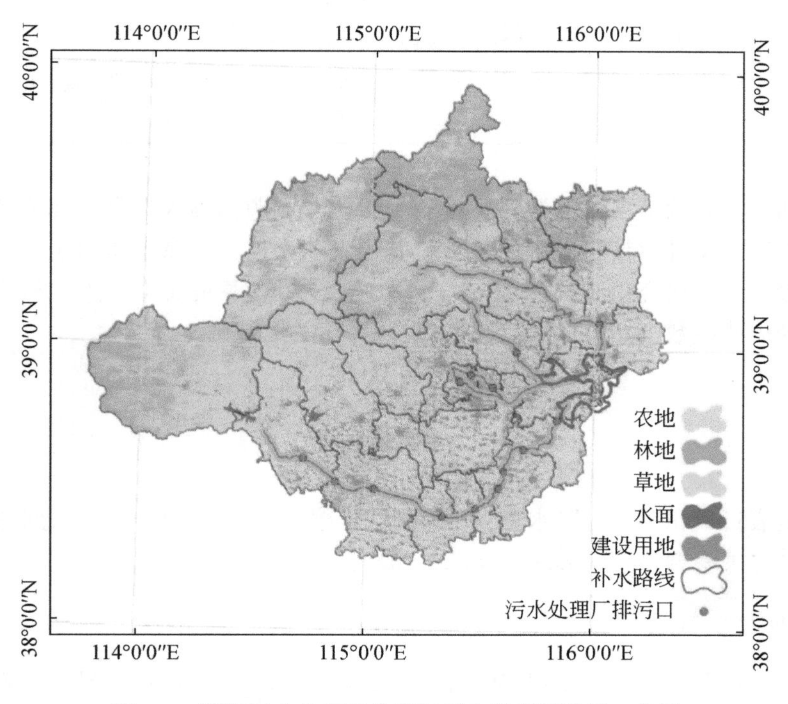

图 8-4 研究区土地利用类型与污水处理厂排污口位置

2. 非点源负荷

流域非点源负荷能在一定程度上影响河流水质，而且非点源负荷往往具有空间异质性，排放过程复杂、影响因素多等特征。估算区域水体中的非点源污染物负荷，明确排入水体的污染物排放贡献及其来源难度较大。充分考虑污染负荷模型的应用特点，结合实际研究区域的特点，选取输出系数法估算河流非点源输入的水量水质信息。研究区所涉及县区 12 个，以县区为单元，采用输出系数法对农村居民生活源、畜禽养殖业和农业种植业等污染排放负荷进行估算，其中农业种植业非点源污染又包括农田化肥使用以及农业秸秆等副产品污染等两种形式（Yang et al.，2019）。估算使用的基础数据来源于保定市经济统计年鉴等，主要包括农村人口数量、农村居民生活污水排放情况、畜禽养殖数量、化肥施用量、粮食产量等。主要的计算方法见表 8-3。

表 8-3　非点源污染排放量估算方法

类别	估算方法	主要污染指标
农村生活	第 i 种污染物排放量 PL_i = 人日均排污系数 EL_i×农村人口数 n×365×0.8	化学需氧量、总氮、总磷、氨态氮
农村畜禽养殖	第 i 种污染物排放量 $PP_i=\Sigma$ 畜禽 j 排污系数 EP_j×畜禽 j 数量 n_j	化学需氧量、总氮、总磷、氨态氮
农田化肥	第 i 种污染物排放量 PF_i = 化肥 i 元素的施用量 U_i×流失系数 η_i	总氮、总磷、氨态氮
农业秸秆等副产品	第 i 种污染物排放量 $PS_i=\Sigma$ 粮食产量 Y_j×粮食产量秸秆比 λ_i×秸秆产污系数 ES_i×流失系数 μ_i	化学需氧量、总氮、总磷

计算得到各县区的分项非点源污染排放量后，非点源污染入河量计算方法为流域面积范围内的非点源污染排放量乘以入河系数，其中农业种植、畜禽养殖以及农村生活污染入河系数取值参考相关研究得到（邵景安等，2016）。非点源负荷中，除农村生活源外的入河水量通过径流曲线数（CN）方程计算，计算方法为

$$R_S=\frac{(P-0.2S)^2}{P+0.8S} \tag{8-27}$$

$$S=\frac{1000}{\mathrm{CN}}-10 \tag{8-28}$$

式中，R_S为地表径流量；P 为降水量；S 为流域土壤蓄水能力；CN 为径流曲线数，取值参考白洋淀流域相关参数研究（Zhang et al.，2020）。

3. 外源负荷分析

分点源、非点源比较不同补水路线河流入河污染负荷，结果见图 8-5 安格庄、西大洋、王快补水路线河流入河污染负荷。安格庄补水路线中非点源负荷占较大比例，西大洋补水路线、王快补水路线中污水处理厂点源负荷占较大比例，横向比较安格庄补水路线的污水处理厂点源负荷远小于西大洋补水路线、王快补水路线，体现出土地利用类型及人口密度不同造成的入河污染负荷差异（Wu et al.，2015）。

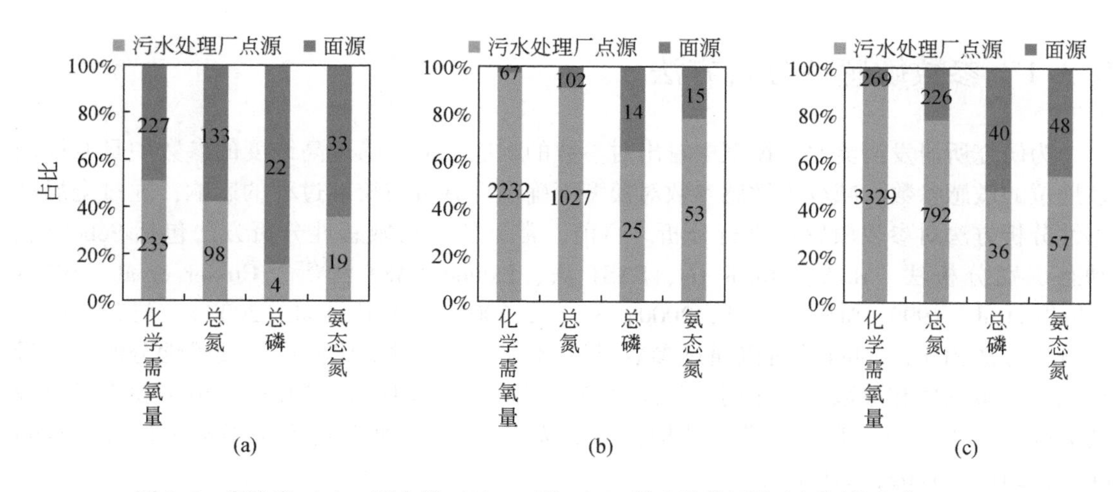

图 8-5　安格庄（a）、西大洋（b）、王快（c）补水路线河流入河污染负荷（t/a）

对于非点源污染（图 8-6），农村生活源对非点源污染贡献最大，各指标均占 50% 左右；畜禽养殖污染源对非点源污染贡献最小，约为 17%；农业种植业对非点源污染贡献 33%。非点源污染中农村生活源入河负荷量最大，对于安格庄路线河流水质将产生显著影响。非点源污染具有一定空间异质性，安格庄补水路线所在流域中，易县为化学需氧量、总氮、氨态氮高排放地区，定兴县为总氮、氨态氮高排放地区，高排放地区位于中上游；西大洋补水路线所在流域中，清苑区为总氮高排放地区，高排放地区位于中游；王快补水路线所在流域中，定州市为化学需氧量、总氮、总磷、氨态氮高排放地区，高排放地区位于上游人工渠道河段。

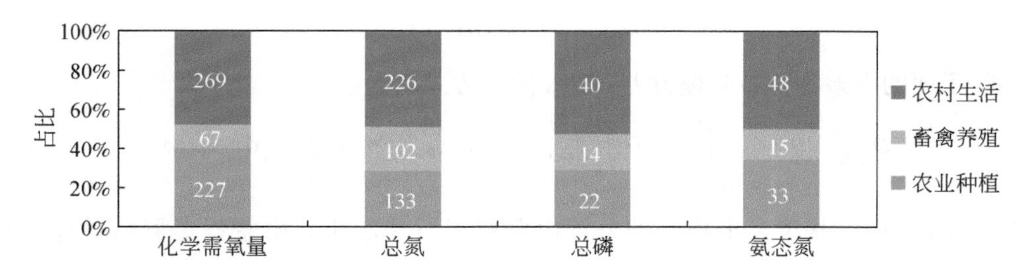

图 8-6　不同类型非点源入河污染负荷量（t/a）

8.3　模型参数敏感性分析

敏感性分析是评价模型参数对模型输出影响程度的重要手段（Torrecilla et al.，2005），同时也可对模型结构适用性进行诊断。目前敏感性分析，特别是全局敏感性分析越来越多地应用在水环境模型分析中，如降低模型参数不确定性、寻找控制模型的关键参数、降低需进行率定的模型参数维数等（McCulloch，2005；Sieber and Uhlenbrook，2005；Torrecilla et al.，2005；Tang et al.，2007）。

8.3.1 参数敏感性分析方法

为研究所研发河流水质模型中输出对参数的响应特征，筛选高维度的参数中具有控制性地位的敏感参数，减少不敏感参数对模型不确定性分析与校准过程的影响，通过全局敏感性分析方法对参数敏感性进行分析。目前，常见的全局敏感性分析方法包括 Sobol 法、动态识别分析法、RSA、Morris 法、FAST 法、Extend FAST 法等（Cukier et al.，1973；Saltelli et al.，1999；Mckay et al.，2000；Sobol′，2001；Sobol′ et al.，2007）。与其他敏感性分析方法相比，Sobol 法可以通过参数对输出的方差的贡献比例进行敏感性分级，定量识别参数敏感性和参数交互作用，且运算效率较高（张质明等，2014）。由于动力学过程的非线性、非叠加、非单调模型结构，特别选用 Sobol 法来解析模型不确定性（Nossent et al.，2011；Yang，2011a）。

Sobol 法是一种基于方差的蒙特卡罗法（韩林山等，2008），首先定义一个 k 维的单元体Ω^k作为输入因素的空间域，表示为

$$\Omega^k = \{x \mid 0 \leqslant x_i \leqslant 1; i = 1, 2, \cdots, k\} \tag{8-29}$$

应用 Sobol 提出的基于多重积分的分解方法（Saltelli et al.，1999；Sobol′，2001），将模型f（x）分解为 $2k$ 个子项之和：

$$f(x_1, x_2, \cdots, x_k) = f_0 + \sum_{i=1}^{k} f_i(x_i) + \sum\sum_{1 \leqslant i < j \leqslant k} f_{i,j}(x_i, x_j) + \cdots + f_{1,2,\cdots,k}(x_1, x_2, \cdots, x_k) \tag{8-30}$$

模型输出f（x）的总方差 D 为

$$D = \int_{\Omega^k} f^2(x)\,\mathrm{d}x - f_0^2 \tag{8-31}$$

各阶子项的方差称为各阶偏方差，即 s 阶偏方差$D_{i_1, i_2, \cdots, i_s}$：

$$D_{i_1, i_2, \cdots, i_s} = \int_0^1 \cdots \int_0^1 f^2_{i_1, i_2, \cdots, i_s}(x_{i_1}, x_{i_2}, \cdots, x_{i_s})\,\mathrm{d}x_{i_1}\mathrm{d}x_{i_2}\cdots\mathrm{d}x_{i_s} \quad (1 \leqslant i_1 < \cdots i_s \leqslant k) \tag{8-32}$$

在 Sobol 法中，基于多重积分的分解由蒙特卡罗法求出。由蒙特卡罗估计$\widehat{f_0}$、$\widehat{D}$及$\widehat{D_i}$得出：

$$\widehat{f_0} = \frac{1}{n}\sum_{m=1}^{n} f(x_m) \tag{8-33}$$

$$\widehat{D} = \frac{1}{n}\sum_{m=1}^{n} f^2(x_m) - \widehat{f_0^2} \tag{8-34}$$

$$\widehat{D_i} = \frac{1}{n}\sum_{m=1}^{n} f\left(x_{im}^{(1)}, x_{(-i)m}^{(1)}\right) f\left(x_{im}^{(1)}, x_{(-i)m}^{(2)}\right) - \widehat{f_0^2} \tag{8-35}$$

把模型f（x）分解的子项平方并在整个Ω^k内积分，即建立总方差等于各阶偏方差之和的关系：

$$\widehat{D} = \sum_{i=1}^{k} \widehat{D_i} + \sum\sum_{1 \leqslant i < j \leqslant k} \widehat{D_{i,j}} + \cdots + \widehat{D_{1,2,\cdots,k}} \tag{8-36}$$

将各阶敏感性系数定义为各阶偏方差与总方差的比值。s 阶敏感性S_{i_s}与总敏感性系数S_{Ti}定义为

$$S_{i_s} = \frac{\widehat{D}_{i_1, i_2, \cdots, i_s}}{\widehat{D}} \tag{8-37}$$

$$S_{Ti} = \sum S_{i_1}, S_{i_2}, \cdots, S_{i_s} \tag{8-38}$$

式中，$1 \leqslant i_1 < \cdots < i_s \leqslant k$；$S_{i_1}$为参数$x_i$的一阶敏感性系数，表示$x_1$对输出的主要影响；$S_{Ti}$为参数$x_i$的总敏感性系数，表示参数$x_i$变动所产生的全部影响；两者之差$S_{Ti} - S_{i_1}$代表参数$x_i$与其他参数之间对模型输出的交叉影响，反映参数$x_i$与其他参数的相互作用（Sobol' and Levitan，1999；Sobol' and Myshetskaya，2002）。

8.3.2 参数敏感性分析结果

参考白洋淀流域及类似流域已有实验室化学分析与模型模拟研究（Kannel et al.，2007；Turner et al.，2009；Zhang and Arhonditsis，2009；王旭东等，2009；Chong et al.，2010；Liang et al.，2016；Yi et al.，2016；Bai et al.，2018；Jia et al.，2018；刘磊等，2018；张培培等，2019)，白洋淀上游河流水环境数学模型中动力学过程的动力学参数先验取值范围见表 8-4。该参数范围进行 100000 次蒙特卡罗采样后用于参数敏感性分析。模型运行得到 9 个状态变量 100000 次的结果，对模型进行参数的一阶敏感性分析及总敏感性分析，各参数敏感性如图 8-7 所示。

表 8-4 动力学参数先验取值范围

编号	描述	单位	符号代称	理论下限	理论上限
1	浮游植物中氮碳比	mgN/mgC	A_{NC}	0.1	0.5
2	浮游植物中氧碳比	mgO_2/mgC	A_{OC}	1	2.9
3	浮游植物中磷碳比	mgP/mgC	A_{PC}	0.005	0.049
4	水体中溶解有机氮比率	无量纲	f_{D7}	0	1
5	水体中溶解有机磷比率	无量纲	f_{D8}	0	1
6	浮游植物死亡循环为有机氮比例	无量纲	f_{ON}	0	1
7	浮游植物死亡循环为无机磷比例	无量纲	f_{IP}	0	1
8	20℃时浮游植物最大比生长率	1/d	G_{max}（20）	0.6	4.5
9	20℃时硝化率	1/d	K_{12}	0.05	8
10	浮游植物死亡率	1/d	K_{1D}	0.02	0.5
11	20℃时浮游植物内源呼吸率	1/d	K_{1R}	0.01	0.8
12	20℃时反硝化率	1/d	K_{2D}	0	4
13	20℃时有机氮矿化率	1/d	K_{71}	0.01	0.8

续表

编号	描述	单位	符号代称	理论下限	理论上限
14	20℃时有机磷矿化率	1/d	K_{83}	0.01	0.8
15	碳质生化需氧量还原中限制因子氧的半饱和常数	mgO_2/L	K_{BOD}	0.1	1.2
16	20℃时碳质生化需氧量还原率	1/d	K_D	0.004	0.5
17	浮游植物生长的光照的半饱和常数	ly/d	K_I	0	150
18	磷循环限制下浮游植物矿化的半饱和常数	mgC/L	K_{mPc}	0.02	1.2
19	浮游植物对氨态氮的偏好系数	mgN/L	K_n	0.005	0.1
20	硝化作用中限制因子氧的半饱和常数	mgO_2/L	K_{NIT}	0.1	2
21	反硝化作用中限制因子氧的半饱和常数	mgO_2/L	K_{NO_3}	0.005	1
22	浮游植物生长的无机磷的半饱和常数	mgP/L	K_p	0.001	0.05
23	20℃时沉积物耗氧通量	$gO_2/(m^2 \cdot d)$	K_{sod}	0.1	5
24	硝化率温度调整系数	无量纲	Θ_{12}	1.02	1.2
25	浮游植物最大比生长率温度调整系数	无量纲	Θ_{1G}	1.06	1.2
26	浮游植物内源呼吸率温度调整系数	无量纲	Θ_{1R}	0.95	1.05
27	反硝化率温度调整系数	无量纲	Θ_{2D}	1.04	1.2
28	有机氮矿化率温度调整系数	无量纲	Θ_{71}	1.02	1.3
29	有机磷矿化率温度调整系数	无量纲	Θ_{83}	1.07	1.2
30	难生化降解化学需氧量的降解率温度调整系数	无量纲	Θ_9	1.02	1.3
31	碳质生化需氧量还原率温度调整系数	无量纲	Θ_D	1.02	1.3
32	沉积物耗氧通量温度调整系数	无量纲	Θ_{sod}	0.99	1.4
33	浮游植物净沉降速度	m/d	V_{sa}	0.01	4
34	有机物净沉降速度	m/d	V_{so}	0.01	3
35	20℃时难生化降解化学需氧量的降解率	1/d	K_9	0.001	0.15

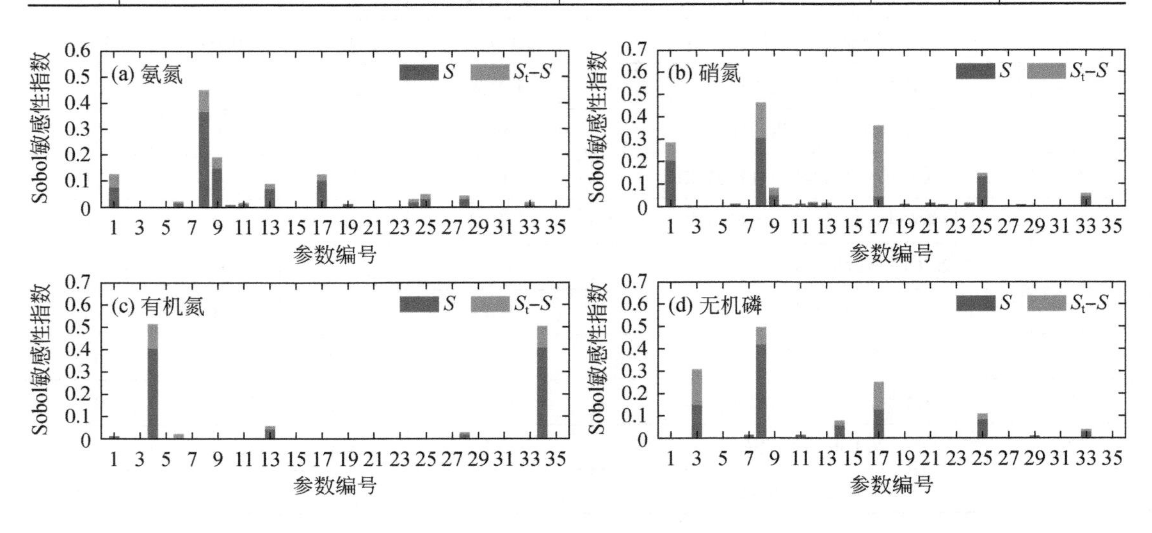

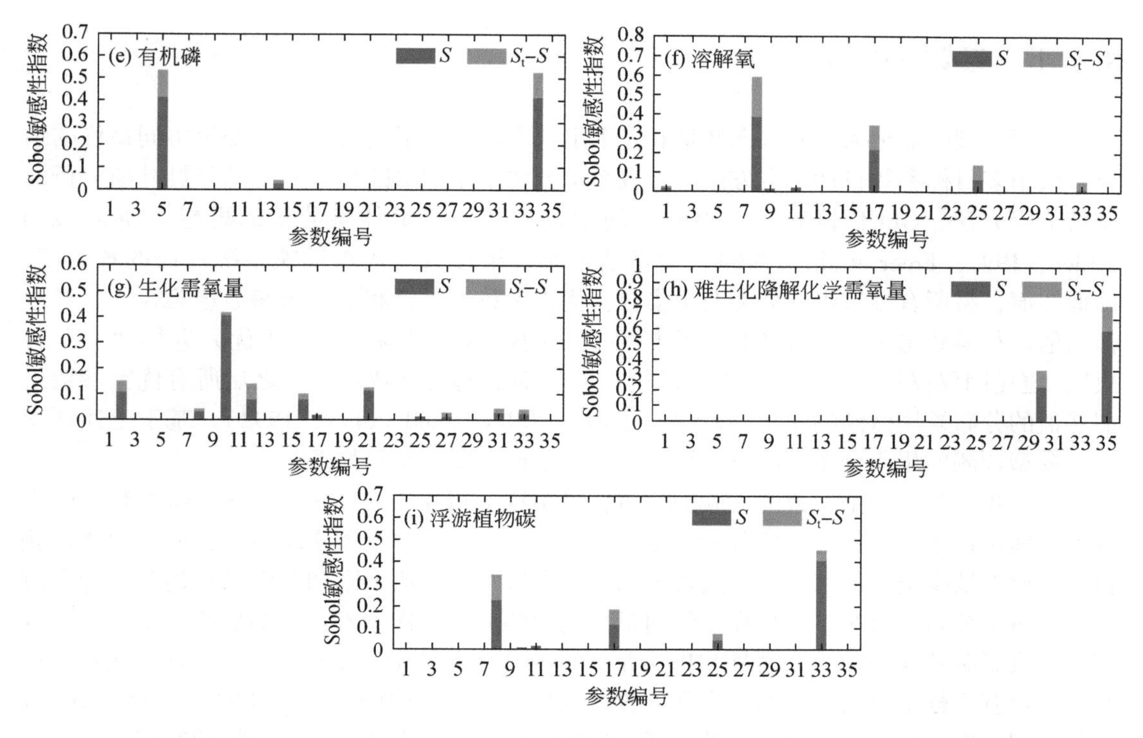

图 8-7 Sobol 法敏感性分析结果

S 代表一阶敏感性系数；S_t代表总敏感性系数；S_t-S 代表该参数与其他参数的相互作用

一阶敏感性系数与总敏感性系数的比例，均表现出参数变化对结果具有协同影响，说明模型动力学过程各结构耦合程度相对较强。而耦合度较高的过程，模型校准难度更大，敏感参数的取值会对多个状态变量同时产生显著影响。由参数敏感性系数的分布情况得出，对于不同状态变量，其敏感参数有一定的差异。将总敏感性系数大于 0.1 的参数作为模型校准中重点率定的敏感参数。不敏感参数根据实测并借鉴上述参数先验取值范围的相关研究，设置为固定值。

8.4 模型参数率定与验证

模型在模拟过程中存在着一定的不确定性，不确定性包括模型结构、模型参数以及模型输入的不确定性（Beven，2012）。为了能更好地描述水环境系统动力学过程，白洋淀上游河流水环境数学模型选用了较多的参数来构建更全面的模型结构，并期望通过模型参数的不确定性来体现其他不确定性来源的影响。参数率定是降低参数不确定性并最终降低模拟不确定性的过程。

8.4.1 参数率定方法

由于模型的输出为 9 个状态变量和 3 个组合变量，为了同时获得多变量协同最优的结果，采用多目标参数自动率定方法。参数率定方法采用的 GLUE 是一种基于贝叶斯分析的蒙特卡罗方法，GLUE 摒弃了在参数空间中仅存在一组最佳参数集的思想（Beven and Binley，1992；Freer et al.，1996），而是基于对各组参数能成功反映系统特征的置信度，即似然值，将所有参数组划分为两个集合：优秀参数组集合和非优秀参数组集合。在通过似然值进行参数组优选时，依据多项模型变量的似然值对参数组是否优秀进行“一票否决”，避免因仅仅评价单个输出变量的模拟效果而引起的参数偏差。之后所有优秀参数组似然值的分布被用做预测变量的概率权重函数（Beven and Binley，1992）。基于上述认识建立模型预测的累积分布并同时计算模拟不确定性。实施步骤如下。

第一步，基于每个参数的先验的分布，采用拉丁超立方抽样法（LHS）从参数空间生成大量随机样本。参数的先验分布越接近实际，模拟结果的收敛质量越好，但一般难以获得，因此在缺少资料的情况下，通常采用涵盖参数可能取值下限和上限的均匀分布为参数的先验概率分布。LHS 是一种在多维向量空间中的分层抽样技术，其抽取的样本在任一维度上的投影服从均匀分布，而且 LHS 分层采样相较于蒙特卡罗采样，减少了迭代次数，提升了率定基于样本分析方法的效率和鲁棒性（Manache and Melching，2008）。一维 LHS 将参数累积密度函数分成 n 个相等的分区，然后在每个分区中选择一个随机的数据点，最后得到 n 个不同的数据点。多维 LHS 假设多维参数 a、b、…是独立的，按照一维方法分别得到 a、b、…的一维样本，再将它们随机组合成多维的 n 个随机组合集（Xu and Gertner，2008）。根据敏感参数的维度数 17 和计算机算力取舍，n 取 100000。

第二步，计算参数组的似然函数值并进行优选。似然函数用于量化模型模拟值和实际观测值之间的差异。对于似然函数的选择，GLUE 较为灵活，只需要满足以下两个条件即可：对于模拟值精度低于一定阈值的所有参数组，其似然函数值为零；随着模拟精度的提升，似然函数值应该单调递增（Beven，2011）。白洋淀上游河流模拟中采用均方根误差的倒数作为似然函数：

$$L_y^x[\theta|Y^x] = \sqrt{\frac{n}{\sum (Y_i^x - Z_i^x)^2}} \tag{8-39}$$

式中，$L_y^x[\theta|Y^x]$ 是参数组 θ 的似然函数值，用以衡量模型对变量 x 的计算精度；Y_i^x 为变量 x 的第 i 个实际观测数值；Z_i^x 为变量 x 的第 i 个实际观测对应的模型模拟值；n 是变量 x 的观测总个数。

对于存在多状态变量的水环境动力学模型来说，当分别对各变量的模拟进行参数率定时，最终参数范围与分布的结果未必相同（Sincock et al.，2003）；且实际观测值往往存在一定的误差，似然函数的选择也存在一定的人为因素，如果按照单一变量进行参数组优选时，可能存在“过拟合”，即某些参数组合对于该变量模拟效果很好，但难以顾及其他变量的模拟效果。模型中的系统动力学结构导致单个参数的取值能够同时影响多个变量的计算和模拟效果，根据这个特征，形成了一种多个变量模拟性能相互验证参数范围合理性的机制。当一个参数组可以让某一变量的模拟效果很好，但不能满足其他变量的模拟精度阈值时，也会被视为非优秀参数组而不被采纳：

$$L_y^x[\theta|Y^x]=\begin{cases}L_y^x[\theta|Y^x], & L_y^x[\theta|Y^x]<T^x, L_y^{C\Omega x}[\theta|Y^{C\Omega x}]<T^{C\Omega x}\\ 0, & L_y^x[\theta|Y^x]>T^x\\ 0, & L_y^{C\Omega x}[\theta|Y^{C\Omega x}]>T^{C\Omega x}\end{cases} \tag{8-40}$$

式中，Ω 为所有指定的变量共同构成的集合，且变量 $x\in\Omega$，一般为全部 9 个状态变量和 3 个组合变量，当用于率定的数据有限时，可以选择任意两个及以上变量构成 Ω；$C\Omega x$ 为 x 在 Ω 中的补集；T 为模拟精度阈值，当选择均方根误差的倒数作为似然函数时，指定某一变量的模拟精度阈值为该变量实际观测数据方差的 10%（Liu et al.，2009）。

当参数组被划分为优秀参数组集合和非优秀参数组集合后，舍弃非优秀参数组集合，进行迭代，使得参数范围收窄。以优秀参数组集合的各参数的取值上下限作为下一次迭代的 LHS 上下限，迭代数次至参数范围稳定收敛，即参数范围迭代时变化小于 5% 结束。

第三步，计算优秀参数组的后验似然分布。基于对变量 x 实际观测数据 Y^x，似然值概率分布通过贝叶斯分布得以更新：

$$L_P^x[\theta|Y^x]=CL_y^x[\theta|Y^x]L_0^x[\theta] \tag{8-41}$$

式中，$L_P^x[\theta|Y^x]$ 是对变量 x 的后验似然权重；C 是一个比例系数，目的是使所有参数组的 $L_P^x[\theta|Y^x]$ 之和等于 1；$L_0^x[\theta]$ 是参数组 θ 的先验似然权重，默认情况下所有参数组的先验似然权重都是相同的。

第四步，模拟不确定性的评估。使用后验似然权重计算模型预测变量 x 的置信区间（Pappenberger et al.，2006），似然值加权的模型预测变量 x 的累积概率分布计算如下：

$$P_t(x_t<z)=\sum_{j=1}^{k}L_P^x[\theta_j|x_{t,j}<z] \tag{8-42}$$

式中，$P_t(x_t<z)$ 是变量 x 在时间（或空间）步长 t 小于任一 z 值的累积概率；$L_P^x[\theta_j]$ 是参数组 θ_j 的后验似然权重，参数组 θ_j 需在时间（或空间）步长 t 内满足模拟值 $x_{t,j}$ 小于 z；k 是所有满足 $x_{t,j}$ 小于 z 的参数组 θ 的总数。

根据每个时间（或空间）步长的累积概率分布，50% 分位对应的模拟值为模型 GLUE 最佳值，95% 与 5% 分位对应的模拟值为上下限构成模拟的不确定性区间。不确定性区间表征了在当前模型结构、模型输入和率定数据、模型参数，以及在使用 GLUE 方法所进行的主观选择条件下模型的模拟不确定性。如果由每个模型步长不确定性区间组成的不确定性条带能够涵盖大多数观测值，则意味着仅靠参数值的变异性可以弥补其他来源的误差，并且可以解释模型输出的全部不确定性（Blasone et al.，2008）。使用指数 UB_{It} 指征模拟的不确定性：

$$UB_{It}=\sum_{x=x_1}^{x_6}\sum_{t=1}^{q}\frac{Su_t^x-Sd_t^x}{6q\sigma_{Y^x}} \tag{8-43}$$

式中，It 为迭代次数；x 为模拟的水质变量，根据已有观测值，$x_1\sim x_6$ 分别指定为溶解氧、生化需氧量、化学需氧量、氨态氮、总氮、总磷；q 为模拟的步长总数量；Su_t^x 与 Sd_t^x 为在步长 t 对变量 x 的模拟值的上限和下限；σ_{Y^x} 为变量 x 实测值的标准差。UB_{It} 大致体现了模拟结果不确定性区间平均宽度，UB_{It}越接近0表示模拟的确定性越高，但同时会导致模型鲁棒性变差，根据经验$UB_{It}<2$即为较满意结果（Rostamian et al.，2008；Ryu et al.，2012；Narsimlu et al.，2013；Kumar et al.，2017；Maliehe and Mulungu，2017；Radcliffe and Mukundan，2017；Thavhana et al.，2018；Zhao et al.，2018）。

8.4.2 率定期模拟效果评估

采用2019年所模拟河流内国省控断面化学需氧量、氨态氮、总磷、总氮监测数据对模型进行率定。使用均方根误差（RMSE）、平均相对误差（MRE）评估各补水路线固定监测站点河流断面水质模拟的准确性。率定期为2019年1～12月，去除对汛期非稳态的模拟时段后率定性能结果见表8-5。

表8-5 率定期模型性能

站点	所属河段位置	化学需氧量		氨态氮		总磷		总氮	
		RMSE /(mg/L)	MRE /%	RMSE /(mg/L)	MRE /%	RMSE /(mg/L)	MRE /%	RMSE /(mg/L)	MRE /%
南拒马河北河店	AGZ50	1.69	12	0.09	33	0.02	28	0.35	15
白沟引河平王	AGZ94	5.96	18	0.10	26	0.01	21	0.66	26
府河焦庄	XDYT22	6.71	27	0.71	36	0.06	19	0.90	21
府河望亭	XDYM31	3.73	14	0.35	23	0.04	15	1.20	14
府河安州	XDYM47	8.84	27	0.38	41	0.04	18	1.29	15
孝义河蒲口	WK154	8.99	23	0.30	47	0.10	41	1.48	26
平均		5.99	20	0.32	33	0.05	24	0.98	19

在率定期，各点位化学需氧量、氨氮、总磷与总氮平均MRE为20%、33%、24%和19%。根据相似研究（Moriasi et al.，2007；Ahn et al.，2017；Iqbal et al.，2018；Yustiani et al.，2018；Bui et al.，2019；Abdeveis et al.，2020；Tung and Yaseen，2020）模拟水质的MRE在10%～50%范围内，表明模型率定期模拟性能达到较好的水准，经率定后动力学参数能表征系统特征和行为，模型能正确地对输入水环境的边界条件变化做出响应。

8.4.3 验证期模拟效果评估

模型验证期为生态补水期，采用该期的模型模拟河流水质空间分布的性能验证准确性。模型验证所用的数据来自2019年补水期断面实测数据，2019年4月15日采集了西大洋补水路线、王快补水路线，2019年11月4日采集了安格庄补水路线，3条补水路线共采集 21 点位，形成空间分异数据对模型模拟效果进行验证（表 8-6）。

表 8-6　验证期模型水质模拟性能

河段	时间	化学需氧量		氨态氮		总磷		总氮	
		RMSE /(mg/L)	MRE /%	RMSE /(mg/L)	MRE /%	RMSE /(mg/L)	MRE /%	RMSE /(mg/L)	MRE /%
安格庄补水路线	2019/11/4	2. 68	19	0. 02	33	0. 00	10	0. 49	46
西大洋补水路线	2019/4/15	6. 85	25	0. 11	26	0. 04	28	0. 78	15
王快补水路线	2019/4/15	8. 30	28	0. 04	51	0. 07	69	0. 56	12
平均		5. 94	24	0. 06	37	0. 04	36	0. 61	24

如表 8-6 所示，3 条补水路线化学需氧量、氨氮、总磷和总氮平均 MRE 为 24%、37%、36% 和 24%。安格庄补水路线河流（图 8-8）、西大洋补水路线河流（图 8-9）、王快补水路线河流（图 8-10）模型验证期模拟结果，展示了稳态情况的补水期水质空间变化。各水质指标的空间变化模拟值显示了与实测值一致的趋势，参照标记出的点源负荷位置，模拟值明确地解释了点源污染入河位置前后实测值波动的成因。支流和污水处理厂点源的入流导致河流沿程污染物浓度的突变，而且各污染物因子的突减或突增具有一致的趋势。

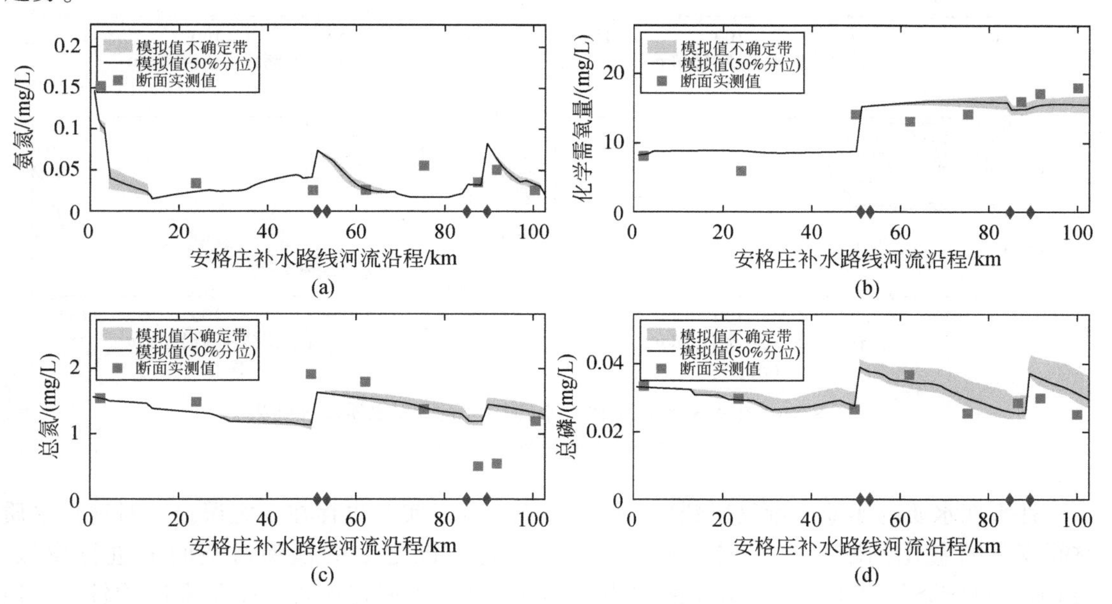

图 8-8　生态补水期安格庄补水路线河流沿程水质验证结果

黑色菱形标记为点源位置

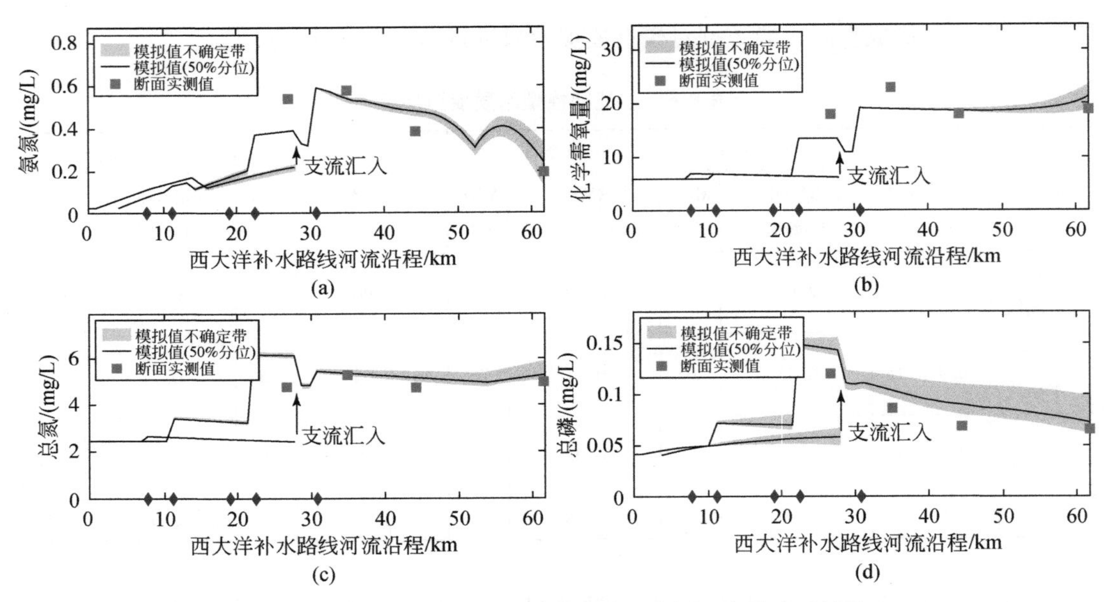

图 8-9　生态补水期西大洋补水路线河流沿程水质验证结果

黑色菱形标记为点源位置

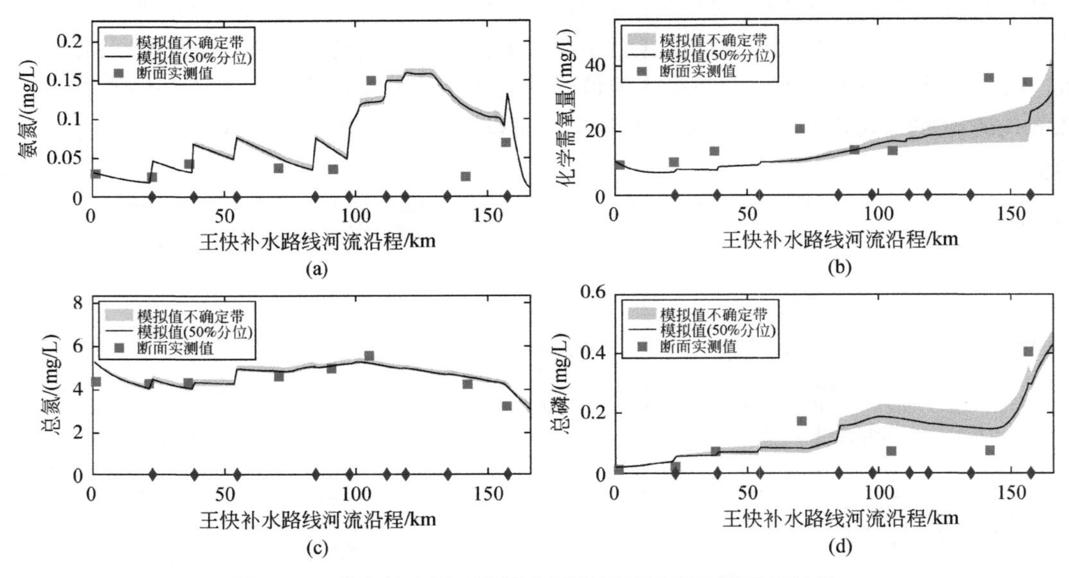

图 8-10　生态补水期王快补水路线河流沿程水质验证结果

黑色菱形标记为点源位置

补水期水质的实地测量仅得到稀疏的空间点，并且实测也存在一定误差，对河流水质空间变化的量化判断具有一定的局限性。但通过校准之后的模型对空间上进行模拟，GLUE 不确定条带可覆盖较多数量的实测点，且 GLUE 不确定条带的平均宽度均较窄，模型能够还原水体完整的变化趋势，降低了实测数据稀疏对水质分析和评价带来的风险（Beven，2009；Mirzaei et al.，2015）。

第9章 上游河流向白洋淀补水的水量水质综合保障方案制定

本章基于自主研发的水位预测模型，对现有补水方案进行评估；之后基于随机采样生成的海量补水情景优选出不同水文气象情景下的多源补水配置方案。采用所研发的河流水质模型，对不同补水量情景下各污染减排措施后水质沿程变化情况进行评估。基于上述模型模拟情景分析，结合本研究所形成的对于白洋淀水位与上游河流水质演变规律及其驱动机制的认识，制定上游河流生态补水量质综合保障方案。

9.1 生态环境与经济效益评估方法体系

《白洋淀生态环境治理和保护规划》指出，按照淀区面积360km^{2}左右、正常水位保持在6.5～7.0m（对应大沽高程8.0～8.5m）的目标考虑，确定2022年之前生态需水量为3亿～4亿m^3/a。白洋淀上游河流作为上游水库和南水北调中线对白洋淀实施生态补水的主要途径，在不进行生态补水的情况下，再生水是其主要水源。对于生态补水期，尚缺乏对于生态补水调度和污染减排措施共同作用下对于河道水质沿程变化的精准研判。生态补水是维持淀区生态水位和修复白洋淀生态环境的重要措施，保障其常态化实施不仅需要考虑其对生态环境的改善，还需要从经济层面对补水的成本进行估算。基于上述认识，研究从3个维度进行考虑，即白洋淀生态水位目标的保障程度、主要入淀河流水质指标的达标情况，以及不同补水方案的经济成本，评估上游河流生态补水调度与水污染防治集成管控方案的实施效益。

1）水位目标综合评价

白洋淀汛期和非汛期对淀区水位的控制目标存在一定差异性，对水位目标的保障程度也区分为汛期、非汛期和全年进行评估。

$$\mathrm{Index}_{\mathrm{wl}} = (\mathrm{DS}_{\mathrm{target}} + \mathrm{WS}_{\mathrm{target}} + Y_{\mathrm{target}})/3 \tag{9-1}$$

式中，$\mathrm{Index}_{\mathrm{wl}}$为水位综合评价指数；$\mathrm{DS}_{\mathrm{target}}$为非汛期白洋淀水位位于生态水位目标范围内的百分比；$\mathrm{WS}_{\mathrm{target}}$为汛期白洋淀水位位于生态水位目标范围内的百分比；$Y_{\mathrm{target}}$为全年白洋淀水位位于生态水位目标范围内的百分比。

2）水质目标综合评价

目前，主要有4条入淀河流承接生态补水，自北向南依次白沟引河、瀑河、府河和孝义河。依据河北省大清河水系水功能区划，这4条河流的入淀水质需要达到国家地表水Ⅲ类标准。选取化学需氧量（COD）、氨氮（$\mathrm{NH_4^+}$-N）、总氮（TN）、总磷（TP）这4个主要地表水水质指标，4个入淀口，共16项指标构建水质目标综合评价指数：

$$\text{Index}_{WQ}=\begin{cases}0, & C>C_{Ⅲ}\\ \dfrac{100}{16}\left(1-\dfrac{C}{C_{Ⅲ}}\right), & C<C_{Ⅲ}\end{cases} \tag{9-2}$$

$$TI=\sum \text{Index}_{WQ} \tag{9-3}$$

式中，Index_{WQ}为某个入淀口特定水质指标的评价结果；TI 为四个入淀口的 4 项水质指标综合评价指数；C 为各入淀口各主要指标入淀浓度；$C_{Ⅲ}$为各指标地表水Ⅲ类标准浓度。

3）补水经济成本评价

补水经济成本指数的计算是基于现阶段不同水源的单价和具体的用水量进行计算得到。

$$\text{Index}_P=100-(YR_P+RW_P+SW_P)/P_{cons}\times 100 \tag{9-4}$$

式中，Index_p为补水经济成本指数；YR_p、RW_p和 SW_p分别为黄河水、上游水库水和南水北调水的实际补水经济成本；P_{cons}为现阶段最大补水经济成本。其中引黄水的价格为 0.46 元/m³，上游水库水价格为 0.16 元/m³，南水北调水价格为 2.51 元/m³。

4）综合评价结果可视化展示

在下一章构建的系统平台中，将水位目标综合评价指数、水质目标综合评价指数和补水经济成本指数这 3 项指标以二维图的方式进行展示（图 9-1）。

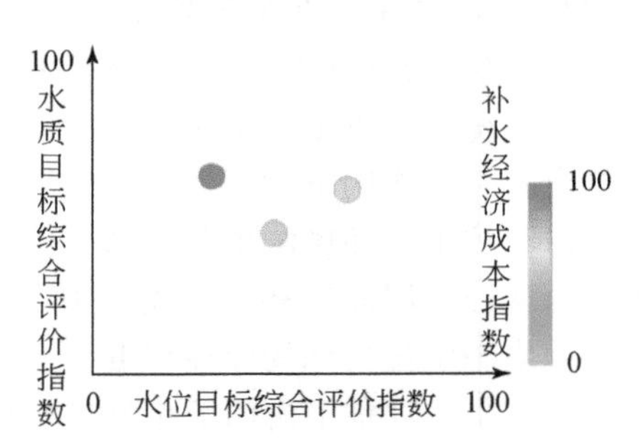

图 9-1　综合评价图示意图

综合评价图的横轴为水位目标综合评价指数，纵轴为水质目标综合评价指数，补水经济成本则通过颜色变化来表示其数值大小。

9.2　多水源补水方案水位保障效果评估与方案优选

9.2.1　当前多源补水方案效果评估

1. 多源补水方案设计

多源补水方案效果评估主要针对雄安新区成立初期，河北省水利厅对白洋淀生态补水调水相关工作方案、引黄入冀补淀工程初步设计方案、历年白洋淀生态补水量及相关规划中对应的补水量和补水时间（表9-1），进行补水方案的设计，并进一步评估其在9个不同气象水文情景下（7.5.3中设计的情景）对生态水位目标的保障程度。

表9-1 各水源补水方案设计

补水方案编号	各水源补水方案配置		
	引黄入冀补淀工程	上游水库	再生水
方案一	无	无	现有上游污水处理厂再生水入淀
方案二	按照近期改善水质、水量更换要求，年补水量2亿m^3，补水时间每年11月初至2月底	无	现有上游污水处理厂再生水入淀
方案三	无	根据近几年补水情况，3月20日~7月10日引水库水补淀0.7亿m^3	现有上游污水处理厂再生水入淀
方案四	按照近期改善水质、水量更换要求，年补水量2亿m^3，补水时间每年11月初至2月底	根据近几年补水情况，3月20日~7月10日引水库水补淀0.7亿m^3	现有上游污水处理厂再生水入淀
方案五	远期年补水量1.1亿m^3，补水时间每年11月初至2月底	无	现有上游污水处理厂再生水入淀
方案六	远期年补水量1.1亿m^3，补水时间每年11月初至2月底	根据近几年补水情况，3月20日~7月10日引水库水补淀0.7亿m^3	现有上游污水处理厂再生水入淀

2. 不同气象水文情景下各补水方案效果评估

为保证达到白洋淀水位在8~8.5m且低于白洋淀警戒水位9.0m的要求，基于各气象水文情景下各补水方案的模型表现（图9-2~图9-10），各生态补水方案实施效果评估如下：

方案一即仅再生水补水方案下，除情景1由于初始水位较高、来水较丰可全年保持在正常水位范围外，其他气象水文情景下均无法保障生态水位目标。

方案二即引黄入冀补淀2亿m^3/a方案下，情景1~情景6均存在一定防洪风险，情景7~情景9均存在部分时段水位超出正常水位范围的情况，各气象水文情景下均无法保障生态水位目标。

方案三即水库补水0.7亿m^3/a方案下，情景1由于初始水位较高、降水较丰采用水库补水存在防洪风险；情景2与情景4采用水库补水均可满足生态水位目标；情景3、情景5与情景6采用水库补水大大减缓了水位的下降速率，大部分时段水位在正常水位范围内，仅汛期部分时段水位低于目标下限水位，可在水库补水基础上相机进行南水北调补水以满足生态水位目标；情景7、情景8与情景9由于初始水位较低，仅进行水库补水已无法满足生态水位目标。

方案四即引黄入冀补淀2亿m^3/a和水库补水0.7亿m^3/a联合补水方案下，情景1~

情景 6 均存在一定防洪风险，情景 7～情景 9 部分时段水位高于目标上限水位。各气象水文情景下均无法保障生态水位目标。

方案五即引黄入冀补淀 1.1 亿 m^3/a 方案下，情景 1～情景 6 部分时段水位高于目标上限水位，情景 6～情景 9 部分时段水位低于目标下限水位。故在各个气象水文情景下，仅采用引黄入冀补淀补水均无法保障生态水位目标。

方案六即引黄入冀补淀 1.1 亿 m^3/a 和水库补水 0.7 亿 m^3/a 联合补水方案下，情景 1～情景 6 部分时段水位高于目标上限水位；情景 7 既能满足生态水位的目标，也能满足防洪的要求；情景 8 与情景 9 由于初始水位较低，除汛期部分时段水位低于目标下限水位外，基本可以兼顾生态补水和防洪要求，可在联合补水基础上相机进行南水北调补水以满足生态水位目标。

总体来看，在仅再生水补水下，丰水年水位降幅在 0.6m，平水年降幅 1m 左右，枯水年降幅在 1.3m 左右；引黄入冀补淀 2 亿 m^3/a 方案，补水期水位会大幅上涨 0.6～0.8m；水库补水 0.7 亿 m^3/a 方案不会导致水位大幅上涨，起到保持水位稳定的作用，在水库补水的作用下，水位在丰水年基本全年保持稳定在初始水位，平水年降幅在 0.6m 左右，枯水年降幅在 0.8m 左右；引黄入冀补淀 1.1 亿 m^3/a 方案，在补水期水位会上涨 0.3～0.5m，而后水位回落，在丰水年回落 0.4m 左右，平水年回落 0.8m 左右，枯水年回落 1 米左右；引黄入冀补淀和水库联合补水方案受到引黄入冀补淀和水库补水的共同影响，在引黄入冀补淀期间水位上涨，涨幅与引黄入冀补淀方案涨幅基本一致，之后水位回落降幅与水库补水方案降幅基本一致。

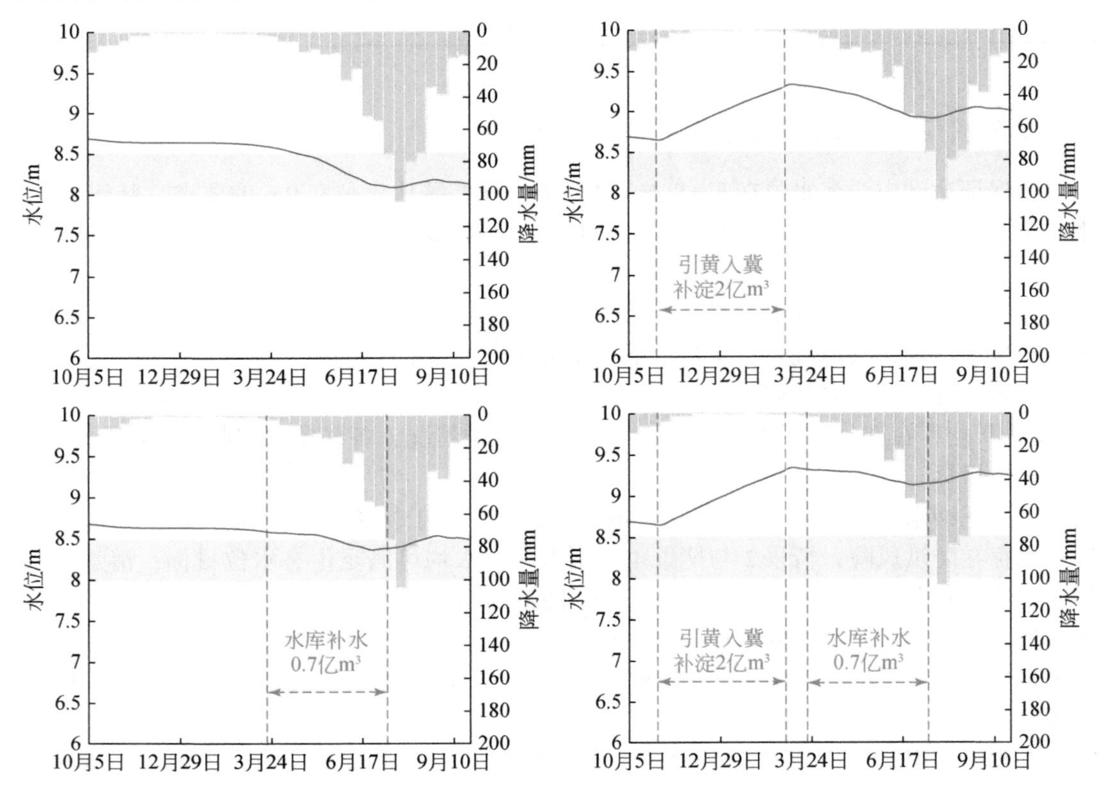

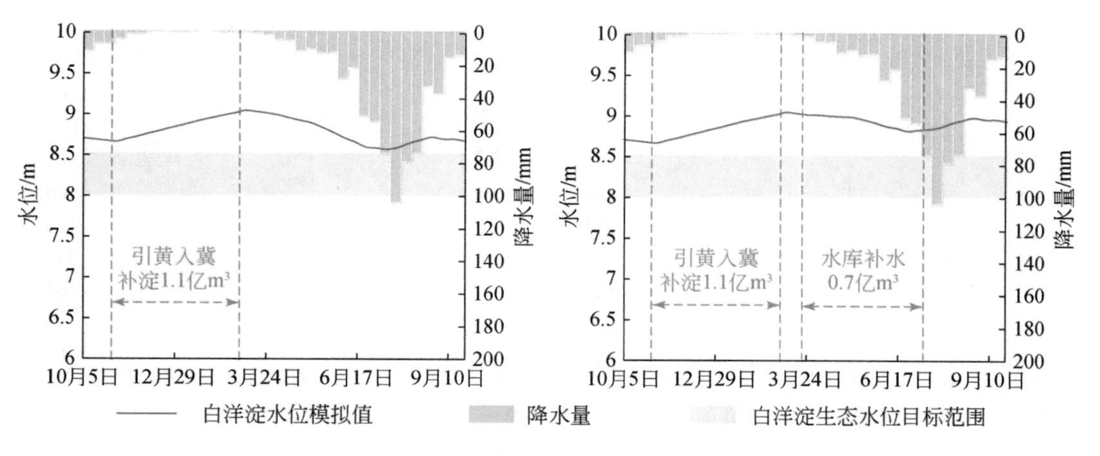

图 9-2 情景 1 各补水方案白洋淀水位过程线

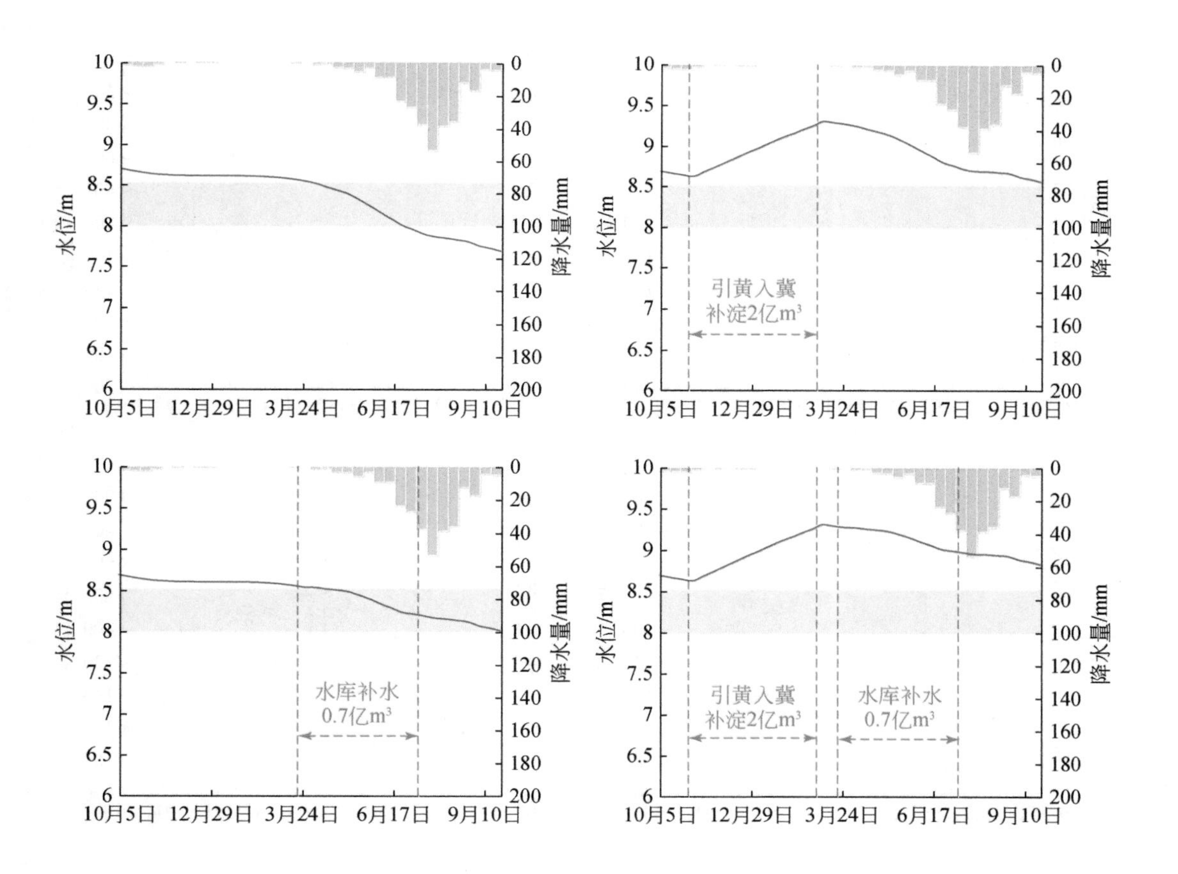

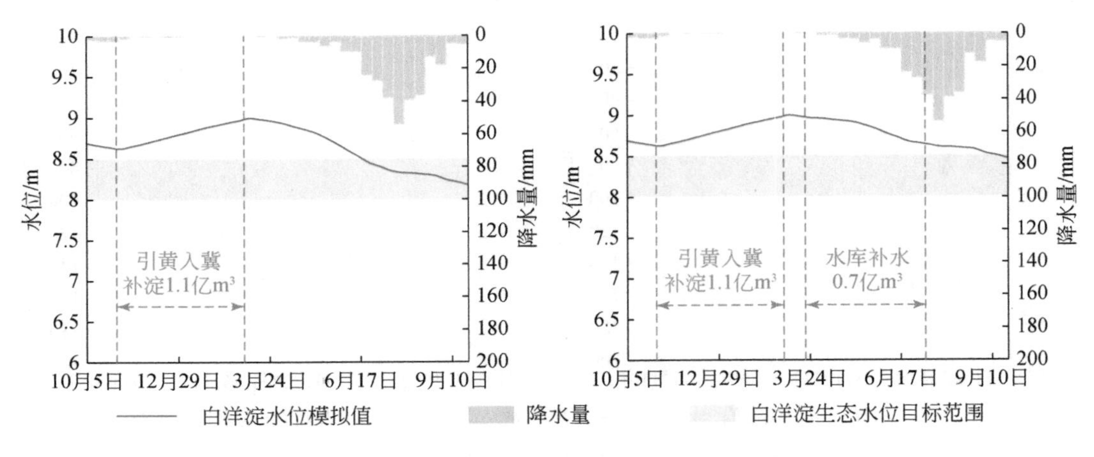

图 9-3　情景 2 各补水方案白洋淀水位过程线

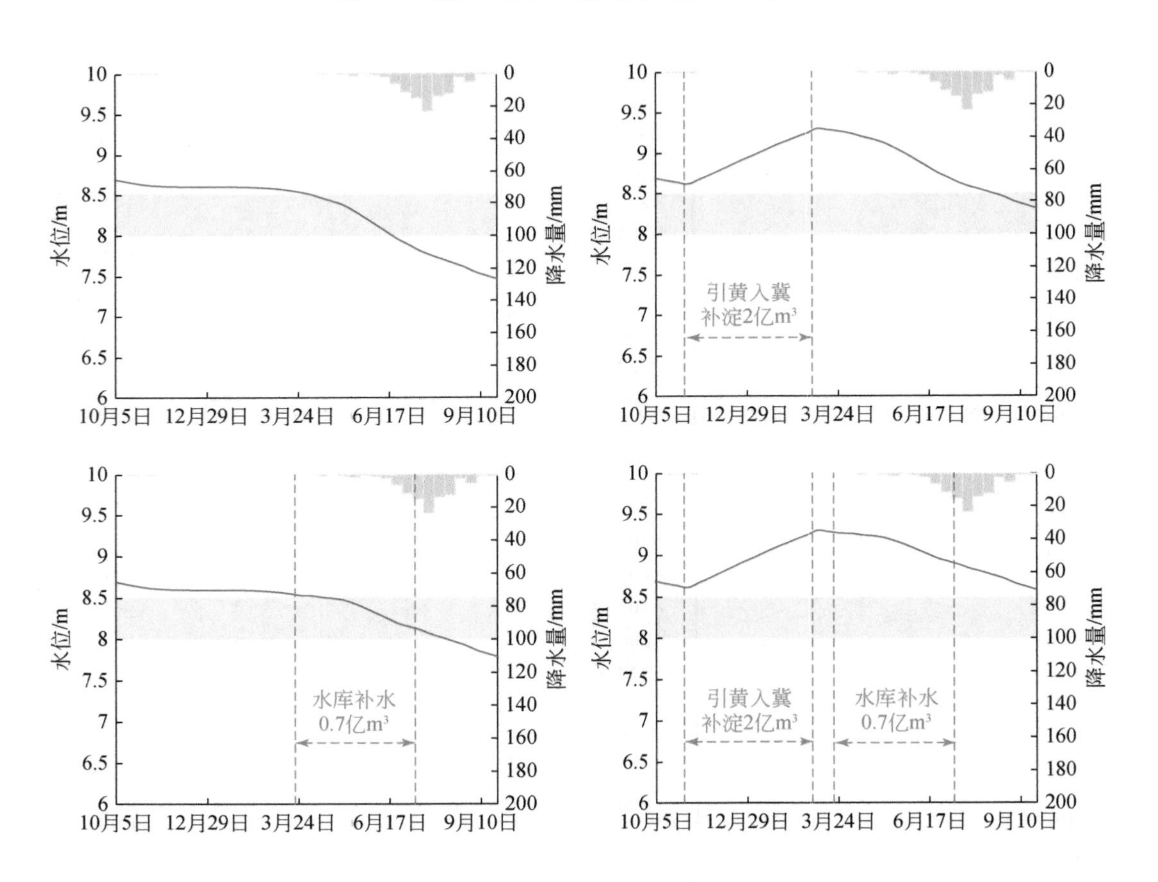

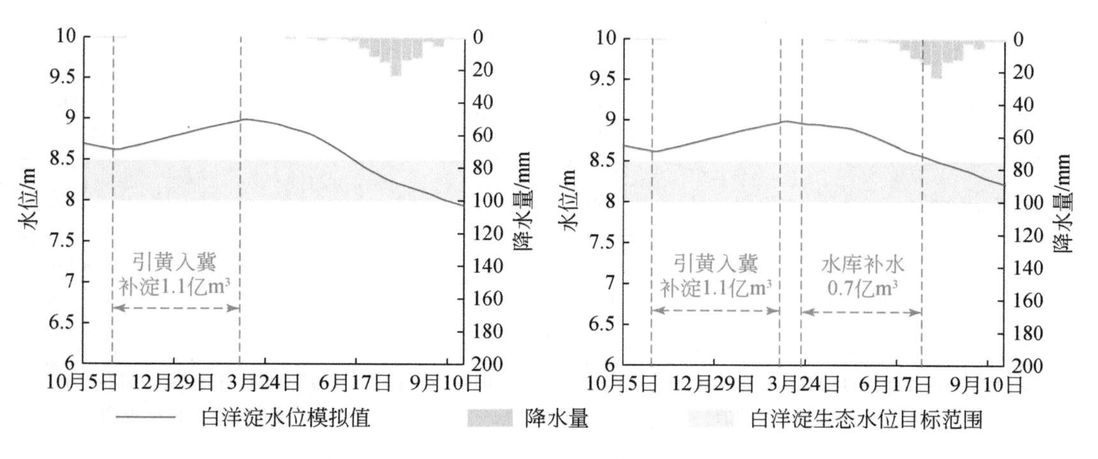

图 9-4 情景 3 各补水方案白洋淀水位过程线

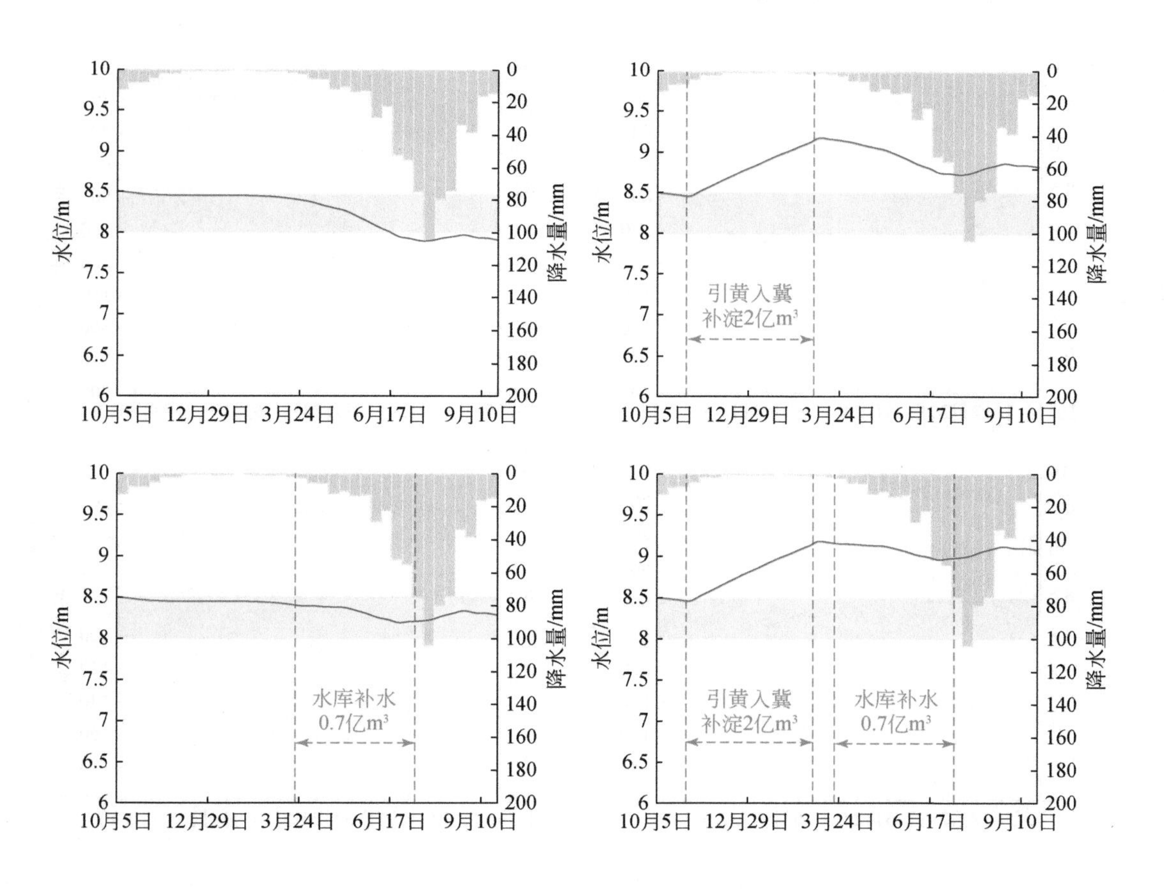

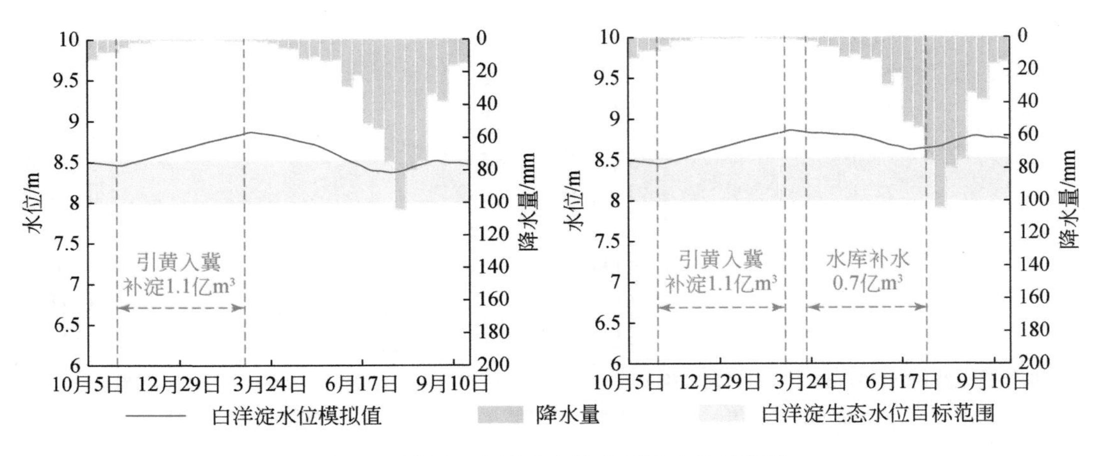

图 9-5 情景 4 各补水方案白洋淀水位过程线

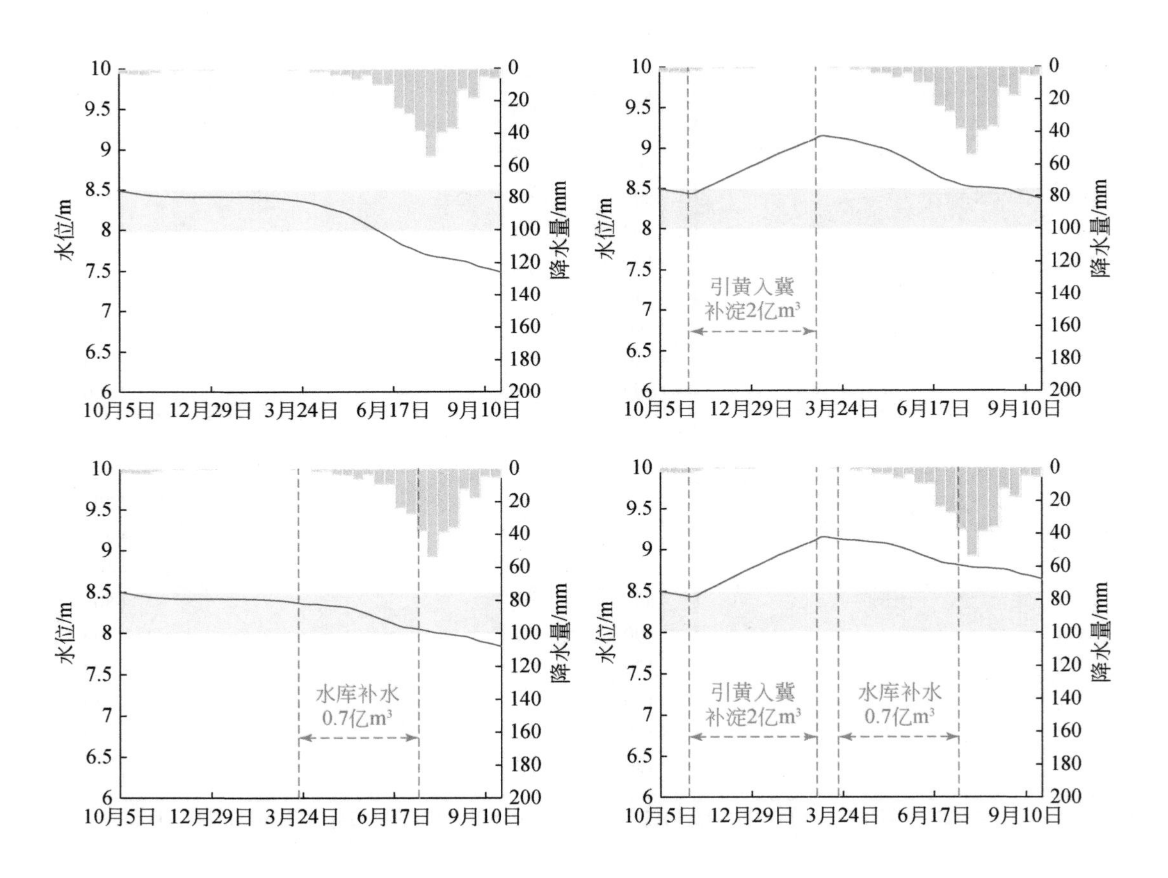

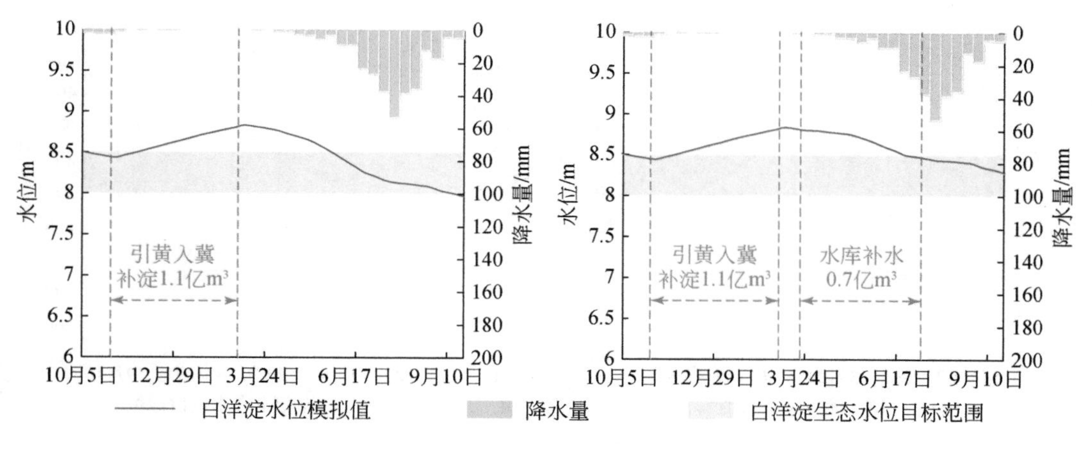

图 9-6　情景 5 各补水方案白洋淀水位过程线

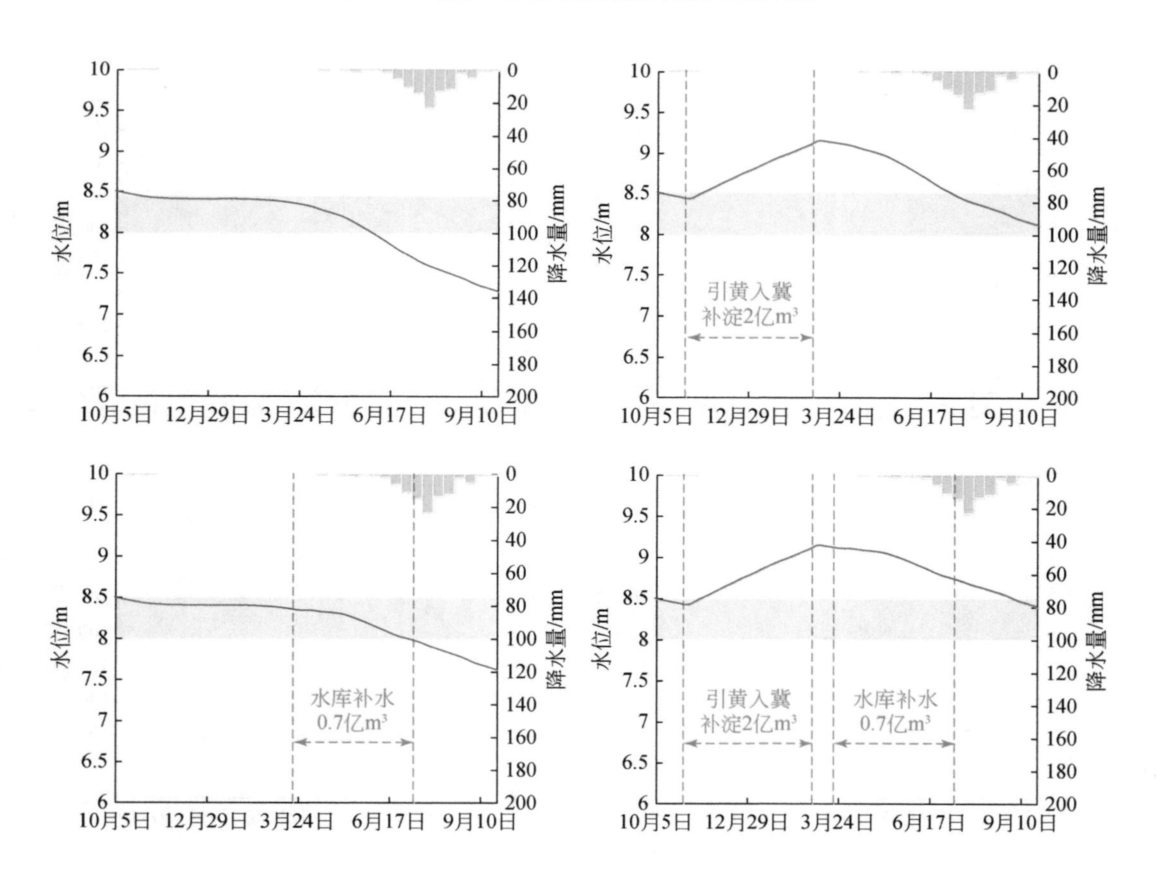

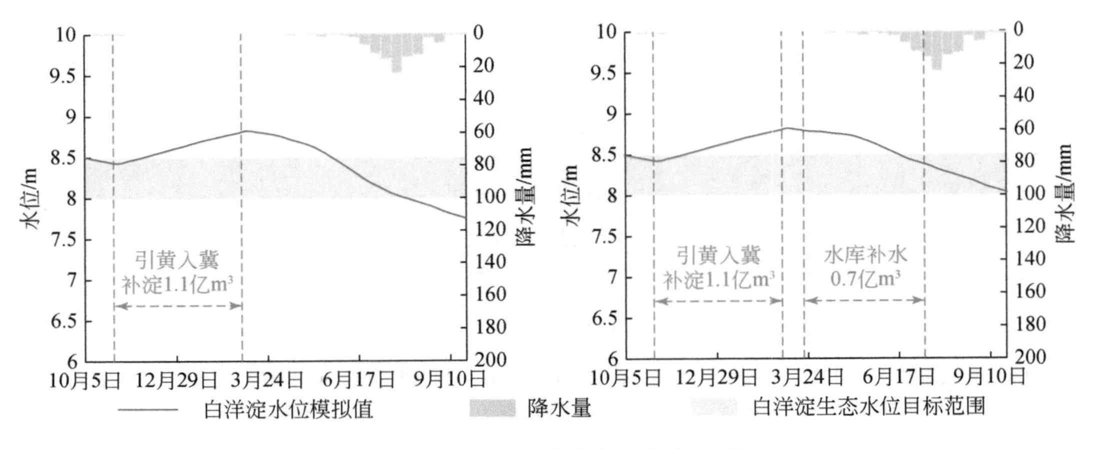

图 9-7　情景 6 各补水方案白洋淀水位过程线

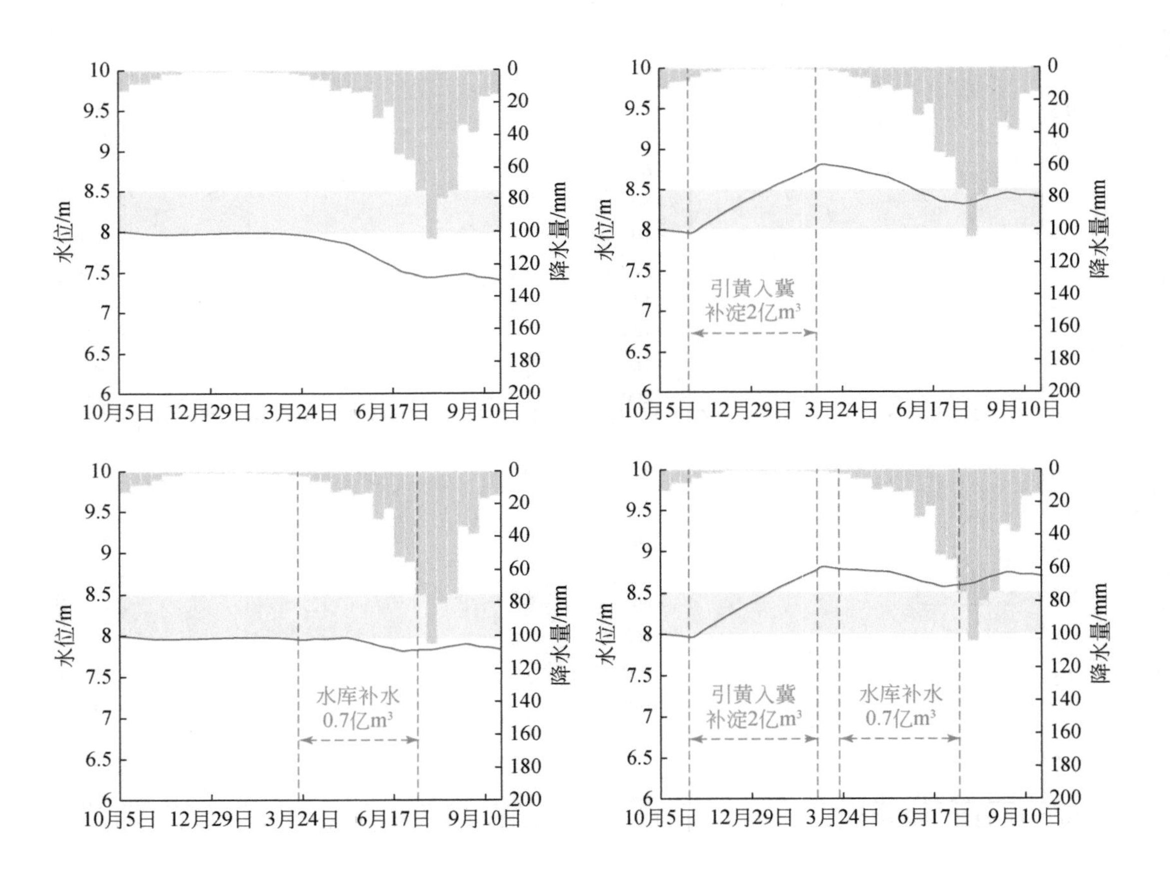

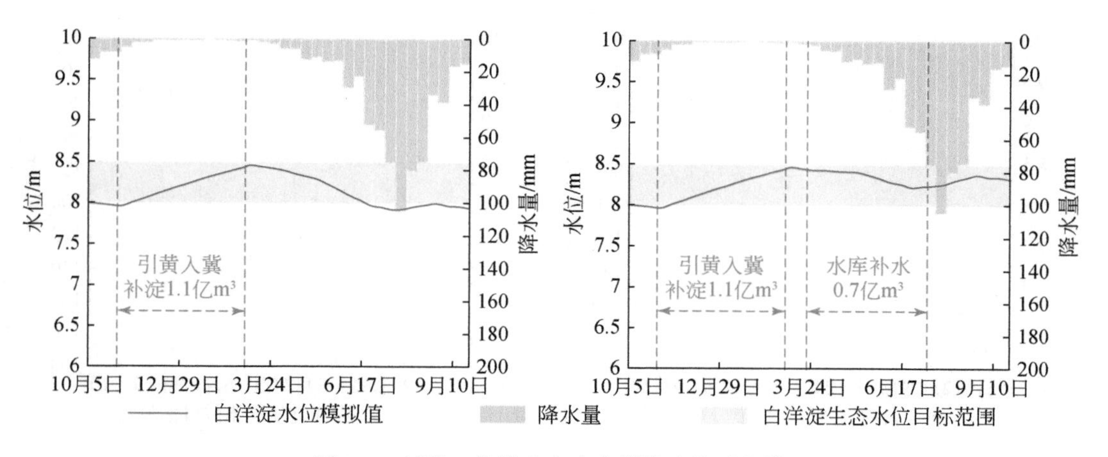

图 9-8　情景 7 各补水方案白洋淀水位过程线

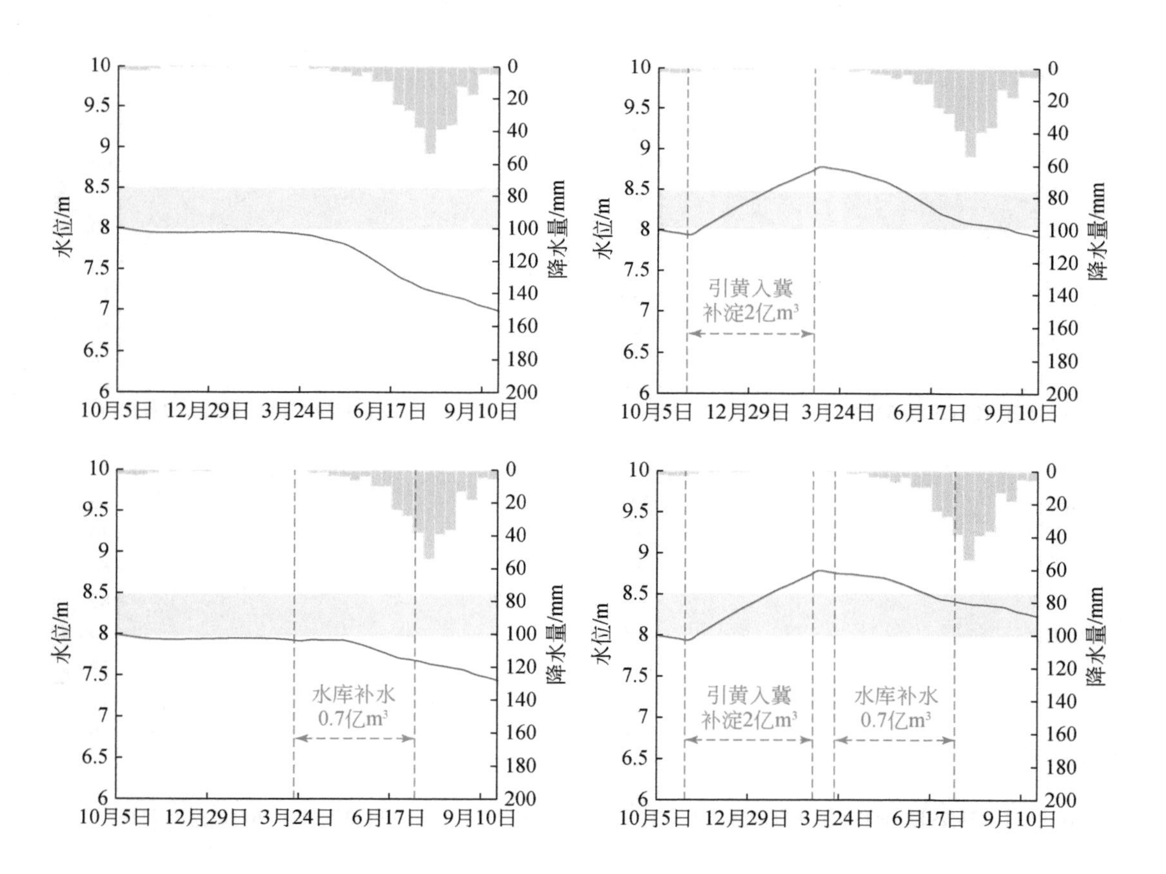

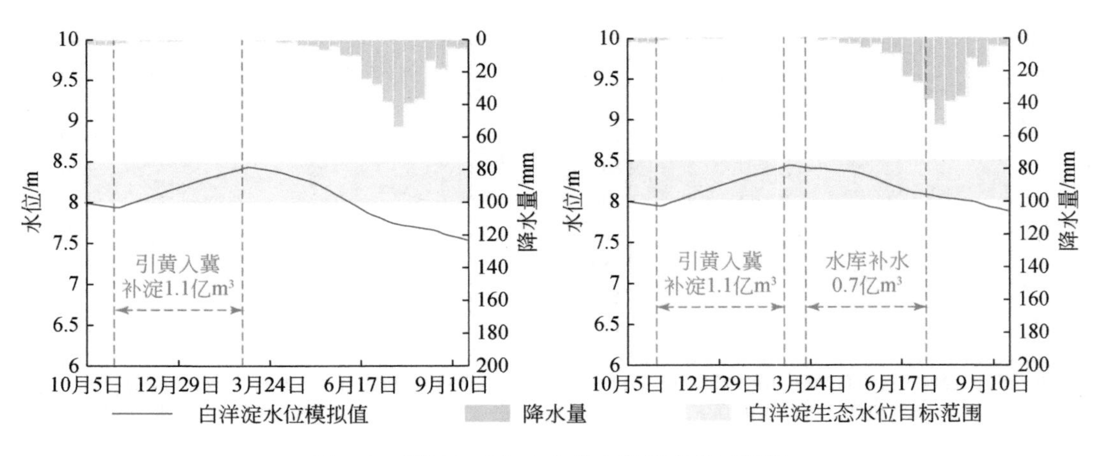

图 9-9　情景 8 各补水方案白洋淀水位过程线

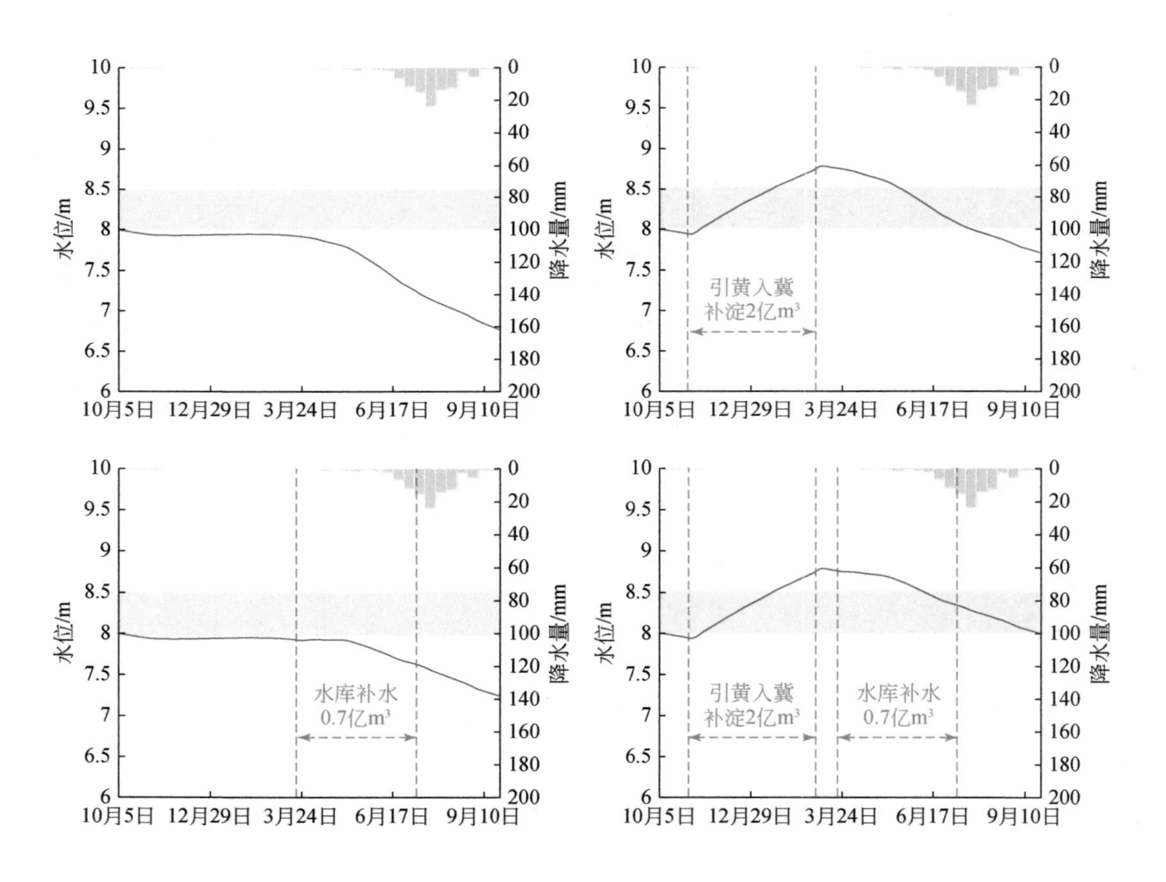

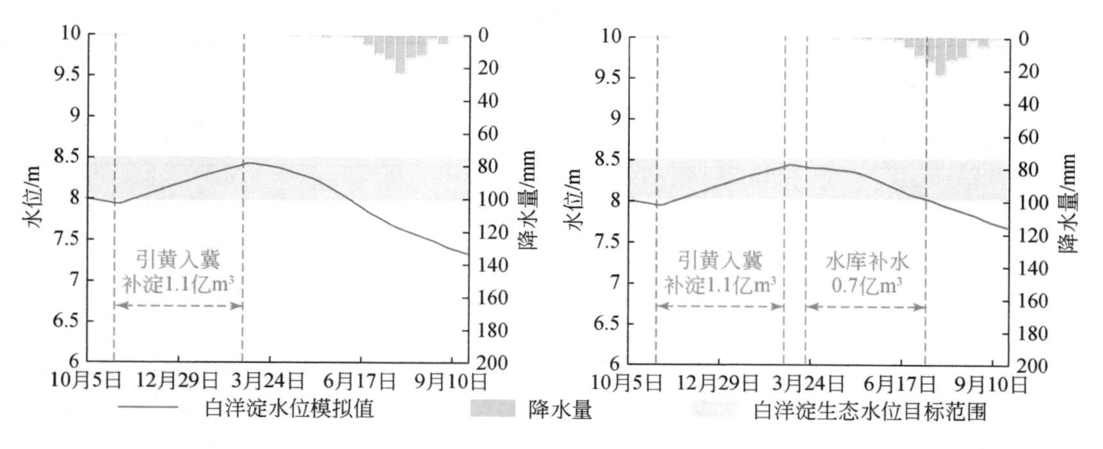

图 9-10 情景 9 各补水方案白洋淀水位过程线

9.2.2 不同水文气象条件下最低补水量配置方案

为了应对极端干旱事件与各补水水源供水的不确定性，需要制定各水文气象情景下最低补水量配置方案。基于随机生成的海量补水方案，采用所构建的水位预测模型，分别计算各补水方案下水位目标的保障程度，进而筛选补水量最低和经济成本最低的生态补水配置方案。

1. 方案制定过程

1）海量生态补水随机方案生成

首先，根据《河北雄安新区 2021 年白洋淀生态补水工作方案》（以下简称《方案》）及其他相关规划，确定上游水库水、引黄水和南水北调水这 3 个水源的补水潜力（最大可供给水量）和补水时间（表 9-2）；其次，基于不同水源的补水潜力和补水时间，采用蒙特卡洛采样方法，随机生成 10 万组旬尺度白洋淀生态补水方案；最后，将这 10 万组补水方案，作为白洋淀水位预测模型中的生态补水量，带入模型计算得到白洋淀模拟水位。

表 9-2 补水安排设计表

项目	水库水	南水北调水	引黄水	再生水
最大水量/万 m³	5000	5000	20000	10000
补水时间	3～6 月，9～12 月	3～6 月，9～12 月	11 月～次年 2 月	全年

2）气象水文情景设置

根据《方案》内容，淀区正常水位保持在 8.0～8.5m（大沽高程），最高水位控制在 8.8m，确定最低补水配置方案对应的水位目标为 8.0～8.8m。气象水文情景的设置具体参见表 9-3。

表 9-3　气象水文情景设置

情景	10 月 1 日初始水位/m	降水情景
情景 1	8.69	丰
情景 2	8.69	平
情景 3	8.69	枯
情景 4	8.50	丰
情景 5	8.50	平
情景 6	8.50	枯
情景 7	8.30	丰
情景 8	8.30	平
情景 9	8.30	枯
情景 10	8.10	丰
情景 11	8.10	平
情景 12	8.10	枯

3）最低补水量配置方案优选思路

最低补水量配置方案主要分为仅考虑补水量最低和综合考虑补水量和补水经济成本最低两种情况进行方案优选。

仅考虑补水量最低时，直接筛选出不同气象水文情境下，能够保障全年白洋淀生态水位目标的最少总补水量作为最优方案。综合考虑补水量和补水经济成本时，首先筛选出能够保障全年白洋淀生态水位目标的补水方案，依据总补水量从低到高进行升序排列；同时，计算筛选出的各补水方案对应的经济成本，再对经济成本从低到高进行升序排列；最后，将方案的总补水量和经济成本对应的排序号相加并进行升序排列，序列号加和值最小的方案作为最优方案。

2. 最低补水量配置方案优选结果

1）只考虑补水量最低情况下的配置方案

由表 9-4 可知，在各种气象水文情景下，最低补水量从 139 万 m^3 到 22061.9 万 m^3 不等。当初始水位相同时，不同降雨情景条件下，保障白洋淀生态水位目标的最低补水量差异较大，其中丰水年所需最低补水最少，其次为平水年和枯水年。例如，当初始水位为 8.69m 时，丰水年最低补水量 139.0 万 m^3，平水年和枯水年的对应数值分别为 3572.1 万 m^3 和 9268.5 万 m^3。

表 9-4　只考虑补水量最低时的补水配置方案

情景	上游水库补水量/万 m^3			引黄水补水量/万 m^3	南水北调补水量/万 m^3	总补水量/万 m^3
	王快水库	西大洋水库	安格庄水库			
情景 1	4.1	5.9	1.8	89.2	38.0	139.0

续表

情景	上游水库补水量/万 m^3			引黄水补水量/万 m^3	南水北调补水量/万 m^3	总补水量/万 m^3
	王快水库	西大洋水库	安格庄水库			
情景 2	432.3	610.5	187.9	117.8	2223.5	3572.1
情景 3	1530.3	2161.4	665.4	678.4	4232.9	9268.5
情景 4	4.1	5.9	1.8	89.2	38.0	139.0
情景 5	1167.1	1648.4	507.4	487.2	4157.4	7967.4
情景 6	1723.9	2434.9	749.5	5603.2	3269.0	13780.5
情景 7	1.2	1.8	0.5	3572.1	275.9	3851.5
情景 8	1733.1	2447.9	753.5	2561.8	4719.0	12215.4
情景 9	1370.5	1935.7	595.9	9405.0	4796.5	18103.5
情景 10	52.5	74.1	22.8	7349.2	427.9	7926.6
情景 11	1711.9	2417.8	744.3	6360.9	4957.2	16192.1
情景 12	1741.9	2460.2	757.3	12808.0	4294.5	22061.9

相同降雨情景条件下，初始水位越低，保障白洋淀生态水位目标的最低补水量越多。例如，当为丰水年时，初始水位为 8.50m，对应的最低总补水量 139.0 万 m^3；水位下降至 8.30m，总补水量增加至 3851.5 万 m^3；水位进一步降低至 8.10m，最低总补水量增加至 7926.6 万 m^3。

2）同时考虑补水量和补水经济成本的配置方案

由表 9-5 可知，相比于只考虑补水量最低的情况，当综合考虑补水量和经济成本时，各气象水文情景下，保障白洋淀生态水位目标的最低补水量整体上更高，体现了使用不同水源的经济成本差异。相同初始水位条件下，不同降雨情景所需的最低补水量和经济成本差异较大，主要表现为丰水年最低补水量和经济成本最少，其次为平水年，枯水年最多。例如，当初始水位为 8.69m 时，丰水年所需的最低补水量仅为 139 万 m^3，所需经济成本为 138.3 万元；当初始水位为 8.69m 时，平水年最低补水量为 3592.7 万 m^3，预计经济成本为 980.6 万元；枯水年所需最低补水量为 9272.5 万 m^3，远大于丰水年和平水年最低生态补水量，预计经济成本为 10029.3 万元。不同情景下所模拟的白洋淀水位过程曲线如图 9-11所示。

表 9-5　考虑补水量和补水经济成本最低时的补水配置方案

情景	上游水库补水量/万 m^3			引黄水补水量/万 m^3	南水北调补水量/万 m^3	总补水量/万 m^3	经济成本/万元
	王快水库	西大洋水库	安格庄水库				
情景 1	4.1	5.9	1.8	89.2	38.0	139.0	138.3
情景 2	904.6	1277.6	393.3	968.0	49.1	3592.7	980.6
情景 3	1720.2	2429.6	747.9	846.5	3528.4	9272.5	10029.3
情景 4	4.1	5.9	1.8	89.2	38.0	139.0	138.3

续表

情景	上游水库补水量/万 m^3			引黄水补水量/万 m^3	南水北调补水量/万 m^3	总补水量/万 m^3	经济成本/万元
	王快水库	西大洋水库	安格庄水库				
情景 5	1731.6	2445.7	752.9	3112.8	23.0	8066.1	2278.4
情景 6	1723.9	2434.9	749.5	5603.2	3269.0	13780.5	11568.0
情景 7	625.9	884.0	272.1	2112.0	66.1	3960.1	1422.5
情景 8	1678.2	2370.3	729.7	7253.0	344.8	12376.1	4966.5
情景 9	1748.1	2469.0	760.0	9469.6	3660.1	18106.8	14339.2
情景 10	598.6	845.4	260.2	6357.7	16.1	8078.0	3237.7
情景 11	1389.2	1962.1	604.0	12416.9	6.2	16378.4	6360.3
情景 12	1705.8	2409.3	741.7	14374.8	2864.5	22096.0	14579.4

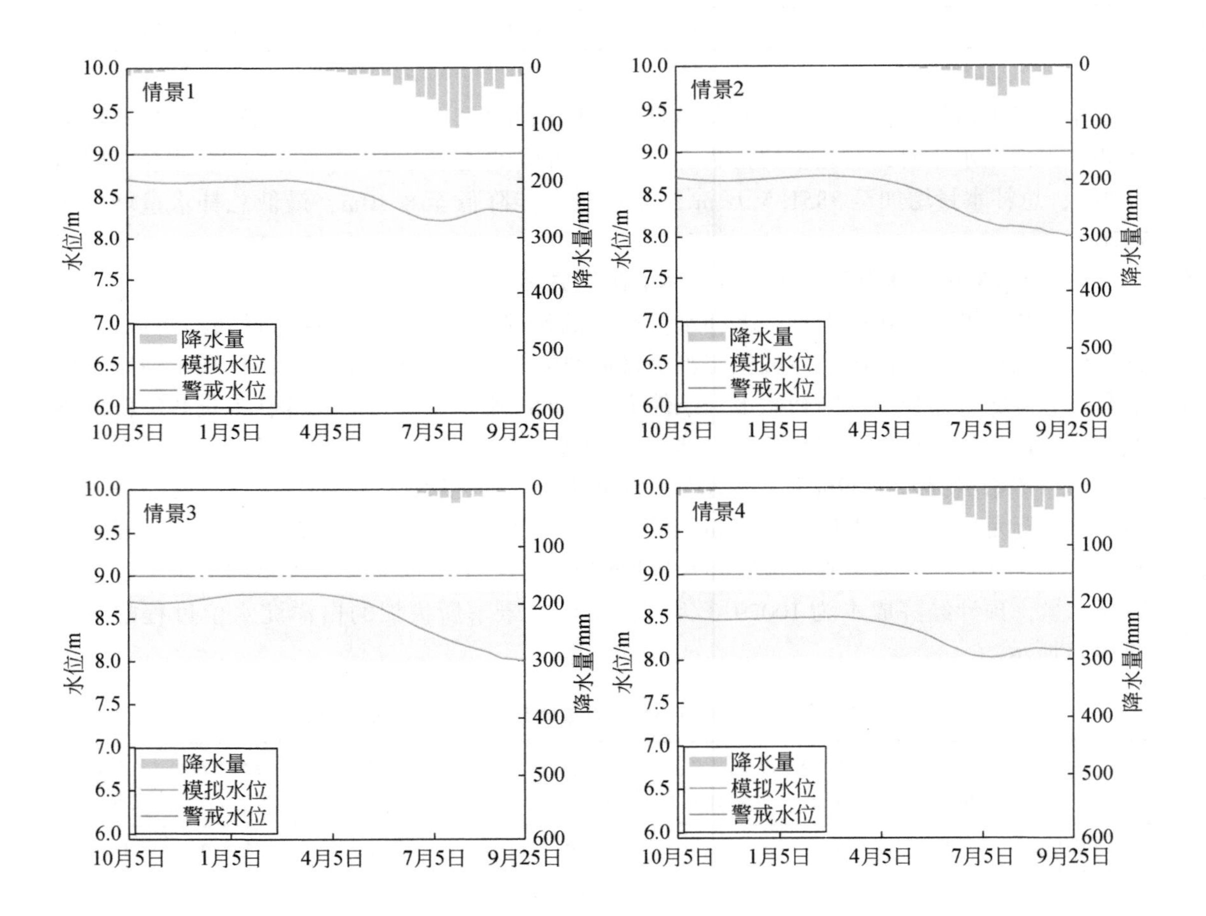

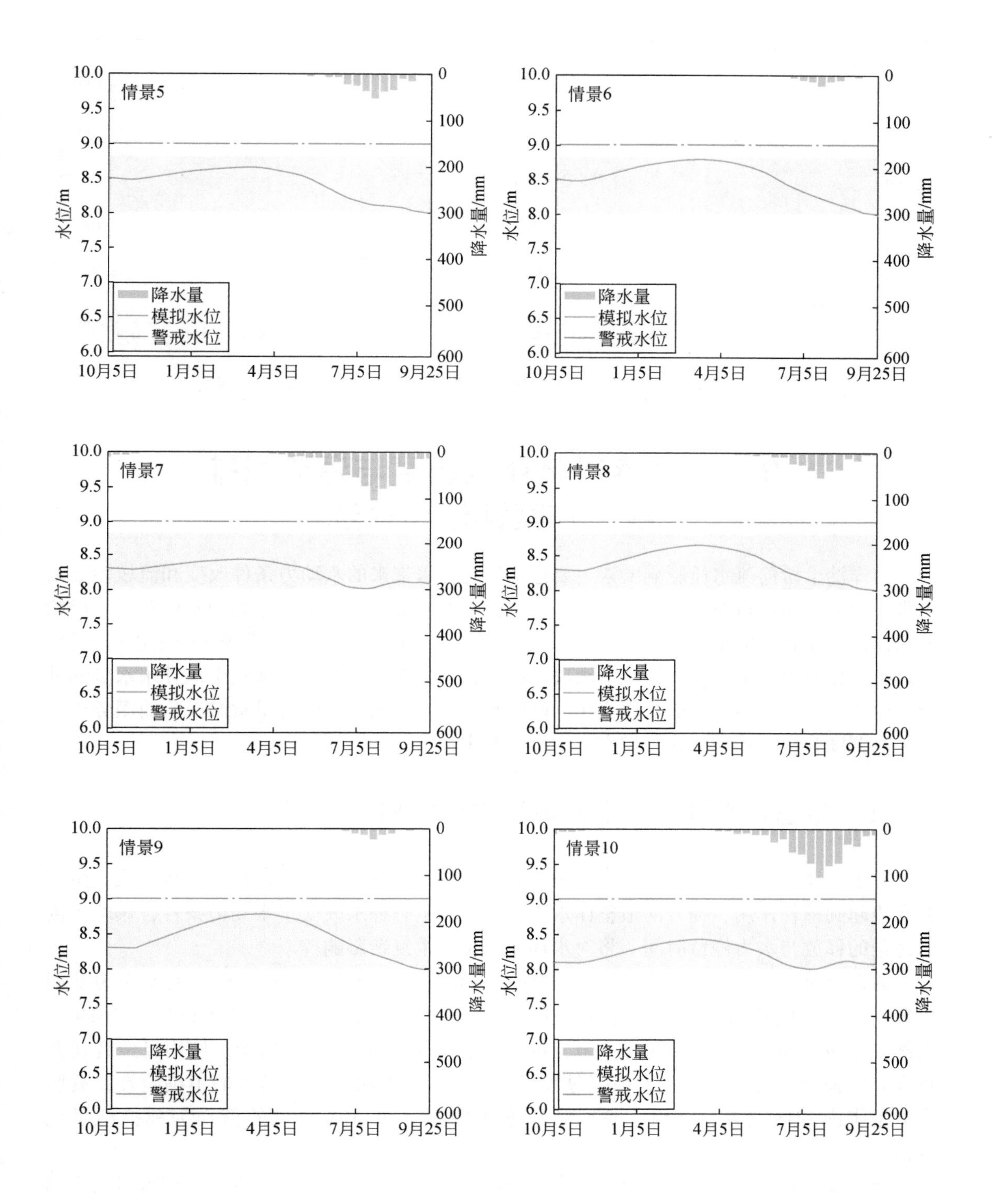
情景5
情景6
情景7
情景8
情景9
情景10
水位/m
降水量/mm
降水量
模拟水位
警戒水位
10.0
9.5
9.0
8.5
8.0
7.5
7.0
6.5
6.0
0
100
200
300
400
500
600
10月5日
1月5日
4月5日
7月5日
9月25日

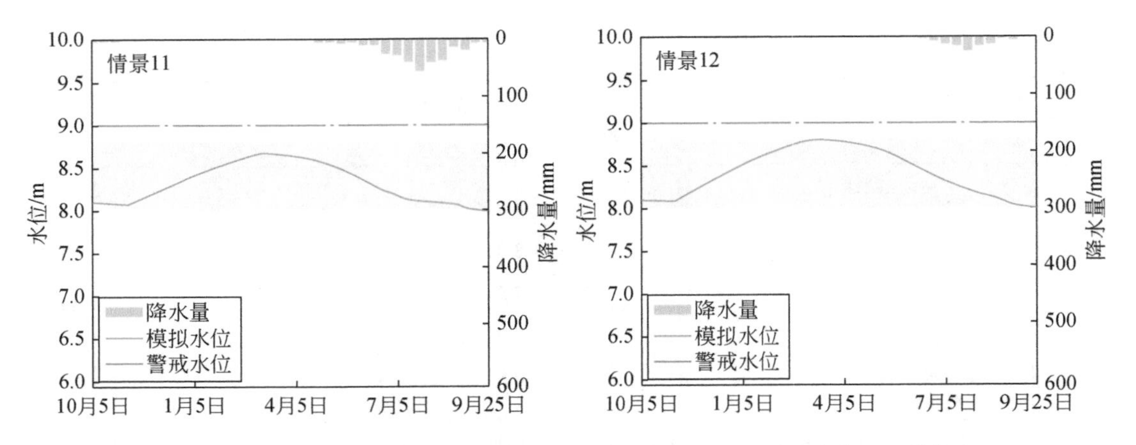

图 9-11　不同情景下考虑补水量和经济成本最低时的白洋淀水位过程曲线

9.3　上游河流补水调度与污染减排综合方案评估与优选

白洋淀上游河流水质影响要素主要包括生态补水带来的水动力条件改变和流域污染治理带来的入河污染负荷消减等因素，为了保证上游河流满足水功能区划的水质要求，保障向白洋淀生态补水的水质，通过从机理出发的动力学模型对影响水质变化因素进行模拟，通过模型模拟评估不同设计情境下水质沿程变化，进而得到补水期调整生态补水水量和外源、内源污染负荷消减后的水质变化，阐明水质变化驱动要素的定量贡献，从而服务于生态补水调度与污染治理集成管控方案的科学制定。

9.3.1　生态补水调度对上游河流水质影响评估

对于白洋淀上游河流来说，一般情况下，生态补水的水质优于河道内沿程水质，生态补水能起到稀释作用，提升河道整体水质状况，但生态补水改变了水动力条件，影响了内源污染的释放与水力停留时间，将对水环境系统产生复杂影响。

为探究补水量变化时河流水质的响应，采用基于 2019 年数据构建的模型作为基线模型，分析不同补水量情景下河流水质沿程变化情况。最大补水量情景设置为 2019 年实际补水量，按照 5% 梯度递减至 0，每条补水路线共设置 21 种情景。使用已经构建并校准好的模型进行情景模拟，模拟过程仍采用 GLUE 方法来体现模拟的不确定性，后验参数范围内 LHS 设置 500 组，模拟结果累积概率分布 50% 分位的值作为模拟结果代表值。

通过模型对情景的预测，首先因为河道的渗漏作用，当补水量减少时，河流可能干涸断流（即图 9-12 中空白区域），西大洋、王快补水路线无生态补水时，沿程污水处理厂排水入淀，仅补水路线上游河段干涸；安格庄补水路线生态补水低于 10.7m^3/s 无水入淀，当补水量增加时，入淀水量随补水量增加。

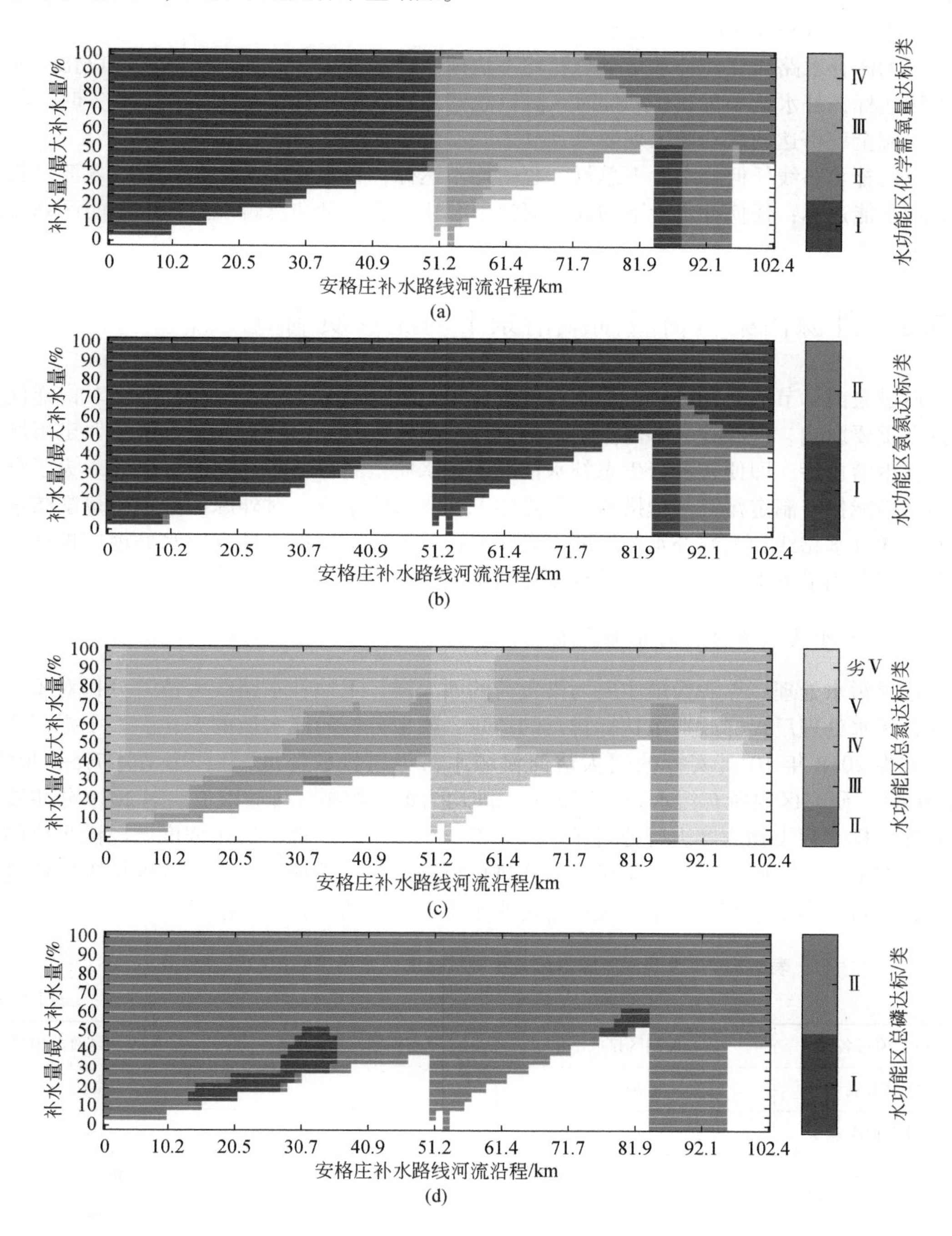

图 9-12　补水量变化情景下安格庄补水路线河流水质空间分布

生态补水入淀的水质保障目标为Ⅲ类标准限值，其中化学需氧量 20mg/L、总磷 0. 2mg/L、氨氮 1mg/L、总氮 1mg/L。白洋淀淀西流域北部的安格庄、瀑河补水路线沿程污染源较少，补水后河道内水质较好，河流入淀口全部达标；而且，除总氮外河流全程可达到水功能区划要求的Ⅲ类标准。

西大洋补水路线任何补水量下总氮均不达标，补水量小于2.3m^3/s时入淀口化学需氧量不能达标，补水量小于0.9m^3/s时入淀口总磷不能达标；补水量大于4.5m^3/s时，除总氮外河流全程可达到水功能区划要求。

王快补水路线任何补水量下总氮、总磷均不达标，补水量小于2.4m^3/s时入淀口化学需氧量不能达标；任何补水量下均存在河流下游化学需氧量和总磷不达标水功能区划要求的现象。

9.3.2 外源污染负荷量削减情景下河流水质响应

通过之前章节的研究可知，外源污染负荷是上游河流主要污染来源之一，对白洋淀水质具有重要影响。白洋淀上游河流中，西大洋补水路线和王快补水路线承接了保定市城区生产、生活排污，即便在进行生态补水情况下，水质依然存在不达标的可能性。为了合理规划污染减排与制定污染治理措施，保障生态补水入淀水质，对外源污染负荷量削减情景下西大洋补水路线和王快补水路线的水质状况进行了情景模拟，探究污水处理厂提标改造以及污水回用措施下，河流水质沿程变化情况。

1. 污水处理厂达标排污情景分析

选择污水处理厂点源为最主要污染负荷的西大洋、王快补水路线为情景分析对象，对其设置污水处理厂提标改造至达标排污的情景，模拟分析河流水质的变化。其中提标改造的标准为2018年10月实行的《大清河流域水污染物排放标准》（DB 13/2795—2018）（表9-6），研究区内所有污水处理厂排放标准均为重点控制区排放限值。对2019年主要污水处理厂排水污染物浓度进行分析显示，大部分污水处理厂现状排污浓度已经满足该限制要求。在情景分析中，对于已满足大清河排放标准的污水处理厂，排污浓度按现状值进行设定，仅将不满足限制的污水处理厂排污水平提升至大清河排放标准。

表9-6 《大清河流域水污染物排放标准》水污染物排放浓度限值

（单位：mg/L）

控制项目名称	核心控制区排放限值	重点控制区排放限值	一般控制区排放限值
化学需氧量	20	30	40
五日生化需氧量	4	6	10
氨态氮	1.0（1.5）	1.5（2.5）	2.0（3.5）
总氮	10	15	15
总磷	0.2	0.3	0.4

注：氨态氮排放限值括号外数值为水温>12℃时的控制指标，括号内数值为水温≤12℃时的控制指标

2018 年保定市所有污水处理厂目前均能达到《城镇污水处理厂污染物排放标准》（GB 18918—2002）一级 A 排放标准，从 2019 年开始，污水处理厂分批升级改造，执行《大清河流域水污染物排放标准》，现状污水处理厂排污接近或优于标准，即大部分污水处理厂排污水水质已接近《地表水环境质量标准》（GB 3838—2002）中Ⅳ类标准。

2. 污水处理厂污水回用情景

消减污水处理厂点源污染负荷的另一有效途径为提高污水回用率，降低污水处理厂排水入河量。当前研究区内所有污水处理厂排污浓度大部分已经满足排放标准的情况下，采取措施提高污水回用率，亦有助于提高水资源的利用效率。本研究设置的污水处理厂污水回用情景为，对西大洋、王快补水路线各污水处理厂设置了统一的 10%、20% 与 30% 回用率，从而降低污水处理厂点源排污入河水量，模拟不同污水回用率下河流水质变化情况。

污水处理厂污水回用情景模拟结果表明，入河点源水量减少将明显改善河流化学需氧量浓度不达标的问题。这是由于化学需氧量污染的最主要来源为污水处理厂点源，污水回用情景削减化学需氧量负荷程度较大，大于削减氮磷负荷的程度。污水回用率 10%、20% 与 30% 情况下西大洋、王快补水路线不同补水量对应的河水化学需氧量空间分布见图 9-13 和图 9-14。

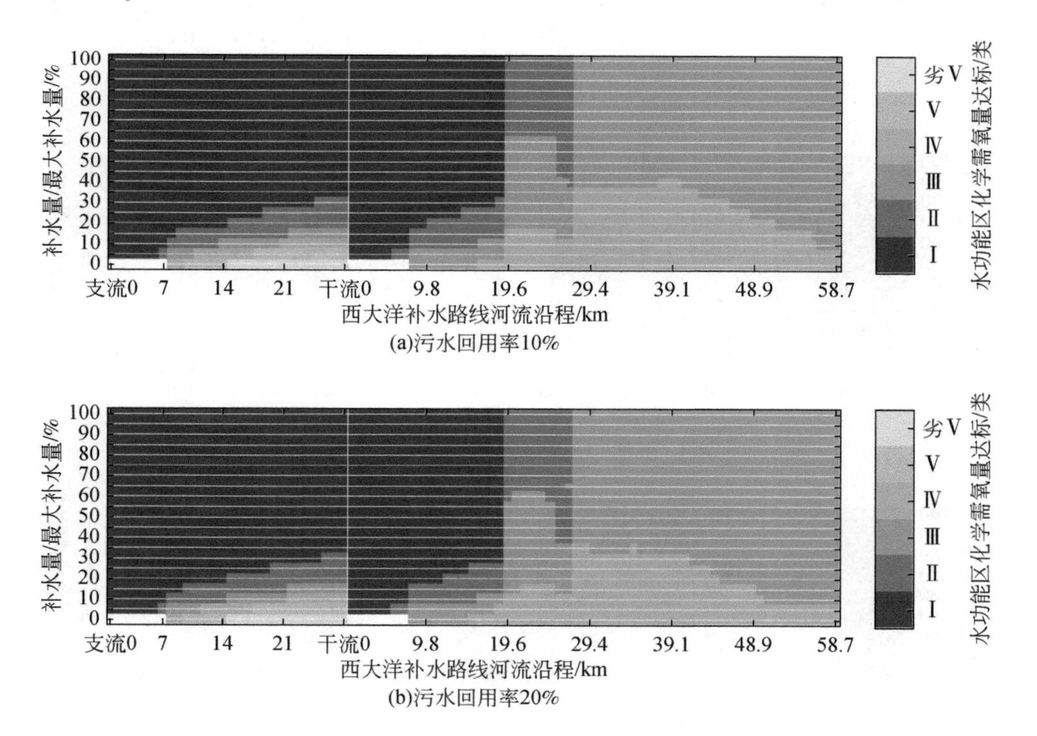

(a)污水回用率10%

(b)污水回用率20%

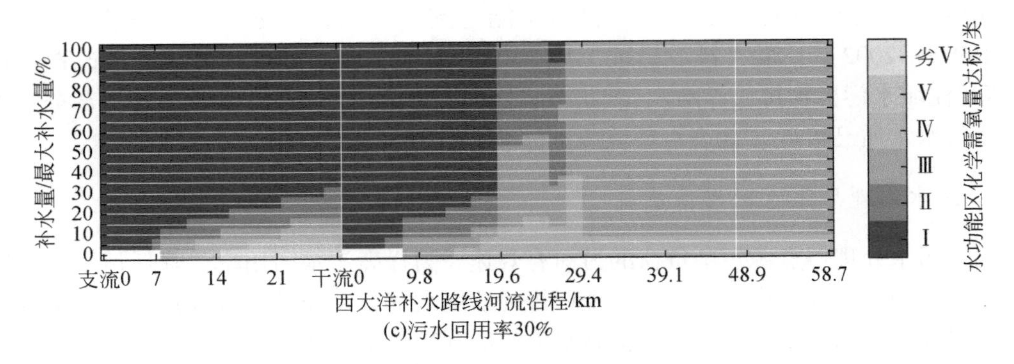

(c)污水回用率30%

图 9-13 不同污水回用率情景下西大洋补水路线不同补水量的河流水质空间分布

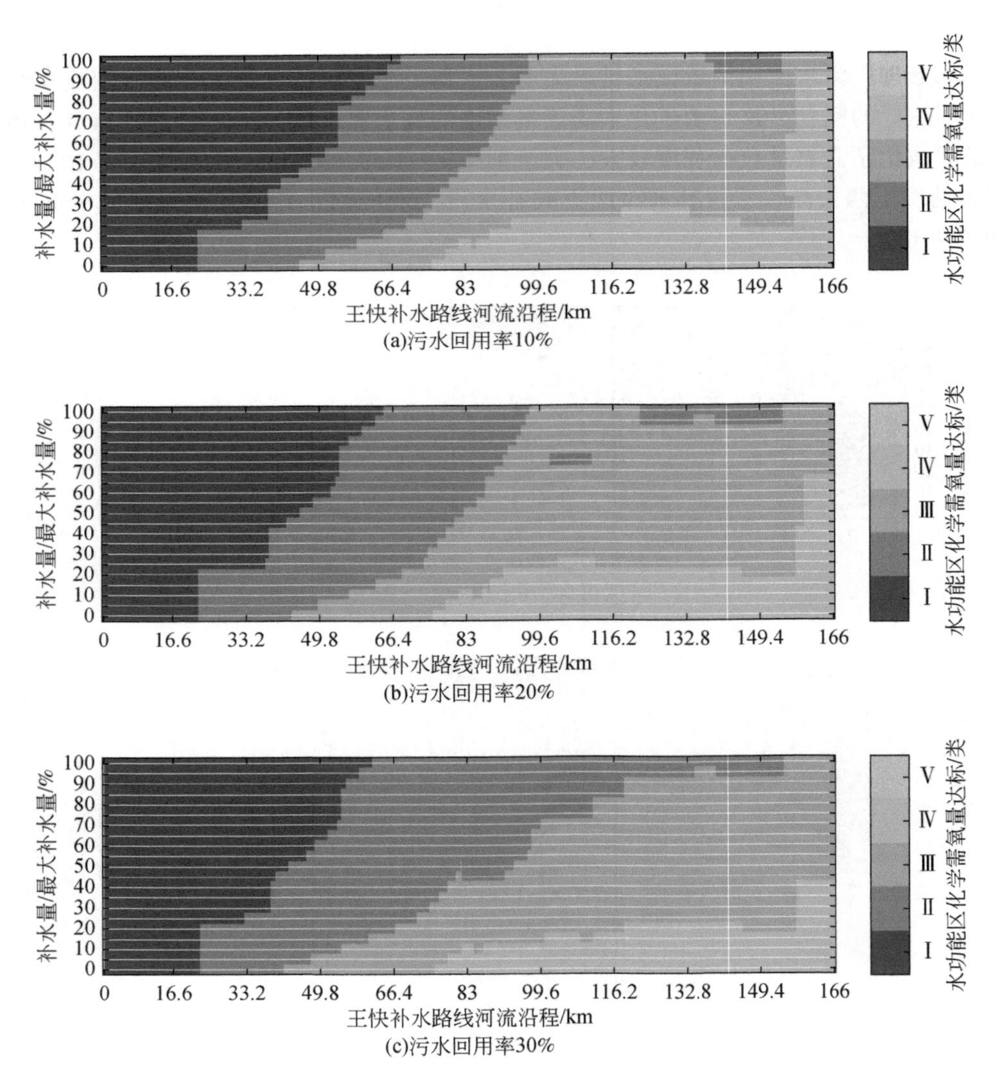

(a)污水回用率10%

(b)污水回用率20%

(c)污水回用率30%

图 9-14 不同污水回用率情景下王快补水路线不同补水量的河流水质空间分布

9.3.3 内源污染负荷量削减情景下河流水质响应

研究区人为活动改变了河流的自然状态，雄安新区成立之前部分河流为纳污河流，其水生优势种演替为耐污类群，河流沉积物氮磷污染严重，底泥污染释放亦成为河流污染来源之一，进而内源削减是污染负荷量削减的途径之一。本研究选择西大洋、王快补水路线为情景分析对象，设置河道清淤工程实施情景，模拟分析河流水质的变化。河道清淤情景设置具体为更改沉积物氮磷释放通量为零，设定的具体范围为河流下游未被硬化的天然河道段，即西大洋补水路线沿程 30～58km 范围、王快补水路线沿程 140～166km 范围。

情景模拟结果显示，实施河道清淤后，对补水路线河流下游水质因子氨态氮、总磷产生显著影响（图9-15 和图9-16）。西大洋补水路线实施河道清淤工程之后，较大补水量时河流下游段氨态氮Ⅰ类与Ⅱ类达标长度明显增加，较小补水量时入淀水质总磷不达标现象消失；此情景下西大洋补水路线水质唯一的限制性因子是化学需氧量，由于府河下游保定市区城镇污水处理厂出水量较大（$2.7m^3/s$），若入淀水质达标则需要补水量大于 $1.8m^3/s$。王快补水路线实施河道清淤工程之后，较大补水量时孝义河段下游氨态氮达到Ⅰ类水标准长度明显增加，且总浓度显著降低，入淀水质总磷不达标现象消失；此情景下王快补水路线水质唯一的限制性因子是化学需氧量，由于下游近入淀口处高阳县城镇污水处理厂出水量较大（$2m^3/s$），即使最大补水量对于该排污口稀释作用也较弱。针对内源污染负荷量削减对河水化学需氧量削减作用不明显的现象，可在开展河道清淤工程的同时，同时提升污水处理厂污水回用率，全面协同提升水质。

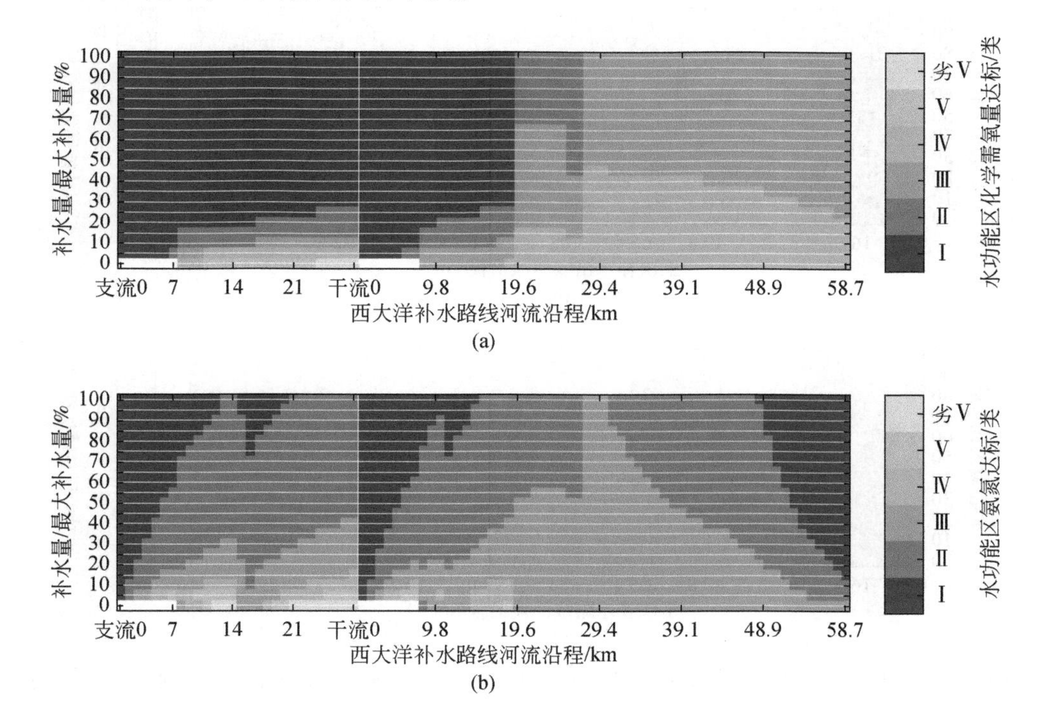

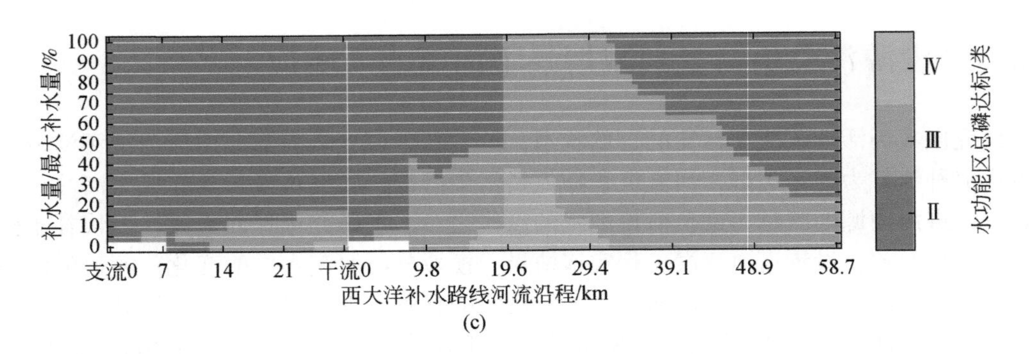

(c)

图 9-15　污水处理厂达标排污与河道清淤时补水量变化情景下西大洋补水路线河流水质空间分布

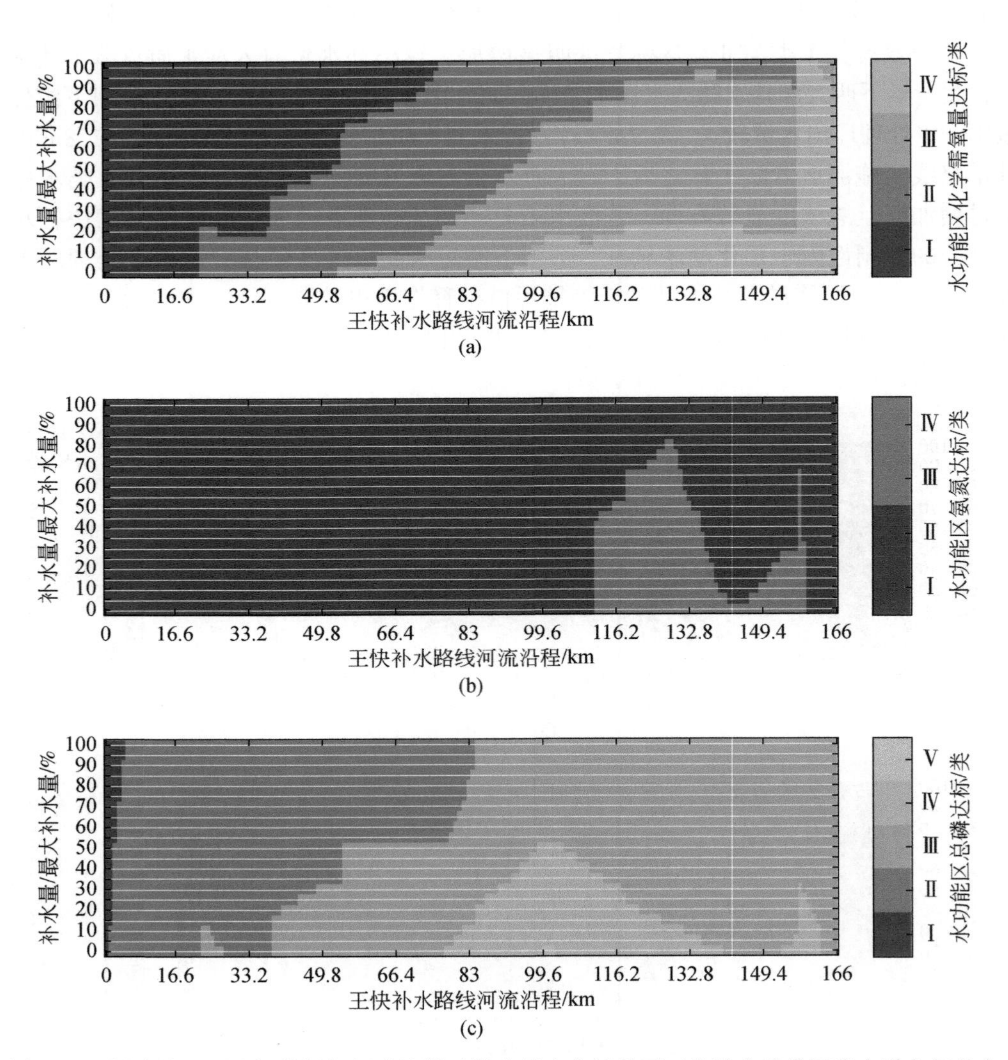

(c)

图 9-16　污水处理厂达标排污与河道清淤时补水量变化情景下王快补水路线河流水质空间分布

第 10 章　白洋淀上游河流生态补水综合保障决策支持技术示范应用平台构建

在本研究过程中形成了监测-模拟-评估-调控的上游河流向白洋淀生态补水的决策支持模式。在监测方面，构建了基于窄带蜂窝技术的物联网地表-地下水监测系统，并在府河—白洋淀沿线建立了示范应用工程；模拟方面，研发了基于旬尺度水量平衡模型的白洋淀水位预测模型以及基于生化反应的上游河流补水河道水动力+水质模拟模型；在评估方面，基于所研发的两个模型，建立了综合白洋淀水位保障、入淀河流水质与补水经济成本的生态补水水量水质方案综合评估方法；在调控方面，基于所研发评估方法对情景方案进行优选，得出最终的调控方案。在此基础上，构建了白洋淀上游河流生态补水综合保障决策支持技术示范应用平台，集成上述研究成果并开展示范应用。

10.1　决策支持技术示范应用云平台设计

10.1.1　平台总体框架及说明

如图 10-1 所示，“白洋淀上游河流生态补水量质综合保障决策支持系统平台”软件的整体架构主要包括：系统硬件基础设施层、系统软件和数据资源层、模型方法与技术支撑平台层、业务应用层以及四大保障体系。

1. 系统硬件基础设施层

系统硬件基础设施层是支撑整个系统运行的硬件环境，主要包括：计算机基础网络设施、数据库服务器、计算机主机设备等。

2. 系统软件和数据资源层

系统软件和数据资源层是支撑整个系统运行的软件和数据环境，主要包括：平台操作系统、文件服务系统、数据库系统等。

3. 模型方法和技术支撑平台层

模型方法和技术支撑平台层是实现整个系统的核心基础平台，本系统的技术实现依赖的平台主要包括：统一验证与授权、模型算法管理平台、地理信息系统、规则校验引擎等。

4. 业务应用层

业务应用层由实现整个平台建设需求的功能部件组成，包括：白洋淀水位中长期预测、补水河道水量水质耦合模拟、补水调度与污染减排情景分析、实时监测数据可视化分析、基础信息数据可视化分析等功能。

5. 四大保障体系

系统四大保障体系包括：系统安全体系、维护保障体系、标准规范体系、质量监控体系，从平台开发到运营全过程提供全面的系统性保障。

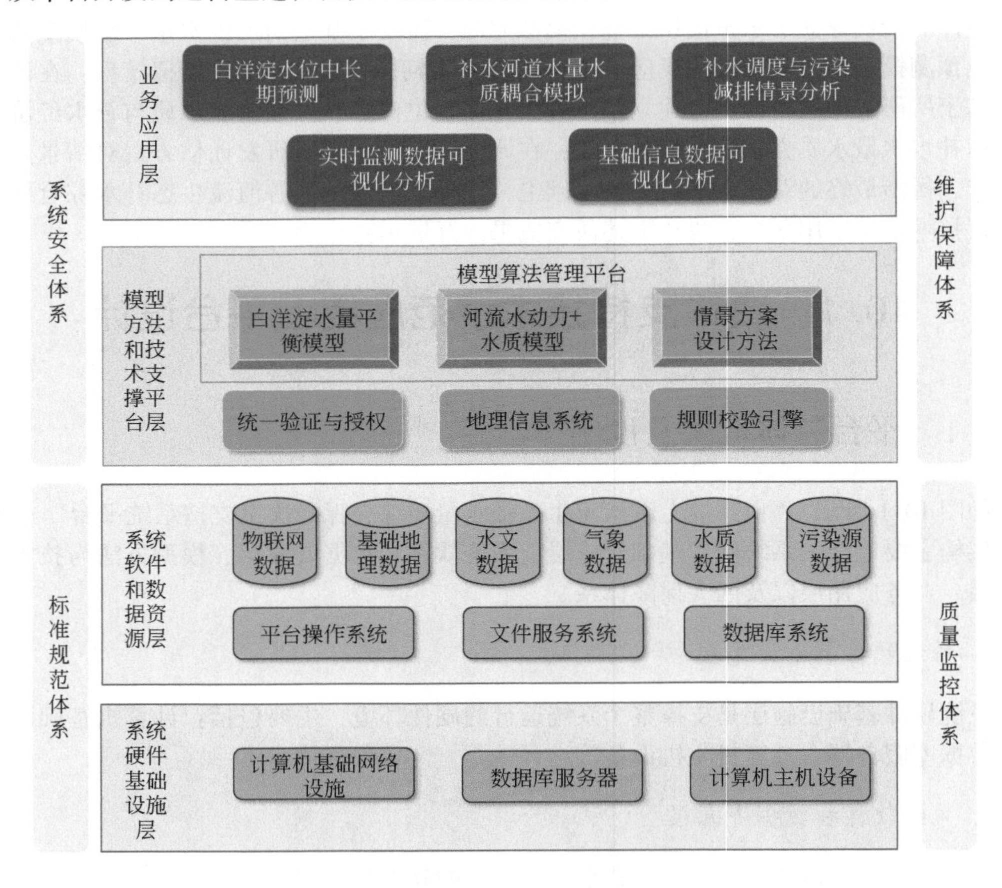

图 10-1 白洋淀生态补水决策支持系统总平台设计图

10.1.2 平台开发体系总体架构

本平台采用基于 NODEJS 标准的 B/S 多层体系架构设计（图 10-2）。NODEJS 标准的 B/S 体系架构技术非常成熟，系统架构稳定，应用领域广泛。整个系统按多层的设计思路进行扩展，结合 J2EE 的多层应用体系结构，在用户终端展示和数据访问中建立表示层、控制层、服务层，按照多层的模式进行设计。其核心是构建基于实体框架的数据访问层，基于前后端分离的 REST 风格松耦合业务逻辑层以及基于 HTML5 的软件展现层。

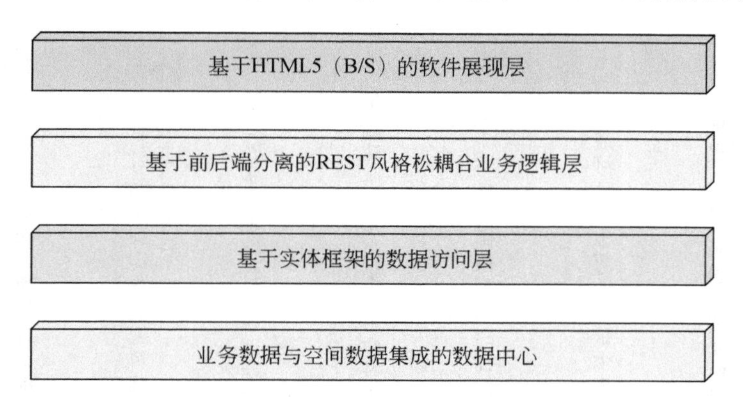

图 10-2　技术架构图

基于 WeBGIS 技术进行数据可视化与用户交互。WebGIS 不仅能够实现传统桌面 GIS 应用的功能和体验，而且较传统 GIS 应用有着较大优势，作为 B/S 架构系统调整更新较为方便，且 WebGIS 所占用的体积较小，能够方便的接入谷歌、百度、高德等地图服务，也可以接入本地化地图服务。此外，WebGIS 能够与 JavaScript 结合，提供更加丰富的用户体验。

白洋淀上游河流生态补水量质综合保障决策支持系统平台基于阿里云服务器的硬件和基础软件环境进行部署，主要包括系统所需的基础网络、主机存贮等软硬件环境、数据库平台、操作系统、第三方支持软件等基础软件环境、安全系统等。部署环境设计由 1 台系统应用服务器、若干客户机组成。用户可以通过浏览器使用系统授权的相应服务功能。另外本系统与实时数据在线监测系统数据库能够网络互通。

10.2　云平台主要功能模块介绍

10.2.1　系统功能结构图

“白洋淀上游河流生态补水量质综合保障决策支持系统平台” 主要功能如图 10-3 所示，包括地表-地下水量水质实时动态监测、上游河流补水河道水量水质耦合模拟、基于水量平衡模型的白洋淀水位预测、生态补水与水污染防治综合管控方案库、生态补水方案综合效益评估与决策优选、长时间序列历史数据可视化分析、基础地理信息查询等模块，以下对模块功能进行介绍。

10.2.2　地表-地下水量水质实时动态监测

该模块的主要功能是查看 7 个地表水和 3 个地下水监测设备的实测水位数据、水温数

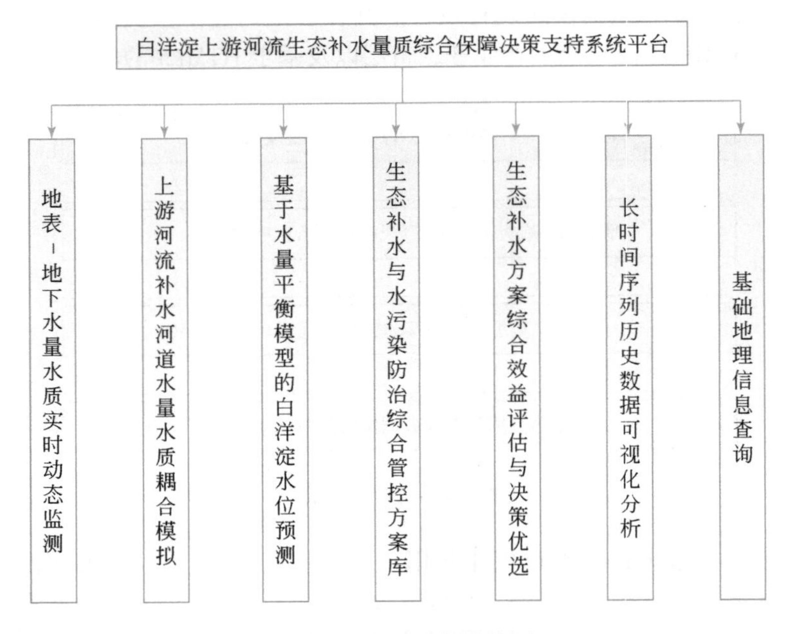

图 10-3　系统功能结构图

据、电导率数据和总氮（由前 3 类实测数据进行估算）数据并传回服务器存储，以便随时查看实时监测数据和历史数据，分析每项数据的变化趋势，同时也可以查询每个站点的连接状态，及时发现异常设备。该模块界面如图 10-4 所示。

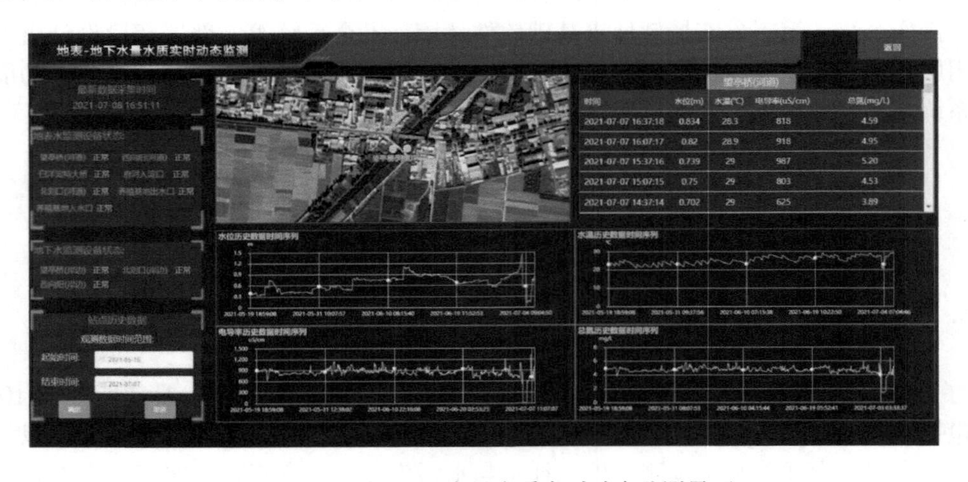

图 10-4　地表–地下水量水质实时动态监测界面

1）地图显示

地图展示页面可查看所有监测设备的分布情况，也可根据站点名称查看站点的位置或者根据站点位置查询设备的名称，以及最后一次有数据记载的时间，方便对设备运行状态进行分析。

2）图表显示

可显示所有监测站点的水位历史数据时间序列、水温历史数据时间序列、电导率历史数据时间序列和总氮历史数据时间序列，进行各站点数据的趋势分析，同时也可在历史数据时间序列图上显示具体数值，以便更加明确掌握各站点数据的详细情况。

10.2.3　上游河流补水河道水量水质耦合模拟

该模块主要实现府河、瀑河、孝义河和拒马河 4 条河流补水河道水量水质的耦合模拟功能，可以查看 4 条补水路径空间范围，模拟在不同补水调度情景与内源外源污染消减情景下，化学需氧量、氨氮、总氮和总磷沿程变化情况，并在地图上展示上述 4 个水质指标的水质等级的空间分布。该模块界面如图 10-5 所示。

图 10-5　上游河流补水河道水量水质耦合模拟界面

1）模型模拟

输入不同水源补水量以及点源污染、面源污染、底泥内源污染削减方案，设定相关污染减排方案，模拟计算出流量以及各水质指标沿程的数值。

2）地图显示

根据模拟结果在地图上显示化学需氧量、氨氮、总磷和总氮污染物浓度所属水质类别。所显示类别为Ⅰ类、Ⅱ类、Ⅲ类、Ⅳ类、Ⅴ类、劣Ⅴ类以及河道断流。

3）数据图显示

根据模拟结果显示从源头到入淀口沿程的流量、化学需氧量、氨氮、总磷和总氮污染物浓度，横轴显示到源头的距离，纵轴显示沿程流量或污染物浓度。

10.2.4　基于水量平衡模型的白洋淀水位预测

本模块的主要功能是设定水文气象情景以及生态补水方案后，预测 1 年内白洋淀水位的时间过程线，评估生态水位目标在汛期、非汛期以及全年的达成度。该模块界面如图

10-6 所示。

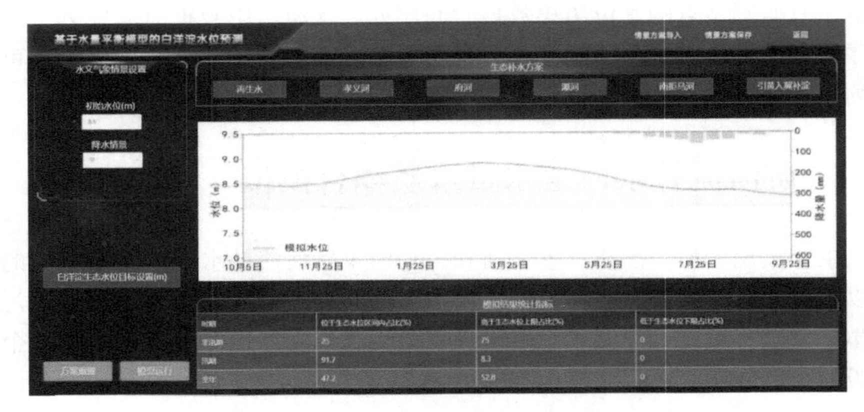

图 10-6　基于水量平衡模型的白洋淀水位预测界面

1）模型模拟

设置 10 月 1 日白洋淀水位作为模拟的初始水位，选择降水情景并设置每旬的生态补水目标上限和下限，之后分别设置府河、瀑河、孝义河、南拒马河、再生水和引黄入冀补淀生态补水旬调度方案，最终预测从 10 月 1 日至次年 9 月 30 日的白洋淀水位。

2）图表显示

根据模拟结果显示 1 年内白洋淀水位的变化情况。同时在表格中显示非汛期、汛期及全年 3 个统计时间段内白洋淀水位高于、位于以及低于生态水位目标区间的比例。

10.2.5　生态补水与水污染防治综合管控方案库

该模块提供生态补水与水污染防治综合管控方案库的查询功能，具体可分为生态补水方案库和水污染防治方案库（图 10-7）。生态补水方案库主要可查询在不同的气象水文情景以及生态补水调度方案下白洋淀水位预测结果以及生态水位目标的达成度；水污染防治方案库主要提供常见污水处理工艺原理、流程和优缺点的查询功能。

图 10-7　生态补水与污染防治综合管控方案库界面

1）生态补水方案库查询

设置初始水位、降水情景和生态补水调度方案查询条件后，显示白洋淀水位预测结果以及生态水位目标的达成度，如图 10-8 所示。

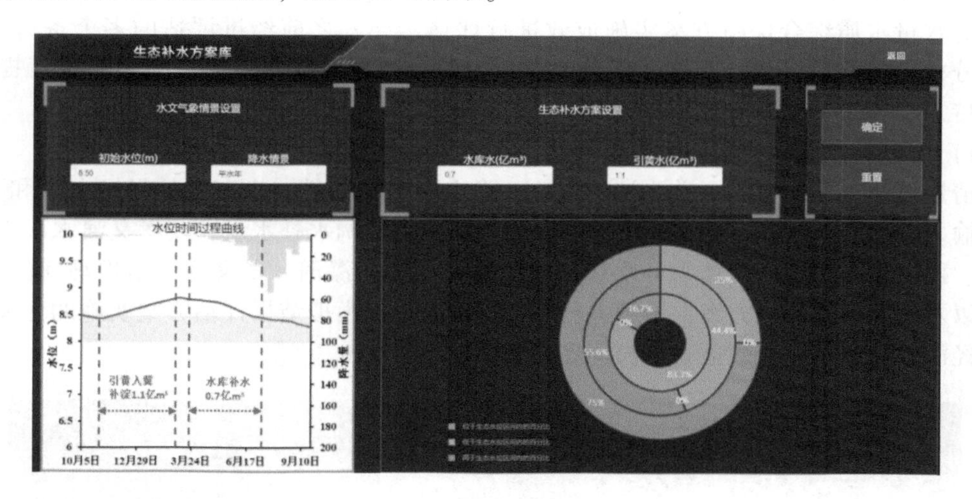

图 10-8　生态补水方案库界面

2）水污染防治方案库

水污染防治方案库展示了常见的污水脱氮除磷工艺，并且详细介绍各种工艺的原理、实施流程和优缺点，如图 10-9 所示。

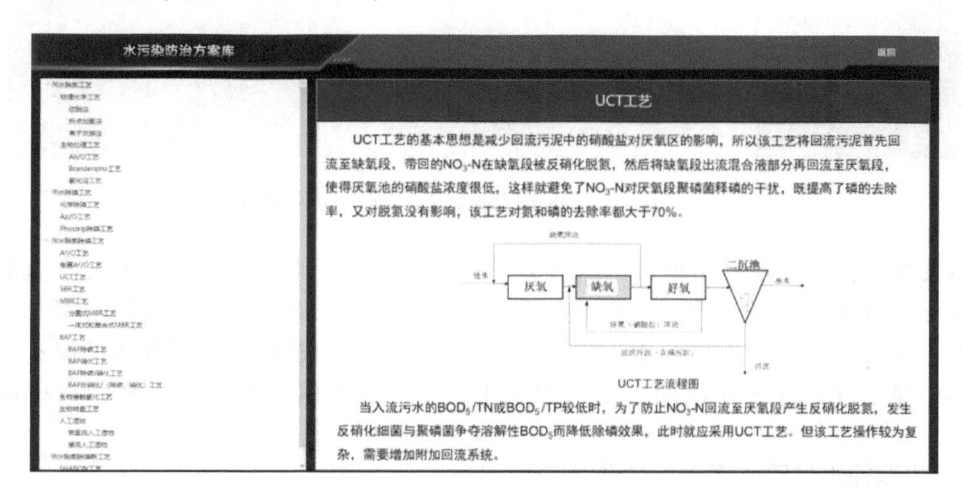

图 10-9　水污染防治方案库界面

10.2.6　生态补水方案综合效益评估与决策优选

生态补水综合效益评估与决策优选模块将上游河流补水河道水动力–水质耦合模型和

白洋淀水位预测模型进行了有效衔接，实现对生态补水调度以及流域污染防治方案实施的综合效益进行评估，进而对方案进行优选。主要思路如下：在设置白洋淀初始水位与降水情景后，设计上游河流污染减排与每旬生态补水方案，开展河–淀水量水质过程综合模拟，对水量水质综合保障方案实施成效进行评估。导入之前经过评估的多个备选方案，通过分析其实施后环境、生态、经济效益以及综合效益之间的差异性为最终决策提供科学支持。

1）生态补水保障方案综合效益评估

情景设计：首先输入白洋淀初始水位、降水丰平枯条件、生态水位目标上限和下限；其次输入府河、瀑河和南拒马河每旬的水库水和南水北调水补水量，及孝义河水库水的补水量、再生水补水量、引黄水补水量；之后输入府河、瀑河、孝义河、南拒马河的点源、面源以及内源污染消减方案；最后进行综合模拟，基于模拟结果评估方案实施的环境、生态、经济效益以及综合效益。该模块界面如图 10-10 所示。

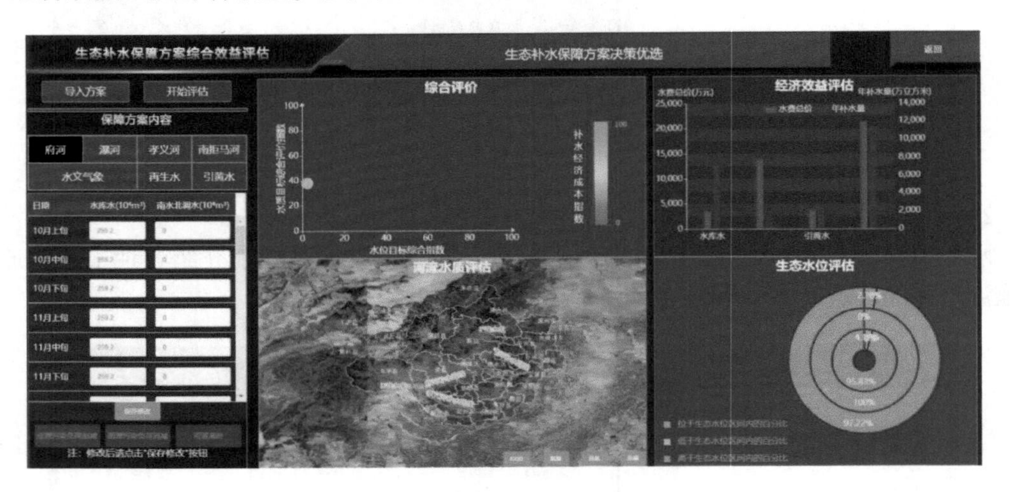

图 10-10 生态补水保障方案综合效益评估界面

图表显示：根据模拟结果显示当前生态补水调度以及流域污染防治方案实施的综合效益情况，具体包括经济效益评价中显示水库水、南水北调水和引黄水的水费总价和年补水量；河流水质评估中显示化学需氧量、氨氮、总氮和总磷的空间分布情况；生态水位评估中显示补水方案非汛期、汛期和全年高于、位于以及低于生态水位目标区间的比例。

2）生态补水保障方案决策优选

生态补水保障方案决策优选模块对多个经过评估的备选方案进行比较优选，模块界面如图 10-11 所示。导入之前模拟的备选方案后，在综合评价图中可以显示在经济成本、环境效益与生态效益三维决策目标空间内的位置。点击三维决策空间中任意方案对应点，可以在其他 3 个图表框中显示三个维度的具体评价结果，通过评价结果多维度可视化的方式，辅助决策者选择适合的生态补水水量水质保障方案。

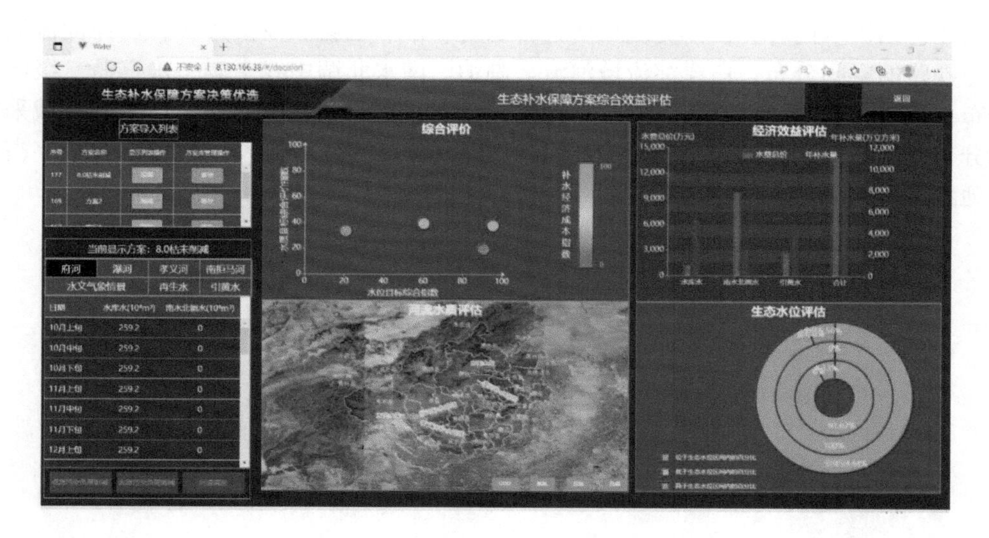

图 10-11　生态补水保障方案决策优选界面

10.2.7　长时间序列历史数据可视化分析

该模块可以查询白洋淀流域的 MSWEP 历史降水数据和表达植被绿度的 GIMMS NDVI 数据并作可视化显示，以便更清晰地展示白洋淀流域降水和 NDVI 的时空分布情况，如图 10-12 所示。对于降水数据，可查询其在 1979 ~ 2017 年的年降水总量以及月降水总量，对于 NDVI 数据，可查询其在 1981 ~ 2015 年的年平均数据和月平均数据。

图 10-12　长时间序列历史数据可视化分析界面

10.2.8　基础地理信息查询

该模块主要功能是实现白洋淀流域基础地理信息的可视化，系统界面如图 10-13 所示。具体包括以下内容：白洋淀流域所包含的省、市、区县和乡镇边界，白洋淀流域主要公路与铁路的空间分布；白洋淀流域河流、湖泊、南水北调中线干渠、水资源三级区的空间分布；生态补水路线及其陆域管控单元空间分布；本研究在生态补水期间全流域采样点空间分布及属性信息；河流水质监测断面，以及污染源空间分布及属性信息；数字高程以及土地利用等基础地理信息。

图 10-13　基础地理信息查询界面

第11章　主要结论与研究成果推广应用前景

11.1　主要开展工作与研究结论

以大清河流域上游河流向白洋淀进行生态补水的水量与水质综合保障为研究目标，以机理分析—概化模拟—评估调控—示范应用为主线，本研究主要开展的工作与结论如下。

1. 白洋淀及其上游流域气象水文要素时间演变规律分析

（1）白洋淀淀区及上游区域60年来呈现显著的升温趋势，且低温指标升高和春季冬季升温较为显著。同时，极端气候事件对白洋淀区及上游区域也有较大影响，极端高温事件有所增加，极端低温事件有所减少，以霜冻日数和热夜日数的变化趋势最为显著。

（2）白洋淀及上游区域降水年内分配不均，降水主要集中在夏季。60年来，白洋淀及上游区域全年降水呈下降趋势，从年内分配看，春季与秋季降水量呈上升趋势，夏季与冬季降水量呈下降趋势，且白洋淀上游区域夏季降水比白洋淀区下降得更加显著。同时，60年来白洋淀区及上游区域极端降水事件有所减少，以降水强度指标降幅最为显著。

（3）1950年以来白洋淀水位整体呈下降趋势，1950～1980年水位从9m一直下降，年内水位变化规律明显。到80年代出现了几年连续极端干淀现象后水位出现短暂回升，1990～2010年水位又降至7m左右，年内水位变幅降低。2011～2020年，受生态补水影响，白洋淀水位回升至7.5～8m，但水文节律尚未完全恢复。

（4）利用Landsat 8遥感影像建立了基于白洋淀开阔水面的水文连通性综合指数，研究了其随水位的变化。与NDWI、MNDWI、AWEInsh、AWEIsh和WI2015等指数相比，NIR是提取水体最准确、最稳健的指数。水面面积与水位之间的关系表现出明显的年际变化，这可能是由挺水植物的年际长势差异造成的。水文连通性综合指数表现出随水位提升而增加的趋势。在相同的水位条件下，春季的水文连通性综合指数通常高于夏季和秋季，不同季节挺水植物的物候特征差异是导致该现象的一个可能原因。

2. 白洋淀及其上游河流水质时空演变趋势分析

（1）对2006～2016年白洋淀水质分析显示水质改善较为明显。通过聚类分析可在时间上将12个月份划分为枯水期和丰水期两个分类，在空间上可将6个监测站点划分为淀西和淀东两大集簇。判别分析结果表明，仅用2个参数（水温和氟化物）和6个参数（溶解氧、氨氮、总氮、总磷、阴离子表面活性剂和粪大肠杆菌群落）可对96.0%和93.8%的水质数据分别在空间和时间集簇中进行正确识别。主成分分析和因子分析结果表明，丰水期和枯水期的水质主成分结构相似，可说明人类活动造成污染的影响大于自然要素的周期性变动；而淀东和淀西的水质主成分因子则显著不同，表明它们受到了不同类型的人为活动影响。对上游主要河流月度水质监测数据分析显示近年来水质呈现出逐步好转的趋势，高锰酸盐指数、生化需氧量、化学需氧量、氨氮以及总磷是主要污染物，重金属达到地表水水质Ⅲ类标准。

（2）根据2019年4条生态补水路径补水期水质采样分析显示，王快水库补水路线沿线的各类水质指标相对较差，西大洋水库补水路线沿线的水质整体要优于王快水库补水路线。瀑河—南水北调补水路线、安格庄水库补水路线、北易水/中易水—南拒马河补水路线沿程水质整体较好，且这几条补水路线沿线的各类水质指标差异性不大。王快水库补水路线沿线EC的波动范围大于西大洋水库补水路径沿线，且距离淀区越近，EC越大。北易水/中易水—南拒马河补水路线，南拒马河下游靠近白洋淀处采样点EC较高。王快水库补水路线沿线的生化需氧量和化学需氧量浓度整体高于西大洋水库补水路径沿线。南拒马河下游生化需氧量浓度较高，其余补水路线沿线的生化需氧量指标基本都符合国家Ⅲ类地表水环境质量标准。王快水库补水路线沿线个别水样中氨氮浓度超过国家Ⅴ类地表水环境标准限值，而西大洋水库补水路线沿线的氨氮浓度均符合国家Ⅲ类地表水环境标准。王快水库补水路径沿线采样点的总磷浓度呈现波动性升高，且整体高于西大洋水库补水路径沿线的总磷浓度，其余补水路径总磷浓度整体较低，且均符合国家Ⅲ类地表水环境质量标准。距白洋淀较近的采样点中出现了水质指标不符合水功能区划Ⅲ类水质目标的情况：王快水库补水路径下游靠近白洋淀处，生化需氧量、化学需氧量和总磷浓度较高，水质类别分别为Ⅳ类、Ⅴ类和Ⅴ类。

3. 典型入淀河流主要污染物迁移转化规律及其机制分析

（1）建立了地表水-地下水水量水质自动监测网络并开展示范应用。利用窄带物联网技术沿府河—白洋淀构建了地表水-地下水水量水质自动监测网络，实现了实时在线监测水位、水温和电导率等指标，同时根据实测数据估算总氮。与实测数据对比显示精度较高，监测数据准确可靠。该系统具有低成本、低功耗的优势，有利于大范围推广和应用。

（2）阐明了地表水对地下水水质影响程度和范围。在地下水超采、污水排放及人工调水等人类活动影响下区域地表水与地下水的相互作用关系已经转变为地表水补给地下水的单向补给关系。府河上游地下水超采导致地下水侧向径流和府河河水对局地地下水的贡献率增加；而人工调水补给的白洋淀形成了周边地下水的直接补给源，基本上控制了周边浅层地下水的流场。府河上游由于地下水埋深相对较深，地表水对地下水水质影响相对较小。对于府河近白洋淀段，地下水水质与其到河道距离间相关性较高，说明此河段府河河水对地下水水质影响较大。

（3）揭示了府河主要污染物迁移转化规律及其驱动机制。对于河水中有机类和磷类污染物，雨季面源污染贡献较大。在降水和补水叠加影响下，雨季补水期底泥向河水中释放磷类污染物作用较强。非汛期补水对于水体中有机类和磷类污染物的稀释具有重要作用。在非补水期底泥对有机污染物和磷类污染物富集作用较强。对于氮类污染物，点源污染和内源释放的影响较为显著。水体中氨氮与硝态氮转化特征具有较强季节性差异。底泥整体偏还原性环境，铵态氮占比较高。调水造成的水动力条件改变，使得底泥再悬浮作用对地表水-底泥间氮类污染物迁移转化影响较大，底泥的铵态氮释放与再悬浮颗粒对水中硝态氮的吸附作用显著。

4. 主要入淀河流污染源解析及其成因诊断

（1）流域内氮、磷负荷主要来自于农业种植和土壤侵蚀，化学需氧量负荷主要来自于畜禽养殖和城镇污水。综合来看，农业种植、畜禽养殖、土壤侵蚀和城镇污水是影响白洋淀流域氮、磷、化学需氧量污染物的主要来源。非点源污染是氮、磷和化学需氧量污染物的主要来源，且其来源多样，监管防控难度大，是白洋淀流域氮、磷和化学需氧量污染防控的重点。氮、磷和化学需氧量负荷来源的空间分布情况较一致，唐县唐河、阜平县沙河、易县北易水和涞源县拒马河是污染负荷的主要源区。

（2）入淀河流沉积物中，Cd、Cu、Zn 为主要污染物。Cd、Cu、Zn 元素存在轻度-中度以上累积性污染，其中 Cd 达中度污染且显著富集。入淀河流与其受纳湖泊沉积物中，重金属分布相似，但污染程度存在差异。相对而言，入淀河流污染水平及风险程度均更高，是湖泊的主要负荷输入通道。入淀沉积物的重金属来源包括自然源（42.87%）、城市源（35.4%）和工业农业混合源（21.73%）。相对而言，城市活动在中等风险水平（24.3%）和强风险水平（16.2%）中所占比例较高，而农业和工业混合源在很强风险水平（8.1%）和极强风险水平（8.1%）中所占比例较高。

（3）府河及其受纳湖泊沉积物中共检测出 24 大类抗性基因，其中，大多数类型由河流和湖泊生态型所共有，部分 ARG 仅存于河流或者湖泊，表明 ARG 在河流沉积物运输过程中衰减，也表明湖泊 ARG 的来源复杂。河-湖沉积物中，噬菌体“crAssphage”标志物被广泛检出，且其丰度与 ARG 呈正相关，表明 ARG 与污水污染相关。FEAST 模型模拟结果表明，府河的负荷输送是白洋淀沉积物中 ARG 的主要来源，占比超过 80%，表明府河对白洋淀污染负荷输入起着非常重要的影响作用。

5. 白洋淀上游河流水环境风险评估

（1）非突发性水环境风险评估考虑了风险沿河流方向的传递性和累积性，构建了考虑风险源、河流特性、自然地理及社会发展条件、水污染治理能力等因素的非突发性水环境风险评价体系，评估结果显示：白洋淀上游入淀河流总体属于中风险区域；孝义河补水线路的安国段、博野段、蠡县段非突发性风险等级为高风险，影响白洋淀上游入淀河流水环境风险水平的主要原因是化肥施用量较高、环保投资相对较低、当时水质相对较差。

（2）突发性水环境风险评估结果表明孝义河-博野段的突发水污染风险等级为高风险，主要原因包括孝义河补水线路博野段的流域控制范围周边分布着数家大型的化学原料和化学制品制造企业，这些企业涉水环境风险物质多，且水环境风险物质最大存在量较高；漕河-满城段的突发水污染风险等级为中风险；其他河段为低风险区域。

6. 基于水量平衡关系的白洋淀水位预测模型研发

（1）基于白洋淀的水文气象特征，构建了旬尺度白洋淀水量平衡模型和关键要素参数化方法。根据文献调研及已有数据条件，选定 2009 ~ 2017 年为模拟时段，构建了污水入淀系数与芦苇蒸散发系数6个参数化方法，以年为周期、每年10月1日水位为初始水位进行逐旬水位推演，对参数化方案进行优选。

（2）对6种参数化方案模拟精度分析结果表明，在考虑芦苇生长年内和年际变化的参数化方案Ⅵ下，2009～2017年这8年内白洋淀模拟水位与实测水位变化趋势基本一致，且绝对误差、相对误差均最小。虽然补水数据和汛期入淀径流信息的不完善在部分时段影响了模型模拟的精确度，但总体而言，该模型可以保证各气象水文条件下白洋淀水位过程的准确模拟，可以此模型为基础，进一步展开生态补水方案的情景评估。

7. 白洋淀补水通道水量水质耦合模拟模型研发

（1）构建平原区、存在渗漏、藻型富营养化河流的建模框架，从系统动力学的视角概化模拟河流水污染物迁移转化关键过程。对水质的计算采用平移弥散质量迁移方程，考虑了模拟质点的纵向推流和弥散，以及模拟变量之间转化，其中水力学特征边界条件采用圣维南方程组进行数值模拟。

（2）根据Sobol方法得到35个参数一阶敏感性系数与总敏感性系数，参数大多表现出对模拟具有协同影响。评估得出模型动力学过程各结构耦合程度相对较强，17个敏感参数较18个不敏感参数来说，取值会对多个状态变量同时产生更显著影响，是率定模型的关键。

（3）基于多目标GLUE方法，使用实测化学需氧量、氨态氮、总磷、总氮数据对模型进行率定和验证。在率定期，3条补水路线河流各变量平均相对误差分别为20%、32%、24%、19%；在有生态补水的验证期，3条补水路线河流各变量空间多点位的平均相对误差分别为24%、37%、36%、24%，模拟性能达到较好水准，可供后续情景分析使用。

8. 上游河流向白洋淀补水的水量水质综合保障方案制定

（1）从白洋淀生态水位目标的保障程度、主要入淀河流水质指标的达标情况，以及不同补水方案的经济成本着手，构建了补水量质综合保障方案的生态环境与经济效益评估方法体系。

（2）基于雄安新区成立初期，河北省水利厅对白洋淀生态补水调水相关工作方案、引黄入冀补淀工程初步设计方案、历年白洋淀生态补水量及相关规划中对应的补水量和补水时间，进行补水方案的设计，并进一步评估了其在不同气象水文情景下对生态水位目标的保障程度。为了制定不同气象水文条件下最低补水量配置方案，利用海量蒙特卡罗随机采样方法，随机生成10万组旬尺度白洋淀生态补水方案，分别优选出各水文气象情景下满足生态水位目标的方案中，补水量单项指标最低、补水量与经济成本两项指标最低的生态补水配置方案。

（3）基于校准后的白洋淀上游河流水环境数学模型，构建了污水处理厂达标排污与污水回用、实施河道清淤工程与生态补水水量变化的组合情景，通过情景分析评估了补水量与外源、内源负荷量变化对河流水环境的影响。根据水功能区水质达标目标，在最大补水量范围内补水越多水质状况越优，河流沿程水质不达标长度渐趋于零。模拟外源污染负荷量削减情景下河流水质响应情况，当前主要污水厂排水接近地表水Ⅳ类水质标准，污水回用率增加显著改善了化学需氧量不达标情况；实施河道清淤工程之后，西大洋、王快补水路线河流下游段氨态氮、总磷浓度明显降低。

9. 白洋淀上游河流生态补水综合保障决策支持技术示范应用平台构建

(1) 系统平台系统使用阿里云平台部署,整体架构基于 Java Springboot 微服务和 NodeJS 前端的 B/S 模式进行开发。整个系统按多层的设计思路进行扩展,结合 J2EE 的多层应用体系结构,按照多层的模式进行设计。以空间数据与业务数据相结合的数据中心为基础,建立基于实体框架的数据访问层,基于前后端分离的 REST 风格松耦合业务逻辑层,基于 HTML5 的系统展现层,并基于 WebGIS 技术进行空间数据可视化并与用户交互。

(2) 系统平台集成了本研究自主研发模型与水量水质调控算法成果,实现了不同补水调度方案与污染控制措施影响的在线模拟与综合评估。主要功能包括地表-地下水量水质实时动态监测、上游河流补水河道水量水质耦合模拟、基于水量平衡模型的白洋淀水位预测、生态补水与水污染防治综合管控方案库查询、生态补水方案综合效益评估与决策优选、长时间序列历史数据可视化分析、基础地理信息查询系统等。

11.2 研究成果推广应用前景

(1) 在府河—白洋淀沿线构建的基于窄带网络物联网技术的地表地下水量水质动态监测系统具有低成本、低功耗优点,可有效提升对于地表水、地下水水量与水质观测空间覆盖度与观测频率。在水环境风险预警、洪水灾害监测与超采区地下水人工回灌效益评估等方面具有广阔的应用前景。

(2) 所研发的上游河流补水河道水动力与水质耦合模型可模拟河道内由于河水渗漏补给地下水造成的水量损失以及点源、面源与河道内源释放共同作用下污染物沿程演变情况,适用于我国北方地下水超采区河流水质模拟,可用于上述区域水污染防治与水资源管理相关规划编制过程中的方案比选工作。

(3) 本研究通过流域一体化模拟实现了流域水资源综合管理过程中兼顾生态、环境与经济效益,建立了统筹水资源生态调度与水污染防治的流域管控模式,可为高强度人类活动下水量与水质双重限制地区流域水资源、水环境、水生态综合管理与山水林田湖系统治理提供科学依据。

(4) 本研究所开发的云计算平台系统实现了基于对复杂环境系统数值模拟的水资源调度与水污染防治优化决策。系统开发过程中,在数据库设计、云端与本地数据传输、用户交互操作与可视化展示等方面,平衡了环境模型的复杂程度与实际调控管理工作的业务需求,可为基于大数据与云计算的环境与水利领域决策支持平台研发提供借鉴。

参考文献

白洁，王欢欢，刘世存，等 . 2020. 流域水环境承载力评价——以白洋淀流域为例 . 农业环境科学学报，39（5）：1070-1076.

卞振举，周雷漪 . 1991. 一种圣维南方程组的隐式特征线解法 . 水动力学研究与进展（A 辑），1（3）：29-34.

陈建标，钱小娟，朱友银，等 . 2014. 南通市引江调水对河网水环境改善效果的模拟 . 水资源保护，30（1）：38-42，94.

陈杰 . 2019. 保定府河水质特征研究及有毒有机污染物筛查 . 保定：河北大学硕士学位论文 .

陈振涛，滑磊，金倩楠 . 2015. 秦岭南坡山区小引水改善城市河网水质效果评估研究 . 长江科学院院报，（32）：45-51.

戴永翔，刘继红 . 2018. 岳城水库融入雄安新区水资源配置体系的可行性浅论 . 海河水利，（1）：38-39.

丁一，贾海峰，丁永伟，等 . 2016. 基于 EFDC 模型的水乡城镇水网水动力优化调控研究 . 环境科学学报，36（4）：1440-1446.

董娜 . 2009. 白洋淀湿地生态干旱及两库联通补水分析 . 保定：河北农业大学硕士学位论文 .

董哲仁 . 2006. 筑坝河流的生态补偿 . 中国工程科学，34（1）：5-10.

杜奕衡，刘成，陈开宁，等 . 2018. 白洋淀沉积物氮磷赋存特征及其内源负荷 . 湖泊科学，30（6）：1537-1551.

段圣辉 . 2015. 海河流域典型河流滏阳河中氮赋存形态及氨氮转化特征研究 . 合肥：中国科学技术大学硕士学位论文 .

冯亚辉，李书友 . 2013. 白洋淀生态补水分析与研究 . 水利科技与经济，19（6）：37-39，49.

耿建康，韩姝娴，徐宝同 . 2019. 王快水库实施河道生态补水潜力分析 . 河北水利，（11）：40-41.

郭劲松，龙腾锐 . 1994. 城市污水 BOD 与 COD 关系的探讨 . 中国给水排水，1（4）：17-20，2-3.

韩菲，陈永灿，刘昭伟 . 2003. 湖泊及水库富营养化模型研究综述 . 水科学进展，1（6）：785-791.

韩林山，李向阳，严大考 . 2008. 浅析灵敏度分析的几种数学方法 . 中国水运（下半月），1（4）：177-178.

胡国成，许木启，许振成，等 . 2011. 府河-白洋淀沉积物中重金属污染特征及潜在风险评价 . 农业环境科学学报，30（1）：146-153.

胡鹏，杨庆，杨泽凡，等 . 2019. 水体中溶解氧含量与其物理影响因素的实验研究 . 水文，50（6）：679-686.

胡庆云，王船海 . 2011. 圣维南方程组 4 点线性隐格式的稳定性分析 . 河海大学学报（自然科学版），39（4）：397-401.

黄诗涵，田菲，杜忠文 . 2019. 保定市府河河流中 COD 的变化及其污染源分析 . 环境保护与循环经济，39（4）：50-53.

黄欣嘉 . 2017. 湘江衡阳段沉积物氮形态分析及对水体中硝态氮吸附-解吸特性研究 . 衡阳：南华大学硕士学位论文 .

贾海峰，杨聪，张玉虎，等 . 2013. 城镇河网水环境模拟及水质改善情景方案 . 清华大学学报（自然科学版)，53（5）：665-672，728.
贾龙凤.2015. 保定府河典型污染因子变化规律及水质评价研究. 保定：河北农业大学硕士学位论文.
贾鹏，王庆改，周俊，等.2015. 地表水环评数值模拟精细化研究. 环境影响评价，37（1）：51-54.
蒋保刚.2013. 秦岭南坡山区小流域水化学及氢氧同位素研究. 保定：河北大学硕士学位论文.
李登峰.2020. 雄安新区孝义河河口湿地水质净化工程物联网系统设计. 中国设备工程，(8)：216-218.
李光浩，陈巧红.2020. Civil 3D 在雄安新区孝义河河口湿地项目场地设计中的应用. 工程建设与设计，(9)：171-172.
李凯，陈子豪，董国涛，等.2019. 黑河下游河道蒸发渗漏损失率影响因素研究. 人民黄河，41（7）：10-13.
李明朝.2020. 易县中易水河开发区段生态改造要点分析. 内蒙古水利，(2)：60-61.
李上达，宋建港.2008. 白洋淀输水水量平衡计算与分析. 海河水利，(6)：35-36.
李悦昭.2021. 河流沉积物重金属生态风险及其来源解析研究——以府河为例. 北京：北京师范大学硕士学位论文.
李悦昭，陈海洋，孙文超.2020. 白洋淀流域氮、磷、COD 负荷估算及来源解析. 中国环境科学，41(6)：2646-2652.
梁国伟，赵兰敏，王晶，等.2014. 探讨河道综合整治理念与生态护岸. 水科学与工程技术，(5)：27-29.
梁慧雅，翟德勤，孔晓乐，等.2017. 府河–白洋淀硝酸盐来源判定及迁移转化规律. 中国生态农业学报，25（8）：1236-1244.
梁媛，许健，麻林.2014. 利用模糊综合评判法分析由太湖引水后黄浦江水质的变化. 甘肃农业大学学报，49（1）：116-120.
刘国强.2013. 利用水量平衡法确定白洋淀最低补水水位的探讨. 中国水利，(S2)：62-63，66.
刘国庆，范子武，王波，等.2019. 基于同步原型观测的水质改善效果敏感性分析与应用. 水利水运工程学报，177（5）：1-9.
刘建芝，魏建强.2007. 白洋淀蒸发渗漏与补水量计算分析. 水科学与工程技术，(1)：15-16.
刘磊，孙涛，陈慧敏，等.2018. 暴雨径流对海河干流水质的影响及排干水质要求的确定. 安全与环境学报，18（4）：1564-1568.
刘明喆，孔凡青，张浩，等.2019. 基于层次分析法和模糊综合评价的突发水污染风险等级评估. 水电能源科学，37（1）：53-56.
刘晓晖，王永，董文平，等.2016. 流域尺度水环境污染风险评估. 科技导报，34（7）：134-138.
刘越，程伍群，尹健梅，等.2010. 白洋淀湿地生态水位及生态补水方案分析. 河北农业大学学报，33(2)：107-109.
逄敏，逄勇，宋为威，等.2018. 控源截污和生态补水对秦淮河水质的影响. 扬州大学学报（自然科学版)，21（1）：73-78.
祁兰兰，王金亮，叶辉，等.2021. 滇中“三湖流域”土地利用景观格局与水质变化关系研究. 水土保持研究，28（6）：199-208.
钱海平，张海平，于敏，等.2013. 平原感潮河网水环境模型研究. 中国给水排水，29（3）：61-65.
饶群，芮孝芳.2001. 富营养化机理及数学模拟研究进展. 水文，1（2）：15-19，24.
戎曼丝.2015. 保定市府河富营养化分析及整治策略研究. 保定：河北农业大学硕士学位论文.
邵景安，黄志霖，邓华.2016. 生计多样化背景下种植业非点源污染负荷演变. 地理学报，71（7）：459-476.
宋凯宇，章粟粲，魏俊，等.2020. 雄安新区孝义河河口湿地水质净化工程设计. 中国给水排水，36

(10)：62-69.
宋利祥，李清清，胡晓张，等 . 2019. 基于有限体积法的河网水动力并行计算模型 . 长江科学院院报，36 (5)：7-12.
宋献方，刘相超，夏军，等 . 2007. 基于环境同位素技术的怀沙河流域地表水和地下水转化关系研究 . 中国科学，37（1）：102-110.
宋新山，邓伟 . 2007. 基于连续性扩散流的湿地表面水流动力学模型 . 水利学报，373（10）：1166-1171.
孙洪欣，杨阳，王倩倩，等 . 2015. 府河流域污灌状况及农户对污灌与人体健康关系的认知调查分析 . 中国农学通报，31（2）：197-200.
孙磊，毛献忠 . 2012. 东莞运河排涝对东莞水厂取水口水质影响模拟分析 . 给水排水，48（5）：151-156.
孙滔滔，赵鑫，尹魁浩，等 . 2018. 水环境风险源识别和评估研究进展综述 . 中国水利，849（15）：55-58.
孙添伟，陈家军，王浩，等 . 2012. 白洋淀流域府河干流村落非点源负荷研究 . 环境科学研究，25（5）：568-572.
汤景梅，梁淑轩，孙汉文，等 . 2014. 保定府河溶解性有机质三维荧光光谱分析（英文）. 光谱学与光谱分析，34（2）：450-454.
唐登勇，张聪，杨爱辉，等 . 2019. 太湖流域工业园区水风险评估体系的建立与实例研究 . 环境科学研究，32（2）：219-226.
唐圣斌，张元海，徐德天 . 2007. 中易水倒虹吸围堰封堵及排水技术 . 南水北调与水利科技，（S1）：26-28.
佟霁坤，马倩，张越，等 . 2020. 基于单因子水质标识指数法的大清河流域府河段水质评价 . 绿色科技，(2)：93-94.
王朝华，王子璐，乔光建 . 2011. 跨流域调水对恢复白洋淀生态环境重要性分析 . 南水北调与水利科技，9（3）：138-141.
王德明 . 2010. 水体 TOC 与 COD_{Cr}、BOD_5、COD_{Mn} 相关性研究 . 化学分析计量，19（3）：61-64.
王强，刘静玲，杨志峰 . 2008. 白洋淀湿地不同时空水生植物生态需水规律研究 . 环境科学学报，（7）：1447-1454.
王琴 . 2014. 台兰河河床渗漏能力实验研究 . 地下水，36（3）：4-6.
王旭东，刘素玲，张树深，等 . 2009. 白洋淀水域 WASP 富营养化模型改进研究 . 环境科学与技术，32 (10)：19-24.
王雪，逄勇，谢蓉蓉，等 . 2015. 基于控制断面水质达标的秃尾河流域总量控制 . 北京工业大学学报，41 (1)：123-130.
王昱，卢世国，刘娟娟，等 . 2019. 春季枯水期黑河水体理化性质的空间分布特征 . 生态与农村环境学报，35（4）：433-441.
吴新玲 . 2012. 基于白洋淀的功能分析其补水时机及效益 . 水科学与工程技术，（S1）：37-39.
熊宇斐，张广朋，徐海量，等 . 2017. 塔里木河河床渗透系数及其渗漏水量分析 . 干旱区研究，34（2）：266-273.
徐涵秋 . 2005. 利用改进的归一化差异水体指数（MNDWI）提取水体信息的研究 . 遥感学报，（5）：589-595.
徐祖信，廖振良 . 2003. 水质数学模型研究的发展阶段与空间层次 . 上海环境科学，6（2）：79-85.
徐祖信，尹海龙 . 2003. 黄浦江二维水质数学模型研究 . 水动力学研究与进展（A 辑），1（3）：261-265.
闫欣，牛振国 . 2019. 1990～2017 年白洋淀的时空变化特征 . 湿地科学，17（4）：436.
杨盈，陈贺，于世伟，等 . 2012. 基于改进调度图的西大洋水库综合调度研究 . 水力发电学报，31（4）：

139-144，161.
杨泽凡，胡鹏，赵勇，等.2018. 新区建设背景下白洋淀及入淀河流生态需水评价和保障措施研究.中国水利水电科学研究院学报，16（6）：563-570.
杨志娟.2017. 白洋淀补水量研究.河北工程技术高等专科学校学报，(4)：1-5
张赶年，曹学章，毛陶金.2013. 白洋淀湿地补水的生态效益评估.生态与农村环境学报，29（5）：605-611.
张丽丽，殷峻暹，张双虎，等.2012. 丹江口水库向白洋淀补水生态调度方案研究.湿地科学，10（1）：32-39.
张林.2021. 千山南沙河七号桥上游湖泊工程蒸发和渗漏损失计算探讨.地下水，43（1）：238-240.
张敏，宫兆宁，赵文吉，等.2016. 近30年来白洋淀湿地景观格局变化及其驱动机制.生态学报，36（15）：4780-4791.
张南.2018. 水动力数值模拟系统（Hydroinfo）开发及应用研究.大连：大连理工大学博士学位论文.
张培培，吴艺帆，庞树江，等.2019. 再生水补给河流北运河 COD_{Cr} 降解系数变化及影响因素.湖泊科学，31（1）：99-112.
张强.2020. 基于PCA-AHP降维组合赋权模型的河流水质综合评价.保定：河北大学硕士学位论文.
张铁坚.2019. 保定府河流域水体污染源解析与治理技术体系研究.保定：河北农业大学博士学位论文.
张彦，李明然，李新德.2019. GA-NN模型在保定市水环境承载力评价中的应用.南水北调与水利科技，17（5）：131-138.
张英骏.2013. 水量平衡法演算白洋淀枯水期最低补水水位.水利科技与经济，19（5）：9-10.
张质明，王晓燕，于洋，等.2014. 基于GLUE法的多指标水质模型参数率定方法.环境科学学报，34（7）：1853-1861.
章雨欣.2022. 城镇污水处理厂废水抗性基因特征及其对受纳河流的影响研究.北京：北京师范大学硕士学位论文.
衷平，杨志峰，崔保山，等.2005. 白洋淀湿地生态环境需水量研究.环境科学学报，25（8）：1119-1126.
周欢，孙欣，蔡锋，等.2019. 网格化区域环境风险评估应用实践——以重庆市某区县为例.环境影响评价，41（4）：91-96.
周健，马洪飞，马为民.2016. 白洋淀湿地水生态长效保护调水技术.南昌：第八届全国河湖治理与水生态文明发展论坛.
周夏飞，曹国志，於方，等.2022. 黄河流域水污染风险分区.环境科学，43（5）：2448-2458.
朱珍妮.2017. 基于附着藻类的府河水质评价.保定：河北大学硕士学位论文.
Abdeveis S，Sedghi H，Hassonizadeh H，et al. 2020. Application of water quality index and water quality model QUAL2K for evaluation of pollutants in Dez River，Iran. Water Resources，47（5）：892-903.
Ahn J M，Jung K Y，Shin D. 2017. Effects of coordinated operation of weirs and reservoirs on the water quality of the Geum River. Water，9（6）：423.
Avant B，Bouchard D，Chang X，et al. 2019. Environmental fate of multiwalled carbon nanotubes and graphene oxide across different aquatic ecosystems. NanoImpact，13（1）：1-12.
Bai H，Chen Y，Wang D，et al. 2018. Developing an EFDC and numerical source- apportionment model for nitrogen and phosphorus contribution analysis in a lake basin. Water，10（10）：1315.
Barthold F K，Tyralla C，Schneider K，et al. 2011. How many tracers do we need for end member mixing analysis（EMMA）? A sensitivity analysis. Water Resources Research，47（8）：W0859.
Beat M，Wang Y，Dittrich M，et al. 2003. Influence of organic carbon decomposition on calcite dissolution in

surficial sediments of a freshwater lake. Water Research, 37 (18): 4524-4532.

Bertoldi W, Drake N A, Gurnell A M. 2011. Interactions between river flows and colonizing vegetation on a braided river: exploring spatial and temporal dynamics in riparian vegetation cover using satellite data. Earth Surface Processes and Landforms, 36 (11): 1474-1486.

Bessar M, Matte P, Anctil F. 2020. Uncertainty analysis of a 1D river hydraulic model with adaptive calibration. Water, 12 (2): 561.

Beven K J. 2009. Comment on "Equifinality of formal (DREAM) and informal (GLUE) Bayesian approaches in hydrologic modeling?" //Jasper A Vrugt, Cajo J F ter Braak, Hoshin V Gupta et al. Stochastic Environmental Research and Risk Assessment, 23 (7): 1059-1060.

Beven K J. 2011. Rainfall-runoff Modelling: The Primer. Chichester: John Wiley & Sons.

Beven K. 2012. Causal models as multiple working hypotheses about environmental processes. Comptes Rendus Geoscience, 344 (2): 77-88.

Beven K, Binley A. 1992. The future of distributed models: Model calibration and uncertainty prediction. Hydrological Processes, 6 (3): 279-298.

Blasone R-S, Madsen H, Rosbjerg D. 2008. Uncertainty assessment of integrated distributed hydrological models using GLUE with Markov chain Monte Carlo sampling. Journal of Hydrology, 353 (1-2): 18-32.

Brauns B, Bjerg P, Song X, et al. 2016. Field scale interaction and nutrient exchange between surface water and shallow groundwater in the Baiyang Lake region, North China Plain. Journal of Environmental Sciences, 45 (1): 60-75.

Bui H H, Ha N H, Nguyen T N D, et al. 2019. Integration of SWAT and QUAL2K for water quality modeling in a data scarce basin of Cau River basin in Vietnam. Ecohydrology & Hydrobiology, 19 (2): 210-223.

Chapelle A. 1995. A preliminary model of nutrient cycling in sediments of a mediterranean lagoon. Ecological Modelling, 80 (2): 131-147.

Chapra S C, Pelletier G, Tao H. 2008. QUAL2K: A modeling framework for simulating river and stream water quality, version 2.11: documentation and users manual. Civil and Environmental Engineering Dept, Tufts University, Medford, MA, 109 (1): 1.

Chaudhry M H, Cass D E, Edinger J E. 1983. Modeling of unsteady-flow water temperatures. Journal of Hydraulic Engineering, 109 (5): 657-669.

Chen H, Yang L, Yang Z, et al. 2012. Sustainable reservoir operations to balance upstream human needs and downstream lake ecosystem targets. Procedia Environmental Sciences, 13: 1444-1457.

Chen H, Bai X, Li Y, et al. 2019. Source identification of antibiotic resistance genes in a peri-urban river using novel crAssphage marker genes and metagenomic signatures. Water Research, 167: 115098.

Chen H, Li Y, Sun W, et al. 2020. Characterization and source identification of antibiotic resistance genes in the sediments of an interconnected river-lake system. Environment International, 137: 105538.

Chien N P, Lautz L K. 2018. Discriminant analysis as a decision-making tool for geochemically fingerprinting sources of groundwater salinity. Science of the Total Environment, 618: 379-387.

Chong Z, Wei Y, Zhifeng Y. 2010. Environmental flows management strategies based on the spatial distribution of water quality, a case study of Baiyangdian Lake, a shallow freshwaterlake in China. Procedia Environmental Sciences, 2 (1): 896-905.

Congalton R G. 1991. A review of assessing the accuracy of classifications of remotely sensed data. Remote Sensing of Environment, 37 (1): 35-46.

Correia L, Krishnappan B, Graf W. 1992. Fully coupled unsteady mobile boundary flow model. Journal of

Hydraulic Engineering, 118 (3): 476-494.

Cui B, Li X, Zhang K. 2010. Classification of hydrological conditions to assess water allocation schemes for Lake Baiyangdian in North China. Journal of Hydrology, 385 (1-4): 247-256.

Cukier R, Fortuin C, Shuler K, et al. 1973. Study of sensitivity of coupled reaction systems to uncertainties in rate coefficients. I Theory. Journal of Chemical Physics, 59 (8): 3873-3878.

da Silva G S, Jardim W D F. 2006. A new water quality index for protection of aquatic life appllied to the Atibaia River, Region of Campinas/Paulinia cities - Sao Paulo State. Química Nova, 29 (4): 689-694.

de Macedo- Soares P, Petry A, Farjalla V, et al. 2010. Hydrological connectivity in coastal inland systems: Lessons from a Neotropical fish metacommunity. Ecology of Freshwater Fish, 19 (1): 7-18.

Dexter A R, Richard G. 2009. Water potentials produced by oven- drying of soil samples. Soil Science Society of America Journal, 73 (5): 1646-1651.

Edwards A, Freestone R, Crockett C. 1997. River management in the Humber catchment. Science of the Total Environment, 194 (1): 235-246.

Feyisa G L, Meilby H, Fensholt R, et al. 2014. Automated Water Extraction Index: A new technique for surface water mapping using Landsat imagery. Remote Sensing of Environment, 140: 23-35.

Fisher A, Flood N, Danaher T. 2016. Comparing Landsat water index methods for automated water classification in eastern Australia. Remote Sensing of Environment, 175: 167-182.

Flores J. 2002. Comments to the use of water quality indices to verify the impact of Cordoba City (Argentina) on Suquia river. Water Research, 36 (18): 4664-4666.

Freer J, Beven K, Ambroise B. 1996. Bayesian estimation of uncertainty in runoff prediction and the value of data: An application of the GLUE approach. Water Resources Research, 32 (7): 2161-2173.

Garcia M, Parker G. 1993. Experiments on the entrainment of sediment into suspension by a dense bottom current. Journal of Geophysical Research, 98: 4793-4808.

Gerbeau J, Perthame B. 2001. Derivation of viscous Saint-Venant system for laminar shallow water, numerical validation. Discrete and Continuous Dynamical Systems - Series B, 1 (1): 89-102.

Grady Jr C L, Daigger G T, Love N G, et al. 2011. Biological Wastewater Treatment. Boca Rator: CRC Press.

Gunawardena A, Wijeratne E, White B, et al. 2017. Industrial pollution and the management of river water quality: a model of Kelani River, Sri Lanka. Environmental Monitoring & Assessment, 189 (9): 15-30.

Habets F, Etchevers P, Golaz C, et al. 1999. Simulation of the water budget and the river flows of the Rhône basin. Journal of Geophysical Research, 104 (1): 31145.

Han Q, Tong R, Sun W, et al. 2020. Anthropogenic influences on the water quality of the Baiyangdian Lake in North China over the last decade. Science of The Total Environment, 701 (1): 134929.

He H S, Dezonia B E, Mladenoff D J. 2000. An aggregation index (AI) to quantify spatial patterns of landscapes. Landscape Ecology, 15 (7): 591-601.

Horton R K. 1965. An index number system for rating water quality. Journal of the Water Pollution Control Federation, 37 (3): 300-306.

Iqbal M M, Shoaib M, Agwanda P, et al. 2018. Modeling approach for water- quality management to control pollution concentration: A case study of Ravi River, Punjab, Pakistan. Water, 10 (8): 1068.

Jaeger J A. 2000. Landscape division, splitting index, and effective mesh size: New measures of landscape fragmentation. Landscape Ecology, 15 (2): 115-130.

Jeroen V, De Neve S, Qualls R G, et al. 2007. Comparison of different isotherm models for dissolved organic carbon (DOC) and nitrogen (DON) sorption to mineral soil. Geoderma, 139 (1): 144-153.

Ji Z-G. 2017. Hydrodynamics and Water Quality: Modeling Rivers, Lakes, and Estuaries. Hoboken: John Wiley & Sons.

Jia H, Xu T, Liang S, et al. 2018. Bayesian framework of parameter sensitivity, uncertainty, and identifiability analysis in complex water quality models. Environmental Modelling & Software, 104 (1): 13-26.

Jin H, Huang C, Lang M W, et al. 2017. Monitoring of wetland inundation dynamics in the Delmarva Peninsula using Landsat time-series imagery from 1985 to 2011. Remote Sensing of Environment, 190: 26-41.

Kannel P R, Lee S, Lee Y-S, et al. 2007. Application of automated QUAL2Kw for water quality modeling and management in the Bagmati River, Nepal. Ecological Modelling, 202 (3-4): 503-517.

Karamouz M, Mojahedi S, Ahmadi A, et al. 2010. Interbasin water transfer: Economic water quality-based model. Journal of Irrigation & Drainage Engineering, 136 (2): 90-98.

Koch H, Grünewald U. 2010. Regression models for daily stream temperature simulation: Case studies for the river Elbe, Germany. Hydrological Processes, 24 (26): 3826-3836.

Kothyari U C, Hayashi K, Hashimoto H. 2009. Drag coefficient of unsubmerged rigid vegetation stems in open channel flows. Journal of Hydraulic Research, 47 (6): 691-699.

Kumar N, Singh S K, Srivastava P K, et al. 2017. SWAT Model calibration and uncertainty analysis for streamflow prediction of the Tons River Basin, India, using Sequential Uncertainty Fitting (SUFI-2) algorithm. Modeling Earth Systems and Environment, 3 (1): 30.

Kurganov A, Petrova G. 2007. A second-order well-balanced positivity preserving central-upwind scheme for the Saint-Venant system. Communications in Mathematical Sciences, 5 (1): 133-160.

Lap B Q, Mori K, Inoue E. 2007. A one-dimensional model for water quality simulation in medium- and small-sized rivers. Paddy and Water Environment, 5 (1): 5-13.

Li Y Z, Chen H Y, Song L T, et al. 2020a. Effects on microbiomes and resistomes and the source-specific ecological risks of heavy metals in the sediments of an urban river. Journal Hazardous Materials: 124472.

Li Y Z, Chen H Y, Teng Y G. 2020b. Source apportionment and source-oriented risk assessment of heavy metals in the sediments of an urban river-lake system. Science of the Total Environment, 737: 140310.

Liang Q, Marche F. 2009. Numerical resolution of well-balanced shallow water equations withcomplex source terms. Advances in Water Resources, 32 (6): 873-884.

Liang S, Jia H, Xu C, et al. 2016. A Bayesian approach for evaluation of the effect of water quality model parameter uncertainty on TMDLs: A case study of Miyun Reservoir. Science of the Total Environment, 560 (1): 44-54.

Lim J H, Wong Y Y, Lee C W, et al. 2019. Long-term comparison of dissolved nitrogen species in tropical estuarine and coastal water systems. Estuarine, Coastal and Shelf Science, 222 (1): 103-111.

Lindenschmidt K-E. 2017. RIVICE—a non-proprietary, open-source, one-dimensional river-ice model. Water, 9 (5): 314.

Liu Y, Freer J, Beven K, et al. 2009. Towards a limits of acceptability approach to the calibration of hydrological models: Extending observation error. Journal of Hydrology, 367 (1-2): 93-103.

Liu S, Yan D, Wang J, et al. 2015. Drought mitigation ability index and application rased on balance between water supply and demand. Water, 7 (5): 1792-1807.

Liu J, Shen Z, Chen L. 2018. Assessing how spatial variations of land use pattern affect water quality across a typical urbanized watershed in Beijing, China. Landscape and Urban Planning, 176: 51-63.

Liu D, Wang X, Zhang Y-L, et al. 2019. A landscape connectivity approach for determining minimum ecological lake level: Implications for lake restoration. Water, 11 (11): 2237.

Maliehe M, Mulungu D M. 2017. Assessment of water availability for competing uses using SWAT and WEAP in South Phuthiatsana catchment, Lesotho. Physics and Chemistry of the Earth, Parts A/B/C, 100 (1): 305-316.

Manache G, Melching C S. 2008. Identification of reliable regression-and correlation-based sensitivity measures for importance ranking of water- quality model parameters. Environmental Modelling & Software, 23 (5): 549-562.

McCulloch A. 2005. Sensitivity analysis in practice: A guide to assessing scientific models. Journal of the Royal Statistical Society: Series A-Statistics in Society, 168 (1): 466.

McFeeters S K. 1996. The use of the Normalized Difference Water Index (NDWI) in the delineation of open water features. International Journal of Remote Sensing, 17 (7): 1425-1432.

McGarigal K. 1995. FRAGSTATS: spatial pattern analysis program for quantifying landscape structure. US Department of Agriculture, Forest Service, Pacific Northwest Research Station.

Mckay M, Beckman R, Conover W. 2000. A comparison of three methods for selecting values of input variables in the analysis of output from a computer code. Technometrics, 42 (1): 55-61.

Meng X, Zhang W Q, Shan B Q. 2020. Distribution of nitrogen and phosphorus and estimation of nutrient fluxes in the water and sediments of Liangzi Lake, China. Environmental Science and Pollution Research, 27 (7): 7096-7104.

Meselhe E, Holly F. 1997. Invalidity of Preissmann scheme for transcritical flow. Journal of Hydraulic Engineering-ASCE, 123 (7): 652-655.

Mirzaei M, Huang Y F, el-Shafie A, et al. 2015. Application of the generalized likelihood uncertainty estimation (GLUE) approach for assessing uncertainty in hydrological models: a review. Stochastic Environmental Research and Risk Assessment, 29 (5): 1265-1273.

Moriasi D N, Arnold J G, van Liew M W, et al. 2007. Model evaluation guidelines for systematic quantification of accuracy in watershed simulations. Transactions of the ASABE, 50 (3): 885-900.

Müller B, Wang Y, Dittrich M, et al. 2003. Influence of organic carbon decomposition on calcite dissolution in surficial sediments of a freshwater lake. Water Research, 37 (18): 4524-4532.

Nafi'Shehab Z, Jamil N R, Aris A Z, et al. 2021. Spatial variation impact of landscape patterns and land use on water quality across an urbanized watershed in Bentong, Malaysia. Ecological Indicators, 122: 107254.

Nakaya S, Uesugi K, Motodate Y, et al. 2007. Spatial separation of groundwater flow paths from a multi- flow system bya simple mixing model using stable isotopes of oxygen and hydrogen as natural tracers. Water Resources Research, 43 (9): W09404.

Narsimlu B, Gosain A K, Chahar B R. 2013. Assessment of future climate change impacts on water resources of Upper Sind River Basin, India using SWAT model. Water Resources Management, 27 (10): 3647-3662.

Norris G, Duvall R, Brown S. 2014. EPA Positive Matrix Factorization (PMF) 5.0 Fundamentals and User Guide. Washington: USA Environmental Protection Agency.

Nossent J, Elsen P, Bauwens W. 2011. Sobol' sensitivity analysis of a complex environmental model. Environmental Modelling & Software, 26 (12): 1515-1525.

Otsu N. 1979. A threshold selection method from gray-level histograms. IEEE Transactions on Systems, Man, and Cybernetics, 9 (1): 62-66.

Pappenberger F, Matgen P, Beven K J, et al. 2006. Influence of uncertain boundary conditions and model structure on flood inundation predictions. Advances in Water Resources, 29 (10): 1430-1449.

Perthame B, Simeoni C. 2001. A kinetic scheme for the Saint- Venant system with a source term. Calcolo, 38

(4): 201-231.

Pesce S F, Wunderlin D A. 2000. Use of water quality indices to verify the impact of Córdoba city (Argentina) on Suqua River. Water Research, 34 (11): 2915-2926.

Prewitt J M, Mendelsohn M L. 1966. The analysis of cell images. Annals of the New York Academy of Sciences, 128 (3): 1035-1053.

Pueppke S G, Zhang W S, Li H P, et al. 2019. An integrative framework to control nutrient loss: Insights from two hilly basins in China's Yangtze River Delta. Water, 11 (10): 2036.

Qin D J, Qian Y P, Han L F, et al. 2011. Assessing impact of irrigation water on groundwater recharge and quality in arid environment using CFCs, tritium and stable isotopes, in the Zhangye Basin, Northwest China. Journal of Hydrology, 405 (1-2): 194-208.

Querijero B L, Mercurio A L. 2016. Water quality in aquaculture and non- aquaculture sites in Taal lake, Batangas, Philippines. Journal of Experimental Biology and Agricultural Sciences, 4 (1): 109-115.

Radcliffe D, Mukundan R. 2017. PRISM vs. CFSR precipitation data effects on calibration and validation of SWAT models. Journal of the American Water Resources Association, 53 (1): 89-100.

Rashid R M, Chaudhry M H. 1995. Flood routing in channels with flood plains. Journal of Hydrology, 171 (1-2): 75-91.

Robson B J. 2014. State of the art in modelling of phosphorus in aquatic systems: Review, criticisms and commentary. Environmental Modelling & Software, 61 (1): 339-359.

Robson B J, Hamilton D P. 2004. Three- dimensional modelling of a Microcystis bloom event in the Swan River estuary, Western Australia. Ecological Modelling, 174 (1): 203-222.

Rostamian R, Jaleh A, Afyuni M, et al. 2008. Application of a SWAT model for estimating runoff and sediment in two mountainous basins in central Iran. Hydrological Sciences Journal, 53 (5): 977-988.

Saleh F, Ducharne A, Flipo N, et al. 2013. Impact of river bed morphology on discharge and water levels simulated by a 1D Saint- Venant hydraulic model at regional scale. Journal of Hydrology, 476 (1): 169-177.

Saltelli A, Tarantola S, Chan K. 1999. A quantitative model- independent method for global sensitivity analysis of model output. Technometrics, 41 (1): 39-56.

Saura S, Pascual- Hortal L. 2007. A new habitat availability index to integrate connectivity in landscape conservation planning: Comparison with existing indices and application to a case study. Landscape and Urban Planning, 83 (2-3): 91-103.

Saura S, Torne J. 2009. Conefor Sensinode 2. 2: A software package for quantifying the importance of habitat patches for landscape connectivity. Environmental Modelling & Software, 24 (1): 135-139.

Sener S, Sener E, Davraz A. 2017. Evaluation of water quality using water quality index (WQI) method and GIS in Aksu River (SW-Turkey) . Science of the Total Environment, 584 (1): 131-144.

Serpa D, Falcão M, Duarte P, et al. 2007. Evaluation of ammonium and phosphate release from intertidal and subtidal sediments of a shallow coastal lagoon (Ria Formosa- Portugal): A modelling approach. Biogeochemistry, 82 (3): 291-304.

Shrestha S, Kazama F. 2007. Assessment of surface water quality using multivariate statistical techniques: A case study of the Fuji River Basin, Japan. Environmental Modelling & Software, 22 (4): 464-475.

Sieber A, Uhlenbrook S. 2005. Sensitivity analyses of a distributed catchment model to verify the model structure. Journal of Hydrology, 310 (1-4): 216-235.

Sincock A M, Wheater H S, Whitehead P G. 2003. Calibration and sensitivity analysis of a river water quality model under unsteady flow conditions. Journal of Hydrology, 277 (3-4): 214-229.

Smith B, Wilson J B. 1996. A consumer's guide to evenness indices. Oikos: 70-82.

Sobol'I. 2001. Global sensitivity indices for nonlinear mathematical models and their Monte Carlo estimates. Mathematics and Computers in Simulation, 55 (1-3): 271-280.

Sobol'I, Levitan Y. 1999. On the use of variance reducing multipliers in Monte Carlo computations of a global sensitivity index. Computer Physics Communications, 117 (1-2): 52-61.

Sobol'I, Myshetskaya E. 2002. Convergence estimates for crude approximations of a Pareto set. Computers & Mathematics with Applications, 44 (7): 877-886.

Sobol'I, Tarantola S, Gatelli D, et al. 2007. Estimating the approximation error when fixing unessential factors in global sensitivity analysis. Reliability Engineering & System Safety, 92 (7): 957-960.

Song Y, Qi J, Deng L, et al. 2021. Selection of water source for water transfer based on algalgrowth potential to prevent algal blooms. Journal of Environmental Sciences, 103 (1): 246-254.

Stumm W, Morgan J J. 2012. Aquatic Chemistry: Chemical Equilibria and Rates in Natural Waters. Hoboken: John Wiley & Sons.

Sutadian A D, Muttil N, Yilmaz A G, et al. 2017. Using the analytic hierarchy process to identify parameter weights for developing a water quality index. Ecological Indicators, 75: 220-233.

Szymkiewicz R. 1996. Numerical stability of implicit four- point scheme applied to inverse linear flow routing. Journal of Hydrology, 176 (1-4): 13-23.

Tang Y, Reed P, van Werkhoven K, et al. 2007. Advancing the identification and evaluation of distributed rainfall- runoff models using global sensitivity analysis. Water Resources Research, 43 (6): 1315-1346.

Tang C H, Yi Y J, Yang Z F, et al. 2018. Effects of ecological flow release patterns on water quality and ecological restoration of a large shallow lake. Journal of Cleaner Production, 174: 577-590.

Terry J A, Sadeghian A, Baulch H M, et al. 2018. Challenges of modelling water quality in a shallow prairie lake with seasonal ice cover. Ecological Modelling, 384 (06): 43-52.

Thavhana M, Savage M, Moeletsi M. 2018. SWAT model uncertainty analysis, calibration and validation for runoff simulation in the Luvuvhu River catchment, South Africa. Physics and Chemistry of the Earth, Parts A/B/C, 105 (1): 115-124.

Thompson J, SøRenson H R, Gavin H, et al. 2004. Application of the coupled MIKE SHE/MIKE 11 modelling system to a lowland wet grassland in southeast England. Journal of Hydrology, 293 (1-4): 151-179.

Torrecilla N, Galve J, Zaera L, et al. 2005. Nutrient sources and dynamics in a mediterranean fluvial regime (Ebro River, NE Spain) and their implications for water management. Journal of Hydrology, 304 (1-4): 166-182.

Tu A, Xie S, Mo M, et al. 2021. Water budget components estimation for a mature citrus orchard of southern China based on HYDRUS-1D model. Agricultural Water Management, 243 (1): 106426.

Tung T M, Yaseen Z M. 2020. A survey on river water quality modelling using artificial intelligence models: 2000–2020. Journal of Hydrology, 585 (1): 124670.

Turner D F, Pelletier G J, Kasper B. 2009. Dissolved oxygen and pH modeling of a periphyton dominated, nutrient enriched river. Journal of Environmental Engineering, 135 (8): 645-652.

Vandenbruwane J, De Neve S, Qualls R G, et al. 2007. Comparison of different isotherm models for dissolved organic carbon (DOC) and nitrogen (DON) sorption to mineral soil. Geoderma, 139 (1-2): 144-153.

Wakui H, Yamanaka T. 2006. Sources of groundwater recharge and their local differences in the central part of Nasu fan as revealed by stable isotope. Journal of Groundwater Hydrology, 48 (2): 263-277.

Wang C, Zhu P, Wang P- F, et al. 2006. Effects of aquatic vegetation on flow in the Nansi Lake and its flow velocity modeling. Journal of Hydrodynamics, 18 (6): 640-648.

Wang Z M, Song X F, Li G M, et al. 2013. Variations of nitrogen transport in the mainstream of the Yellow River, China. International Journal of Environment and Pollution, 52 (1-2): 82-103.

Whitehead P G, Wilby R L, Battarbee R W, et al. 2009. A review of the potential impacts of climate change on surface water quality. Hydrological Sciences Journal, 54 (1): 101-123.

Wu L, Gao J-E, Ma X-Y, et al. 2015. Application of modified export coefficient method on the load estimation of non-point source nitrogen and phosphorus pollution of soil and water loss in semiarid regions. Environmental Science and Pollution Research, 22 (14): 10647-10660.

Xia X, Zhang S, Li S, et al. 2018. The cycle of nitrogen in river systems: Sources, transformation, and flux. Environmental Science: Processes & Impacts, 20 (6): 863-891.

Xu C, Gertner G Z. 2008. Uncertainty and sensitivity analysis for models with correlated parameters. Reliability Engineering & System Safety, 93 (10): 1563-1573.

Xu S, Ma T. 2011. Evapotranspiration observation and data analysis in reed swamp wetlands. IAHS Publ, 344: 239-244.

Yang J. 2011a. Convergence and uncertainty analyses in Monte-Carlo based sensitivity analysis. Environmental Modelling & Software, 26 (4): 444-457.

Yang W. 2011b. Variations in ecosystem service values in response to changes in environmental flows: A case study of Baiyangdian Lake, China. Lake and Reservoir Management, 27 (1): 95-104.

Yang W, Yang Z. 2013. Development of a long-term, ecologically oriented dam release plan for the Lake Baiyangdian sub-basin, Northern China. Water Resources Management, 27 (2): 485-506.

Yang Y, Yin X, Yang Z. 2016. Environmental flow management strategies based on the integration of water quantity and quality, a case study of the Baiyangdian Wetland, China. Ecological Engineering, 96: 150-161.

Yang J, Strokal M, Kroeze C, et al. 2019. Nutrient losses to surface waters in Haihe basin: A case study of Guanting reservoir and Baiyangdian lake. Agricultural Water Management, 213 (1): 62-75.

Yi X, Zou R, Guo H. 2016. Global sensitivity analysis of a three-dimensional nutrients-algae dynamic model for a large shallow lake. Ecological Modelling, 327 (1): 74-84.

Yin X, Yang Z. 2013. A reservoir operating model for directing water supply to humans, wetlands, and cones of depression. Ecological Modelling, 252: 114-120.

Yin X, Yang Z, Yang W, et al. 2010. Optimized reservoir operation to balance human and riverine ecosystem needs: model development, and a case study for the Tanghe Reservoir, Tang River Basin, China. Hydrological Processes: An International Journal, 24 (4): 461-471.

Yustiani Y M, Nurkanti M, Suliasih N, et al. 2018. Influencing parameter of self purification process in the urban area of Cikapundung River, Indonesia. International Journal of Geomate, 14 (43): 50-54.

Zhang W, Arhonditsis G B. 2009. A Bayesian hierarchical framework for calibrating aquatic biogeochemical models. Ecological Modelling, 220 (18): 2142-2161.

Zhang Z, Lu W, Zhao Y, et al. 2014. Development tendency analysis and evaluation of the water ecological carrying capacity in the Siping area of Jilin Province in China based on system dynamics and analytic hierarchy process. Ecological Modelling, 275: 9-21.

Zhang Y, Wang X, Li C, et al. 2018. NDVI dynamics under changing meteorological factors in a shallow lake in future metropolitan, semiarid area in North China. Scientific Reports, 8 (1): 1-13.

Zhang X, Yi Y, Yang Z. 2020. Nitrogen and phosphorus retention budgets of a semiarid plain basin under different human activity intensity. Science of the Total Environment, 703 (1): 134813.

Zhao L, Zhang X, Liu Y, et al. 2012. Three- dimensional hydrodynamic and water quality model for TMDL development of Lake Fuxian, China. Journal of Environmental Sciences, 24 (8): 1355-1363.

Zhao F, Wu Y, Qiu L, et al. 2018. Parameter uncertainty analysis of the SWAT model in a mountain- loess transitional watershed on the Chinese Loess Plateau. Water, 10 (6): 690.

Zhou H, Liu J, Hua P, et al. 2020. Performance of water transfer in response to water environment issues in Wuxi, China. Environmental Science and Pollution Research, 12 (5): 1-13.

Zhu Z, Oberg N, Morales V M, et al. 2016. Integrated urban hydrologic and hydraulic modelling in Chicago, Illinois. Environmental Modelling & Software, 77 (10): 63-70.

Zhu M, Wang S, Kong X, et al. 2019. Interaction of surface water and groundwater influenced by groundwater over-extraction, waste water discharge and water transfer in Xiong'an New Area, China. Water, 11 (3): 1.

Zou Q, Zhou J, Zhou C, et al. 2013. Comprehensive flood risk assessment based on set pair analysis- variable fuzzy sets model and fuzzy AHP. Stochastic Environmental Research and Risk Assessment, 27 (2): 525-546.